工矿企业供电

主　编　熊向敏　魏国青　马　静
副主编　胡素梅　苏宝程　张学芳　张敬宇　任晓丹

北京理工大学出版社
BEIJING INSTITUTE OF TECHNOLOGY PRESS

内 容 简 介

本书注重能力培养与技能训练，结合工矿企业电气化、电气工程与自动化、机电技术、机电一体化、电气控制等专业的培养目标，在内容编排上注重以培养学生供配电系统的运行和设备维护与管理这一基础能力为主，兼顾供电设计等知识的学习。本书的编写集中体现"以能力为本位，以就业为导向，以职业实践为主线"的特点，突出职业教育的特色，强化职业素质教育和实践技能培养，力求做到理论知识合理精练，偏重培养学生解决实际问题的能力。本书共分5个学习情境：工矿企业供电系统、供配电高低压电气设备的运行与维护、供配电线路的运行与维护、负荷计算与短路电流计算和供配电系统的保护。

本书可作为高等职业技术院校工矿企业电气化、电气工程与自动化、机电技术、机电一体化、电气控制等专业供电课程的教材，也可供相关工程技术人员参考。

图书在版编目（CIP）数据

工矿企业供电／熊向敏，魏国青，马静主编. —北京：北京理工大学出版社，2021.5

ISBN 978 - 7 - 5682 - 9361 - 7

Ⅰ.①工⋯　Ⅱ.①熊⋯ ②魏⋯ ③马⋯　Ⅲ.①工业用电 - 供电 - 高等职业教育 - 教材　Ⅳ.①TM727.3

中国版本图书馆 CIP 数据核字（2020）第 256845 号

出版发行／北京理工大学出版社有限责任公司
社　　　址／北京市海淀区中关村南大街 5 号
邮　　　编／100081
电　　　话／（010）68914775（总编室）
　　　　　　（010）82562903（教材售后服务热线）
　　　　　　（010）68948351（其他图书服务热线）
网　　　址／http：//www.bitpress.com.cn
经　　　销／全国各地新华书店
印　　　刷／三河市天利华印刷装订有限公司
开　　　本／787 毫米×1092 毫米　1/16
印　　　张／16.25
字　　　数／390 千字
版　　　次／2021 年 5 月第 1 版　2021 年 5 月第 1 次印刷
定　　　价／64.00 元

责任编辑／张鑫星
文案编辑／张鑫星
责任校对／周瑞红
责任印制／施胜娟

前言 Preface

随着我国高等职业教育改革的不断深入，我国高等职业教育的发展进入一个新的阶段。教育部下发的《关于全面提高高等职业教育教学质量的若干意见》（教高〔2006〕16号），旨在阐述社会发展对高素质技能型人才的需求，以及如何推进高职人才培养模式改革，提高人才培养质量。

本书注重能力培养与技能训练，结合工矿企业电气化、电气工程与自动化、机电技术、机电一体化、电气控制等专业的培养目标，在内容编排上注重以培养学生供配电系统的运行和设备维护与管理这一基础能力为主，兼顾供电设计等知识的学习。本书的编写体现了"以能力为本位，以就业为导向，以职业实践为主线"的特点，突出职业教育的特色，强化职业素质教育和实践技能培养，力求做到理论知识合理精炼，偏重培养学生解决实际问题的能力。本书编写的思路如下：

（1）根据机电专业所从事职业的实际需要，合理确定学生应具备的能力结构与知识结构，合理确定所学内容的深度、难度。

（2）合理更新内容，充实新知识、新技术、新设备等内容，增强操作技能部分的训练，使人才培养与岗位需求更好地衔接。

（3）在内容上以任务引领模式编写，体现"以工作过程为导向、以典型任务为载体"。按照职业岗位的真实情况规划学习任务，以情境描述传达任务载体的实际生产信息。

（4）按照学生的认知心理和认知特点，由易到难地组织学习任务和规划工作过程。

（5）突出职教的特色，使知识结构和能力结构达到有机结合，形成理论知识与技能训练一体化的模式。

本书共分5个学习情境，21个学习任务，介绍了工矿企业供电系统的概念，讲述供配电高低压电气设备的运行与维护、供配电线路的运行与维护、负荷计算与短路电流计算和供配电系统的保护。

本书的编写得到了乌海职业技术学院和内蒙古机电职业技术学院各级领导及企业专业教师的大力支持，在此，我们表示衷心的感谢！

由于编者的水平有限，书中疏漏不足之处在所难免，恳请广大读者批评指正。

编　者

目录 Contents

学习情境一

工矿企业供电系统

学习目标

1. 了解电力系统的基本概念、组成及作用；
2. 了解电力系统中发电厂、电力网和用户之间的关系；
3. 了解电力系统运行的基本要求；
4. 了解供配电系统电压的选择要求；
5. 掌握电力系统中性点运行方式。

学习任务一　企业供配电系统的认识

学习活动1　明确工作任务

学习目标

1. 能明确工作任务；
2. 能准确记录工作现场的环境条件；
3. 能正确认识相关的高低压电气设备、开关设备；
4. 了解接地、防雷保护方式。

情境描述

　　企业变电所担负着从电力系统接收电能、变换电压和分配电能的任务，是企业供电的枢纽。

　　带领学生参观工厂供配电所或本单位的变配电所，使学生了解供配电系统行业的发展、工作原理及在工业与生活中的地位，并激发学生学习本课程的热情。

学习过程

一、确定工作任务

进行实地考察，了解工厂供配电变电所的进户线路（架空进线、电缆进线），认识高低压电气设备、开关设备、接地及防雷保护方案，分组讨论并讲解。

二、勘查现场

现场环境条件下使用的记录单如下：

记录单（设备）

勘查单位			负责人	
设备编号		设备名称		设备型号
现场防雷保护项目				
现场设备接地系统				

学习活动2　学习相关知识

学习目标

1. 能识读电力系统图，并分析其工作原理；
2. 能掌握电力系统的电压要求；
3. 了解工厂供配电系统选择配电电压的方法；
4. 了解变配电所的设备、接地方式及防雷保护。

原理及背景资料

一、电力系统概述

电力系统是由发电厂、送变电线路、供配电所和用电单位组成的一个整体。发电厂将发出的电能通过送变电线路送到供配电所，经过变压器将电能再送到用电单位，供给工农业生产和人民生活使用。

为了充分利用资源，国家在动力资源比较丰富的地方建立发电厂，它是电力系统的核心。发电厂通过发电机将各种形式的能转变为电能，经升压变换后送入电力网。目前以火力发电厂和水力发电厂为主，其他类型有核电厂、风力发电厂、潮汐发电厂、地热发电厂和太阳能发电厂等。

为了使供电可靠、经济、合理，几个大的发电厂或变电所之间，用超高压输电线路连接起来，再向城乡及工矿区供电，形成电力网。电力网起到输送、变换和分配电能的作用，由变电所和各种不同电压等级的电力线路组成，是联系发电厂和电能用户的中间环节。根据电压等级的高低，将电力网分成低压、高压、超高压和特高压四种。电压在 1 kV 以下的电网为低压电网，3 ~ 330 kV 的为高压电网，330 ~ 1 000 kV 的为超高压电网，1 000 kV 以上的为特高压电网。

在工程实际中，常将电力系统中的发电、输变电与供配电等环节叫作一次系统。一个电能用户往往有多组用电设备，每一组又有多台电动机及其他用电器。因此，必须设置总开关、分开关、用户电网、分组开关、启动器等，才能使各用电设备按照生产工艺或工作、生活的需要运行，这就是供配电。

电力系统中的二次系统包括继电保护、测量和调度等环节。继电保护主要是对系统中出现的各种故障，如短路、过电流、断相、接地等，进行切断电源或声响报警等动作；测量是对电力系统的运行参数进行在线测定和显示，如电压、电流、功率、功率因数等；调度主要包括负荷分配、功率平衡、电压调整、线路的投入与切除等工作。

典型的电力系统如图 1 - 1 所示。

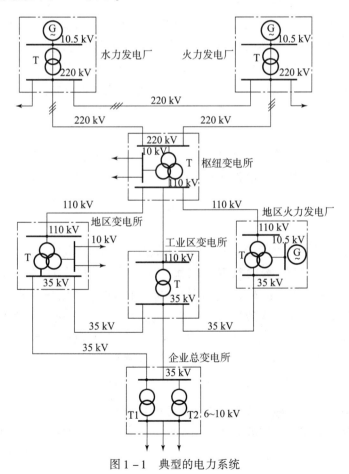

图 1 - 1　典型的电力系统

从发电厂发出的电能，除了供给附近用户直接配用电外，一般都经升压变电所将其变换为 110 kV 及以上的高压或超高压电能，采用高电压进行电力传输。输送同样功率的电能若采用高压，可相应地减少输电线路中的电流，从而减少电路的电能损耗和电压损失，提高输电效率和供电质量。同时，导线截面也随电流的减小而减小，从而节省了有色金属。

利用电力网中的大型枢纽变电所可向较远的城市和工矿区输送电力，在城郊或工业区再设降压变电所。将降压后的 35～110 kV 电能配给附近的市内降压变电所或企业总降压变电所；对于中小型的电力用户一般采用 10 kV 供电，用户内设 10 kV 变配电所。对于用电量较大的企业，如大型化工企业、冶金联合企业、特大型矿井及铝厂等，我国已采用高压深入负荷中心的供电方式，用 110 kV 直接供电，这对于减少电力网的电能损耗和电压损失，保证高质量的电力供应有重要意义。

二、电力负荷及对供电的要求

（一）电力负荷的分类

电力负荷有两个含义：一是指用电设备或用电单位（用户）；二是指用电设备或用户所消耗的电功率或电流。这里所讲的电力负荷，是指前者。

对于某一用电单位，它的用电设备包括电源线路都是电力负荷。用电设备可分为电动机、电热电炉、整流设备、照明及家用电器等若干类。在不同的行业中，各类用电设备所占总负荷的比例也不同。例如，异步电动机在纺织工业中占总负荷的 95% 以上，在大型机械厂和综合性中小企业中则占 80% 左右，在矿山企业中也占 90% 左右；电热电炉在钢铁工业中约占 70%；整流设备则在电解铝、电解铜等电化行业中约占 85%；同步电动机在化肥厂、焦化厂等企业约占 44%。

为了满足用户对供电可靠性的要求，考虑中断供电在政治、经济上所造成的影响或损失，以及供电的经济性，根据用电设备在企业中所处的地位不同，通常将电力负荷分为以下三类。

1. 一类负荷

凡因为突然中断供电，可能造成人身伤亡事故或重大设备损坏，给国民经济造成重大损失的或在政治上产生不良影响的负荷，均属一类负荷。例如钢厂炼钢炉，若停电超过 30 min，可能造成炼钢炉作废；对电解铝厂停电超过 15 min，电解槽就要遭到破坏；矿井的主通风设备一旦停电，就可能导致瓦斯爆炸及人身伤亡等重大事故。一类负荷中影响人身设备安全的负荷又叫保安负荷。对一类负荷应由两个独立电源供电；对有特殊要求的一类负荷，两个独立电源应来自不同的地点，以保证供电的绝对可靠。

2. 二类负荷

凡因突然停电造成大量减产或生产大量废品的负荷，属于二类负荷，如矿井集中提煤设备、空压机及采区变电所，工厂的主要生产车间等。对中、小型工矿企业的二类负荷一般由专用线路供电。为了减少长时间停电的影响，供电设备应有一定数量的库存，以备及时更换。对大型工矿企业的二类负荷，应有两个电源，两个电源应尽量引自不同的变电所或母线段。

3. 三类负荷

三类负荷是指除一类负荷、二类负荷外的其他负荷，如工矿企业的附属车间及生活福利设施等。对三类负荷供电一般采用单一回路供电方式，不考虑备用电源。根据需要各负荷还可共用一条输电线路。

对电力负荷分类的目的是便于合理地供电。对重要负荷，保证供电可靠为第一位；对次要负荷，应更多地考虑供电的经济性。在电力系统运行中，一旦出现故障，需要停止部分负荷供电时，应根据具体情况，先切除三类负荷，必要时切除二类负荷，以确保一类负荷的供电可靠性。

(二) 电力负荷对供电电源的要求

1. 一类负荷对供电电源的要求

一类负荷属于重要负荷，应由两个独立电源供电。当一个电源发生故障时，另一个电源不应同时发生故障。

一类负荷中特别重要的负荷，除了要采用双电源供电外，还须增设应急电源，并严禁将其他负荷接入应急供电系统。

2. 二类负荷对供电电源的要求

二类负荷也属于重要负荷。二类负荷宜采用两回路供电，供电变压器一般采用两台。

3. 三类负荷对供电电源的要求

三类负荷属于不重要负荷，对供电电源没有特殊的要求。

(三) 用户对供电的基本要求

1. 供电可靠

供电的可靠性是指供电系统不间断供电的可能程度。

供电中断不仅会影响企业生产，而且可能损坏设备，甚至发生人身事故。例如，工厂某些生产车间，一旦中断供电，将会产生大量的废品，甚至造成重大事故。矿井井下含有瓦斯等有害气体，并有水不断涌出，一旦中断供电，可能使工作人员窒息死亡、引起瓦斯爆炸，矿井也有被水淹没的危险。因此，对工矿企业中的这类负荷，供电应绝对可靠。

为了保证供电系统的可靠性，必须保证系统中各电气设备、线路的可靠运行，为此应经常对设备、线路进行监视、维护，定期进行试验和检修，使之处于完好的运行状态。此外，对一、二级负荷采用两个独立电源或双回路供电，则是最重要的设计措施之一。

2. 供电安全

供电安全是指在电能的分配、供应和使用过程中，不发生人身触电事故和因电气故障而引起的爆炸、火灾等重大灾害事故。尤其是在一些高粉尘、高湿、有易爆、有害气体的特殊环境中，为确保供电安全，必须采取防触电、防爆、防潮、抗腐蚀等一系列技术措施，正确选用电气设备、拟订供电方案，并设置可靠的继电保护，使之不易发生电气事故，一旦发生，也能迅速切断电源，防止事故的扩大并避免人员伤亡。

3. 供电质量

用电设备在额定值下运行性能最好，因此要求供电质量方面有稳定的频率和电压。频率和电压是衡量电能质量的重要指标。

1）频率

供电频率由发电厂保证。对于额定频率为 50 Hz 的工业用交流电，其偏差不超过 ±（0.2~0.5）Hz，正弦交流的波形畸变极限值为 3%~5%。

2）电压

送到用户设备的端电压与额定值总有一些偏差，此偏差值称为电压偏移，它是衡量供电质量的重要指标。各种用电设备都能够适应一定范围内的电压偏移，但是如果电压偏移超过允许范围，电气设备的运行情况将显著恶化，甚至损坏电气设备。例如，加在照明灯两端的电压低于额定电压时，其光通量将大大降低；当电压高于额定电压较多时，会大大降低其使用寿命。

良好的电能质量是指电压偏移不超过额定值的 ±5%。在电能的质量指标中，除频率一项用户本身不能控制外，其余指标都可以在供电部门和用户的共同努力下，采用各种技术措施加以改善并达到允许范围之内。

4. 供电经济

供电经济一般考虑三个方面：尽量降低企业变电所与电网的基本建设投资；尽可能降低设备、材料及有色金属的消耗量；尽量降低供电系统的电能损耗及维护费用。

总之，要在保证安全可靠的前提下，使用户得到具有良好质量的电能，并且在保证技术经济合理的同时，使供电系统结构简单、操作灵活、便于安装和维护。

三、电力系统的电压

（一）额定电压

电力系统中的所有电气设备都是按照一定的标准电压设计和制造的，这个标准电压称为电气设备的额定电压（U_N），即能使电动机、白炽灯、发电机、变压器等电气设备正常工作的电压。当电气设备按额定电压运行时，其技术性能和经济效果最好。

（二）额定电压的国家标准

电气设备的额定电压在我国已经统一标准化，发电机和用电设备的额定电压分成若干标准等级，电力系统的额定电压也与电气设备的额定电压相对应，它们统一组成了电力系统的标准电压等级。

标准电压等级是根据国民经济发展的需要，考虑技术经济上的合理性，以及电机、电器的制造技术水平和发展趋势等一系列因素而制定的。国家标准 GB/T 156—2017《标准电压》规定的 3 kV 以下电气设备与系统（电力网）的额定电压等级见表 1-1；3 kV 及以上电气设备与系统的额定电压和与其对应的设备最高电压见表 1-2。3 kV 及以上的高压主要用于发电、配电及高压用电设备；110 kV 及以上高压与超高压主要用于远距离的电力输送。

表 1-1 3 kV 以下电气设备与系统（电力网）的额定电压等级　　单位：V

直流		单相交流		三相交流	
用电设备	供电设备	用电设备	供电设备	用电设备	供电设备
1.5	1.5				
2	2				
3	3				
6	6	6	6		
12	12	12	12		
24	24	24	24		
36	36	36	36	36	36
		42	42	42	42
48	48				
60	60				
72	72				
110	115	100 +	100 +	100 +	100 +
220	230	127 *	133 *	127 *	133 *
		220	230	220/380	230/400
400△，440	400△，460			380/660	400/690
800△	800△			1 140 * *	1 200 * *
1 000△	1 000△				

注：1. 电气设备和电子设备分为供电设备与受电设备两大类，受电设备的额定电压也是电力系统的额定电压。

2. 直流电压为平均值，交流电压为有效值。

3. 在三相交流栏下，斜线"/"之上为相电压，斜线之下为线电压，无斜线者都是线电压。

4. 带"+"号者为只用于电压互感器、继电器等控制系统的电压；带"△"号者为只用于单台供电的电压；带"*"号者为只用于煤矿井下、热工仪表和机床控制系统的电压；带"＊＊"号者为只限于煤矿井下及特殊场合使用的电压。

表 1-2 3 kV 及以上的设备与系统的额定电压和与其对应的设备最高电压　单位：kV

用电设备与系统额定电压	供电设备额定电压	设备最高电压
3	3.15 (3.3)	3.5
6	6.3 (6.6)	6.9
10	10.5 (11)	11.5
	13.8 *，15.75 *，18 *，20 *，22 *，24 *，26 *	
35	38.5	40.5
63	69	72.6
110	121	126
220	242	252
330	363	363
500	550	550
750	800	800

注：1. 带"＊"号者只用作发电机电压。

2. 括号内的数据只用作电力变压器。

1. 电网的额定电压

电网的额定电压等级是根据国民经济发展和电力工业水平经过全面技术分析后确定的，它是确定电力设备额定电压的基本依据。

2. 用电设备的额定电压

用电设备的额定电压规定与电网的额定电压相同。

3. 发电机的额定电压

由于同一电压的线路一般允许的电压偏差为 ±5%，即整个线路允许有 10% 的电压损耗，为了保证线路首末两端的电压平均值满足额定值，线路首端电压应较电网额定电压高 5%，如图 1-2 所示。发电机是接在线路首端的，因此规定发电机的额定电压高于所供电电网的额定电压 5%。

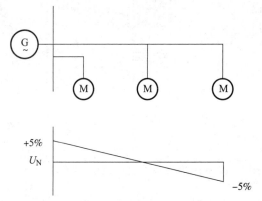

图 1-2　用电设备和发电机的额定电压

4. 电力变压器的额定电压

1）电力变压器一次绕组额定电压

如变压器直接与发电机相连，如图 1-3 所示的变压器 T_1，则一次绕组额定电压与发电机的额定电压相等，高于电网的额定电压 5%。

如变压器不与发电机直接相连，而在线路的其他位置，如图 1-3 所示的变压器 T_2，则将变压器看作用电设备，其一次绕组额定电压与供电电网的额定电压相等。

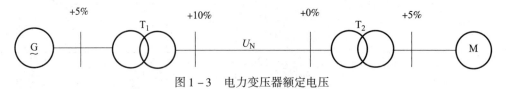

图 1-3　电力变压器额定电压

2）电力变压器二次绕组额定电压

电力变压器二次绕组的额定电压是指变压器在其一次绕组上加额定电压时的二次绕组的开路电压。当变压器满载运行时，其绕组内大约有 5% 的阻抗电压降，如供电线路不长，二次绕组的额定电压只需要高于二次侧电网的额定电压 5%，如图 1-3 中的变压器 T_2；如供电线路较长（如高压电网），除了考虑 5% 的绕组压降外，还要考虑变压器二次绕组处于线路的首端，需要高于供电电网的额定电压 5%。在这种情况下，变压器的二次绕组额定电压高于二次侧电网的额定电压10%，如图1-3中的变压器T_1。

工矿企业供电电压的选择，取决于企业附近的电源电压、用电设备电压、容量及供电距离。从供电经济性考虑，供电距离越远，输送功率越大，采用的电压等级越高。电压等级、输送功率及输送距离大概范围见表1-3。

表1-3 电压等级、输送功率及输送距离大概范围

电压等级/kV	输送功率/kW	输送距离/km	电压等级/kV	输送功率/kW	输送距离/km
0.38	100 以下	0.6 以下	10	200 ~ 2 000	6 ~ 20
0.66	100 ~ 150	0.6 ~ 1	35	1 000 ~ 10 000	20 ~ 70
3	100 ~ 1 000	1 ~ 3	63	3 500 ~ 30 000	30 ~ 100
6	100 ~ 1 200	4 ~ 15	110	10 000 ~ 50 000	50 ~ 150

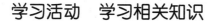

学习任务二 中性点的运行方式

学习活动 学习相关知识

学习目标

1. 识读电力系统图，并分析其工作原理；
2. 了解电力系统的供电基本要求；
3. 掌握电力系统中性点的运行方式；
4. 了解变电所变压器的中性点运行方式。

引导问题

1. 中性点的运行方式有哪几种？
2. 各种中性点运行方式有何优缺点？分别适用于什么场合？

原理及背景资料

在三相供电系统中，作为供电电源的发电机和变压器，其中性点的运行方式决定着供电系统单相接地后的运行情况，关系到供电的可靠性、线路的保护方法及人身安全等重要问题。因此正确选择供电系统中性点运行方式是供电工作的关键。中性点运行方式分为大电流接地系统和小电流接地系统。大电流接地系统即为中性点直接接地系统，小电流接地系统有中性点不接地、中性点经消弧线圈接地两种。

一、中性点不接地系统

我国3~10 kV电网，一般采用中性点不接地方式。这是因为在这类电网中，单相接地故障占的比例很大，采用中性点不接地方式可以减小单相接地电流，从而减轻其危害。中性点不接地电网，单相接地电流基本上由电网对地电容决定，其电路与相量关系如图1-4

所示。

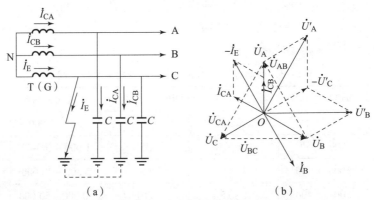

图 1-4 中性点不接地方式电力系统的电路与相量关系

(a) 电路；(b) 相量关系

系统正常运行时，三相电压对称，三相经对地电容入地的电流相量和为零，没有电流在地中流动。各相对地电压就等于相电压 $\dot{U}_A$、$\dot{U}_B$ 和 $\dot{U}_C$。

系统发生一相接地时，如 C 相接地，如图 1-4（a）所示。此时 C 相对地电压为零，而 A 相对地电压 $\dot{U}'_A = \dot{U}_A + (-\dot{U}_C) = \dot{U}_{AC}$，B 相对地电压 $\dot{U}'_B = \dot{U}_B + (-\dot{U}_C) = \dot{U}_{BC}$，如图 1-4（b）所示。这表明，中性点不接地电网当发生一相接地时，其余两非故障相的相电压将升高到线电压，因而易使电网绝缘薄弱处击穿，造成两相接地短路。这是中性点不接地方式的缺点之一。

C 相接地时，电网的接地电流（电容电流）I_E 应为 A、B 两相对地电容的电流之和。取电源到负荷为各相电流的正方向，可得

$$I_E = -(I_{CA} + I_{CB}) \tag{1-1}$$

由图 1-4（b）可知，I_E 相位超前 U_C 90°，在量值上，由于 $I_E = \sqrt{3}I_{CA}$，而 $I_{CA} = \dot{U}'_A/X_C = \sqrt{3}U_A/X_C = \sqrt{3}I_{C0}$，故得

$$I_E = 3I_{C0} \tag{1-2}$$

即一相接地的电容电流为正常运行时每相对地电容电流 I_{C0} 的 3 倍。

对于短距离，电压较低的输电线路，因对地电容小，接地电流小，瞬时性故障往往能自动消除，故对电网的危害小，对通信线路的干扰也小。对于高电压、长距离输电线路，单相接地电流一般较大，在接地处容易发生电弧周期性的熄灭与重燃，出现间歇电弧，引起电网产生高频振荡，形成过电压，可能击穿设备绝缘，造成短路故障。为了避免发生间歇电弧，要求 3~10 kV 电网单相接地电流小于 30 A，35 kV 及以上电网小于 10 A。因此，中性点不接地方式对高电压、长距离输电线路不适宜。

应该指出，中性点不接地电网发生单相接地时，三相用电设备的正常工作并未受到影响。从图 1-4（b）可以看出，电网线电压的相位和量值均未发生变化，因此三相用电设备仍可照常运行。按我国规程规定，中性点不接地电网发生单相接地故障时，允许暂时继续运行 2 h。如企业有备用线路，应将负荷转移到备用线路上去。经 2 h 后接地故障仍未消除时，就应该切除此故障线路。

对于危险易爆场所，当中性点不接地电网发生单相接地故障时，应立即跳闸断电，以确

保安全。

二、中性点经消弧线圈接地系统

当电网单相接地电流超出上述要求时，可采用中性点经消弧线圈接地的运行方式，如图 1-5 所示。消弧线圈实际上就是铁芯线圈式电抗器，其电阻很小，感抗很大，利用电抗器的感性电流补偿电网的对地电容电流，可使总的接地电流大为减少。设电网 C 相发生单相接地，则流过接地点的电网电容电流 $\dot{I}_E$ ［见图 1-5（b）］为

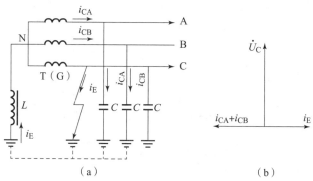

图 1-5　中性点经消弧线圈接地的电力系统
(a) 电路图；(b) 相量图

$$\dot{I}_E = -(\dot{I}_{CA} + \dot{I}_{CB}) = -j\omega C(\dot{U}_{AC} + \dot{U}_{BC}) = 3j\omega C\dot{U}_C \qquad (1-3)$$

消弧线圈的电感为 L，其流过的电流为

$$\dot{I}_L = \frac{\dot{U}_C}{jX_L} = -j\frac{\dot{U}_C}{\omega L} \qquad (1-4)$$

因 I_E 与 I_L 相位差 180°，如果选择消弧线圈使 I_E 和 I_L 的量值相等，则可达到完全补偿，其条件为

$$\dot{I}_E + \dot{I}_L = 0$$

故得

$$L = \frac{1}{3\omega^2 C} \qquad (1-5)$$

完全补偿对熄灭接地电弧非常有利。但由于电网中有线路电阻、对地绝缘电阻、接地过渡电阻及变压器和消弧线圈的有功损耗等，即使电容电流被完全补偿，故障点还是会流过一个不大的电阻电流。

在中性点经消弧线圈接地系统正常运行时，如果三相对地分布电容不对称，或发生一相断线，或正常切除部分线路时，可能出现消弧线圈与对地分布电容的串联谐振，这时变压器中性点将出现危险的高电位。为此，消弧线圈一般采用过补偿运行，即选择参数使电感电流大于电容电流，这是该接地方式的缺点之一。此外，因要根据运行电网的长短来决定消弧线圈投入的数量或调节其电感值，故系统运行较复杂，设备投资较大，实现选择性接地保护也比较困难。

目前电力系统中已广泛应用了具有自动跟踪补偿功能的消弧线圈装置，避免了人工调节消弧线圈的诸多不便，不会使电网的部分或全部在调谐过程中暂时失去补偿，并有足够的调谐精度。自动跟踪补偿装置一般由驱动式消弧线圈和自动测控系统配套构成，自动完成在线

跟踪测量和跟踪补偿。当被补偿的电网运行状态改变时，装置自动跟踪测量电网的对地电容，将消弧线圈调谐到合理的补偿状态；或者当电网发生单相接地故障时，迅速将消弧线圈调谐到接近谐振点的位置，使接地电弧变得很小而快速熄灭。

与中性点不接地方式一样，中性点经消弧线圈接地方式在发生单相接地时，其他两相对地电压也要升高到线电压，但三相线电压正常，也允许继续运行 2 h 用于查找故障。

三、中性点直接接地系统

图 1－6 所示为中性点直接接地方式电网在发生单相接地时的电路。这种单相接地，实际上就是单相短路，用符号 $K^{(1)}$ 表示。由于变压器和线路的阻抗都很小，所产生的单相短路电流 $I_{K^{(1)}}$ 比线路中正常的负荷电流大得多，因此保护装置动作使断路器跳闸或线路熔断器熔断，将短路故障部分切除，其他部分则恢复正常运行。

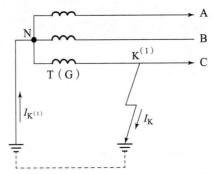

图 1－6　中性点直接接地方式电网在发生单相接地时的电路

该类电网在发生单相接地时，其他两相对地电压不会升高，因此电网中供用电设备的绝缘只需按相电压考虑，这对于 110 kV 及以上的高压、超高压系统有较大的经济技术价值。高压电器特别是超高压电器，其绝缘是设计和制造的关键，绝缘要求的降低，实际上就降低了造价，同时也改善了高压电器的性能。为此，我国 110 kV 及以上的高压、超高压系统均采取中性点直接接地的运行方式。

对于 380/220 V 低压配电系统，我国广泛采用中性点直接接地的运行方式，而且引出中性线 N 和保护线 PE。中性线 N 的功能：一是用于需要 220 V 相电压的单相设备；二是用来传导三相系统中的不平衡电流和单相电流；三是减少负荷中性点的电位偏移。保护线 PE 的功能：防止发生触电事故，保证人身安全。通过公共的 PE 线将电气设备外露的可导电部分连接到电源的接地中性点上，当系统中设备发生单相接地（碰壳）故障时，便形成单相短路，产生保护动作，开关跳闸，切除故障设备，从而防止人身触电。这种保护称为保护接零。

按新的国家标准规定，凡含有中性线的三相系统，统称三相四线制系统，即"TN"系统。若中性线与保护线共用一根导线——保护中性线 PEN，则称为"TN－C"系统；若中性线与保护线完全分开，备用一根导线，则称为"TN－S"系统；若中性线与保护线在前段共用，而在后段又全部或部分分开，则称为"TN－C－S"系统。

在电力系统中还有少量应用中性点经电阻接地的运行方式，其按接地电阻的大小又分为高阻接地和低阻接地两种。中性点经高阻接地方式属于小接地电流系统，而中性点经低阻接地的方式属于大接地电流系统。

电力系统中性点的运行方式，是一个涉及很广的问题。它对于供电可靠性、过电压、绝缘的配合、短路电流、继电保护、系统的稳定性和对弱电系统的干扰等各个方面都有不同程度的影响，特别是对系统发生单相短路时有明显的影响。电力系统中性点的运行方式决定着系统保护和监测装置的选择与运行，因此应该根据国家的有关规定，并依据实际情况而定。

学习任务三 技 能 实 训

供配电系统基本认知实训

一、实训目的

（1）了解发电厂、电力系统基本知识；
（2）熟悉电能的生产过程；
（3）掌握电力系统中性点的运行方式；
（4）掌握低压配电系统的接地形式。

二、实训所需设备、材料

（1）地点：学院配电房、数控车间；
（2）设备：电力变压器（10/0.4 kV）、数控车间配电系统；
（3）材料：安全帽、绝缘手套、验电笔。

三、实训任务与要求

（1）戴上安全帽和绝缘手套，在低压带电体上测试验电笔是否完好；
（2）找到并确认变压器的中性点；
（3）检测判断变压器中性点的运行方式；
（4）判断该中性点运行方式与其电压等级是否匹配；
（5）用验电笔测试数控车间接地线是否带电；
（6）根据其他情况进一步判断其接地形式。

四、实训考核

（1）针对完成情况记录成绩；
（2）分组完成实训后制作 PPT 并进行演示；
（3）写出实训报告。

思考练习

1. 什么是电力系统？它由哪几部分构成？
2. 衡量电能质量的两个基本指标是什么？简述我国标准规定的三相交流电网额定电压等级。
3. 发电机与变压器一次、二次额定电压是如何规定的？为什么要这样规定？
4. 根据供电可靠性，将电力负荷分为哪几个级别？分别有哪些要求？

5. 工矿企业对供配电系统有哪些质量要求？为什么有这些要求？

6. 确定供电系统时，应考虑哪些主要因素？为什么？

7. 电力系统中性点接地方式有哪几种类型？各有何特点？

8. 在消弧线圈接地系统中，为什么三相线路对地分布电容不对称，或出现一相断线时，就可能出现消弧线圈与分布电容的串联谐振？为什么一旦系统出现这种串联谐振，变压器的中性点就可能出现高电位？

学习情境二

供配电高低压电气设备的运行与维护

学习目标

1. 了解高压开关设备的工作原理、结构特点及作用；
2. 了解高压开关柜的工作原理、结构特点及作用；
3. 了解高压电气设备的选择方法；
4. 能按照操作规程进行倒闸操作；
5. 能正确完成电力变压器的接线；
6. 能完成跌落式熔断器的组装。

学习任务一　高低压电气设备的认识与选择

学习活动1　明确工作任务

学习目标

1. 了解高低压电气设备的工作原理及功能、结构特点及作用；
2. 了解高低压电气设备的分类、常用型号及使用方法；
3. 了解高低压电气设备的参数及运行方式；
4. 了解高低压电气设备的维护及检修。

情境描述

高低压电气设备是指用于电力系统发电、输电、配电、电能转换和消耗中起通断、控制或保护等作用，其电压等级在 3.6~550 kV 的电气设备。高低压电气设备是输变电设备的重要组成部分，在整个电力系统中占有非常重要的地位。

某学校实习工厂设有一个 10 kV 的变电所，现需要对高低压电气设备、高低压开关柜进行检修维护，保障工厂的安全运行。

学习过程

一、确定工作任务

了解该学校实习工厂 10 kV 变电所的相关规章制度，填写倒闸操作票并进行倒闸操作，对设备进行检修。要求 3 个工作日内完成。倒闸操作时，操作方法要得当，监护人与操作人要按制度执行任务。

二、认识高低压电气设备及成套开关柜

高低压电气设备主要用于电力系统（包括发电厂、变电站、输配电线路和工矿企业等用户）中，对电力系统进行控制和保护。可根据电网运行需要，将一部分电力设备或线路投入或退出运行；也可在电力设备或线路发生故障时，将故障部分从电网中快速切除，从而保证电网中无故障部分的正常运行，以及设备、维修人员的安全。

成套配电装置是将各种有关的开关电气、测量仪表、保护装置和其他辅助设备按照一定的方式组装在统一规格的箱体中，组成一套完整的配电设备。使用成套配电装置，可使变电所布置紧凑、整齐、美观，操作和维护方便，并可加快安装速度，保证安装质量，但耗用钢材较多，造价较高。

成套配电装置可分为一次电路方案和二次电路方案。一次电路方案是指主回路的各种开关、互感器、避雷器等的接线方式。二次电路方案是指测量、保护、控制和信号装置的接线方式。电路方案不同，配电装置的功能和安装方式也不同。用户可根据需要选择不同的一次、二次电路方案。

高压成套配电柜在发电厂和变电所中作为控制与保护发电机、变压器和高压线路之用，也可以作为大型高压交流电动机的启动和保护之用，其中有开关设备、保护电器、监测仪表、母线、绝缘子等。

学习活动 2 学习相关知识

学习目标

1. 了解电气设备的分类；
2. 掌握高低压电气设备的选择与方法；
3. 掌握高压隔离开关的认识与选择；
4. 掌握高压负荷开关的认识与选择；
5. 掌握高压断路器的认识与选择；
6. 掌握高压熔断器的认识与选择；
7. 能陈述高低压开关柜的组成、用途及分类。

原理及背景资料

一、电气设备中的电弧

当开关电器的动、静触头刚要接触或开始分离时，如果触头间的电压在 10～20 V，电流在 80～100 mA，触头间就会产生电弧，故电弧的产生是一个必然现象。电弧燃烧时，其温度可高达 10 000 ℃，会烧坏开关触头，导致触头熔焊，甚至烧伤操作人员。因此，开关电器中产生的电弧是有害的。

（一）电弧的形成

电弧的产生和维持是触头间隙的绝缘介质的中性质点（分子和原子）被游离的结果，游离是指中性质点转化为带电质点。电弧的形成过程就是气态介质或液态介质高温汽化后的气态介质向等离子体态的转化过程。因此，电弧是一种游离气体的放电现象。

强电场发射是触头间隙最初产生电子的主要原因。在触头刚分开的瞬间，间隙很小，间隙的电场强度很大，阴极表面的电子被电场力拉出而进入触头间隙成为自由电子。

电弧的产生是碰撞游离所致。阴极表面发射的电子和触头间隙原有的少数电子在强电场作用下，加速向阳极移动，并积累动能，当具有足够大动能的电子与介质的中性质点相碰撞时，会产生正离子与新的自由电子，这种现象不断发生的结果是使触头间隙中的电子与正离子大量增加，它们定向移动形成电流，介质强度急剧下降，间隙被击穿，电流急剧增大，出现光效应和热效应而形成电弧。

热游离维持电弧的燃烧。电弧形成后，弧隙温度剧增，可达 6 000 ℃以上。在高温作用下，弧隙中的中性质点获得大量的动能，且热运动加剧，当其相互碰撞时，产生正离子与自由电子，这种由热运动而产生的游离叫作热游离。一般气体热游离温度为 9 000～10 000 ℃，金属蒸气热游离温度为 4 000～5 000 ℃，因此热游离足以维持电弧的燃烧。

（二）电弧的熄灭

1. 熄灭电弧的条件

在电弧中不仅存在着中性质点的游离过程，而且存在着带电质点不断消失的去游离过程。当游离大于去游离时，电弧加强；当游离等于去游离时，电弧稳定燃烧；当游离小于去游离时，电弧减弱，以致熄灭。因此，要促使电弧熄灭，就必须削弱电弧的游离作用，加强其去游离作用。

2. 熄灭电弧的去游离方式

去游离的主要方式是复合与扩散。

1）复合

复合是异性带电质点彼此的中和。复合速率与下列因素有关。

（1）带电质点的浓度越大，复合概率越高。当电弧电流一定时，弧截面越小或介质压力越大，带电质点的浓度也越大，复合越强。故断路器采用小直径的灭弧室，可以提高弧隙带电质点的浓度，增强灭弧性能。

（2）电弧温度越低，带电质点运动的速度越慢，复合越容易。故加强电弧冷却，能促进复合。在交流电弧中，当电流接近零时，弧隙温度骤降，此时复合特别强烈。

（3）弧隙电场强度小，带电质点运动的速度慢，复合的可能性就增大。所以提高断路器的开断速度，对复合有利。

2）扩散

扩散是指带电质点从弧隙逸出进入周围介质中的现象。扩散去游离主要有温度扩散和浓度扩散两种。

（1）温度扩散。弧隙与其周围介质的温差越大，扩散越强。用冷却介质吹弧，或电弧在周围介质中运动，都可增大电弧与周围介质的温差，加强扩散作用。

（2）浓度扩散。电弧与周围介质离子的浓度相差越大，扩散就越强烈。

要促使电弧熄灭就必须削弱游离作用，加强去游离作用。断路器综合利用上述原理，制成各式灭弧装置，能迅速而有效地熄灭短路电流产生的强大电弧。

3. 灭弧的基本方法

灭弧的基本方法就是加强去游离，提高弧隙介质强度的恢复过程，或改变电路参数降低弧隙电压的恢复过程，目前开关电器的主要灭弧方法有以下几种。

1）利用介质灭弧

弧隙的去游离在很大程度上取决于电弧周围灭弧介质的特性。六氟化硫（SF_6）气体是很好的灭弧介质，其电负性很强，能迅速吸附电子而形成稳定的负离子，有利于复合去游离，其灭弧能力比空气约强 100 倍；真空（压强在 0.013 Pa 以下）也是很好的灭弧介质，因真空中的中性质点很少，不易于发生碰撞游离，且真空有利于扩散去游离，其灭弧能力比空气约强 15 倍。

采用不同介质可以制成不同的断路器，如油断路器、六氟化硫断路器和真空断路器。

2）吹弧灭弧

利用外力（如气流、油流或电磁力）来吹动电弧，使电弧加速冷却，同时拉长电弧，迅速降低电弧中的电场强度，使带电质点的复合和扩散增强，从而加速电弧的熄灭。

按方向分，吹弧可分为横吹与纵吹两种，如图 2-1 所示。横吹是吹动方向与电弧垂直，它将电弧拉长并切断；纵吹是吹动方向与电弧平行，它促使电弧变细。

按外力性质分，吹弧可分为气吹、油吹、电动吹和磁吹等。低压开关迅速拉开刀闸时，回路中电流产生的电动力作用于电弧，吹动电弧加速拉长，如图 2-2 所示。

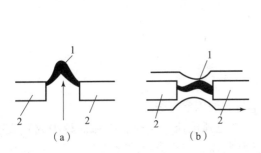

图 2-1 吹弧方式

（a）横吹；（b）纵吹

1—电弧；2—触头

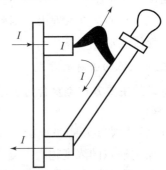

图 2-2 利用本身电动力吹弧

在开关中，利用专门的磁吹线圈来吹弧，电弧在电磁力作用下产生运动的现象，叫作电磁吹弧，如图2-3所示。由于电弧在周围介质中运动，它起着与气吹同样的效果，从而达到灭弧的目的。

还有的利用铁磁物质如钢片来吸动电弧，这相当于反向吹弧，如图2-4所示。

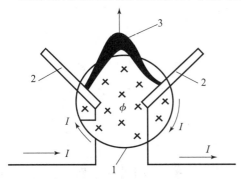 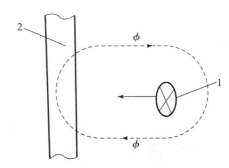

图2-3 利用磁吹线圈吹弧

1—磁吹线圈；2—灭弧触头；3—电弧

图2-4 利用吸吹弧片吸弧

1—电弧；2—钢片

3）采用特殊的金属材料作灭弧触头

采用熔点高、导热系数和热容量大的耐高温金属作触头材料，可减少热电子发射和电弧中的金属蒸气，得到抑制游离的作用；同时采用的触头材料要求有较高的抗电弧、抗熔焊能力。常用触头材料有铜钨合金、银钨合金等。

4）电弧在固体介质的狭缝中运动

此种灭弧的方式叫作狭缝灭弧，如图2-5所示。由于电弧在介质的狭缝中运动，一方面受到冷却，加强了去游离作用；另一方面电弧被拉长，弧径被压小，弧电阻增大，促使电弧熄灭。

5）将长弧分隔成短弧

如图2-6所示，当电弧经过与其垂直的一排金属栅片时，长电弧被分割成若干段短电弧；而短电弧的电压降主要降落在阴、阳极区内，如果栅片的数目足够多，使各段维持电弧燃烧所需的最低电压降的总和大于外加电压，电弧就自行熄灭。另外，在交流电流过零后，由于近阴极效应，每段弧隙介质强度骤增到150~250 V，采用多段弧隙串联，可获得较高的介质强度，使电弧在过零熄灭后不再重燃。此外，金属栅片也有冷却电弧的作用，这种方法常用于低压交流开关中。

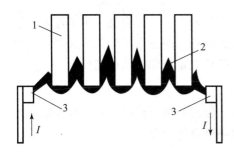 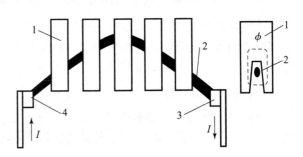

图2-5 狭缝灭弧

1—绝缘栅片；2—电弧；3—触头

图2-6 将长弧分隔成短弧

1—金属栅片；2—电弧；3—静触头；4—动触头

6）采用多断口灭弧

高压断路器每相由两个或多个断口串联，如图2-7所示，使得每一断口承受的电压降低，相当于触头分断速度成倍地提高，使电弧迅速拉长，对灭弧有利。这种方法多用在高压开关中。

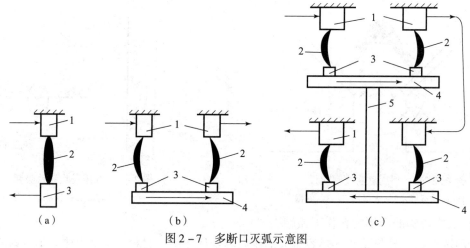

图2-7 多断口灭弧示意图

（a）一个断口；（b）两个断口；（c）四个断口

1—静触头；2—电弧；3—动触头；4—触头桥；5—绝缘拉杆

7）速拉灭弧

迅速拉长电弧，可使电弧的电场强度骤降，从而削弱碰撞游离，增强带电质点的复合作用，加速电弧的熄灭。这种灭弧方法是开关电器中普遍采用最基本的一种灭弧方法。

除上述灭弧方法外，开关电器在设计制造时，还采取了限制电弧产生的措施。例如，开关触头采用不易发射电子的金属材料制成；触头间采用绝缘油、六氟化硫、真空等绝缘和灭弧性能好的绝缘介质。

子任务一 高低压电气设备的选择方法

子任务目标

1. 掌握按正常工作条件选择高低压电气设备的方法；
2. 掌握按短路条件校验选择高低压电气设备的方法。

正确地选择电气设备对供电的可靠性、安全性、经济性都有着重要意义。为了保障高压电气设备的可靠运行，高压电气设备选择与校验的一般条件有：按正常工作条件选择包括电压、电流、频率、开断电流等选择；按短路条件校验包括热稳定校验、动稳定校验。

一、按正常工作条件选择电气设备

对各种电气设备的基本要求是正常运行时安全可靠，短时通过短路电流时不致损坏，因此，电气设备必须按正常工作条件进行选择，并按短路条件进行校验。

（一）按正常条件选择

1. 环境条件

电气设备在制造上分户内、户外两大类。户外设备的工作条件较恶劣，各方面要求较高，成本也高。户内设备不能用于户外，户外设备虽可用于户内，但不经济。此外，选择电气设备时，还应根据实际环境条件考虑防水、防火、防腐、防尘、防爆以及高海拔地区或湿热带地区等方面的要求。

2. 按电网额定电压选择电气设备的额定电压

高压电气设备最高允许运行的电压为 $(1.1\% \sim 1.15\%)\ U_N$，而电网最高允许运行的电压为 $1.1\% U_{NS}$（装设处电网的额定电压），因此电气设备的额定电压 U_N 应不小于装设处电网的额定电压 U_{NS}，即

$$U_N \geq U_{NS} \tag{2-1}$$

我国普通电器额定电压的标准是按海拔 1 000 m 设计的。如果在高海拔地区使用，应选用高海拔设备或采取某些必要的措施增强电器的外绝缘。

3. 按最大长时负荷电流选择电气设备的额定电流

电气设备的额定电流 I_N 应不小于通过它的最大长时负荷电流 $I_{lo.m}$（或计算电流 I_{ca}），即

$$I_N \geq I_{lo.m} \tag{2-2}$$

电气设备的额定电流是指规定环境温度为 +40 ℃时，长期允许通过的最大电流。如果电器周围环境温度与额定环境温度不符时，应对额定电流值进行修正。方法是：当高于 +40 ℃时，每增高 1 ℃，额定电流减少 1.8%；当低于 +40 ℃时，每降低 1 ℃，额定电流增加 0.5%，但总的增加值不得超过额定电流的 20%。

若已知电气设备的最高允许工作温度，当环境最高温度高于 40 ℃，但不超过 60 ℃时，额定电流也可按下式修正：

$$I_{N\theta} = I_N \sqrt{\frac{\theta_{al} - \theta_0'}{\theta_{al} - \theta_0}} = I_N K_\theta \tag{2-3}$$

式中　θ_{al}——设备允许的最高工作温度，℃；

　　　θ_0'——实际环境的最高空气温度，℃；

　　　θ_0——额定环境空气温度，电气设备为 40 ℃，导体为 25 ℃；

　　　K_θ——环境温度修正系数，$K_\theta = \sqrt{\dfrac{\theta_{al} - \theta_0'}{\theta_{al} - \theta_0}}$；

　　　$I_{N\theta}$——实际环境温度下电气设备允许通过的额定电流，kA。

选电气设备时，应使修正后的额定电流 $I_{N\theta}$ 不小于所在回路的最大长时负荷电流 $I_{lo.m}$，即

$$K_\theta I_N \geq I_{lo.m} \tag{2-4}$$

（二）按短路条件校验

按正常工作条件选择的电气设备，当短路电流通过时应保证各部分的发热温度和所受电动力不超过允许值，因此必须按短路情况进行校验。

1. 热稳定校验

短路电流通过电气设备时，电器各部件的温度（或发热效应）应不超过短时允许发热温度，即

$$Q_{ts} \geq Q_k \tag{2-5}$$

或

$$I_{ts}^2 t_{ts} \geq I_\infty^2 t_i \tag{2-6}$$

即

$$I_{ts} \geq I_\infty \sqrt{\frac{t_i}{t_{ts}}} \tag{2-7}$$

式中　Q_{ts}——电气设备允许通过的短时热效应，$kA^2 \cdot s$；

　　　Q_k——短路电流产生的热效应，$kA^2 \cdot s$；

　　　I_{ts}——电气设备的额定热稳定电流，kA；

　　　t_{ts}——电气设备热稳定时间，s；

　　　I_∞——稳态短路电流，kA；

　　　t_i——假想时间，s。

2. 动稳定校验

短路电流通过电气设备时，电气设备各部件应能承受短路电流所产生的机械力效应，不发生变形损坏，即

$$i_{es} \geq i_{sh} \tag{2-8}$$

或

$$I_{es} \geq I_{sh} \tag{2-9}$$

式中　i_{es}，I_{es}——电气设备额定动稳定电流峰值及其有效值，kA；

　　　i_{sh}，I_{sh}——短路冲击电流峰值及其有效值，kA。

由于各种高低压电气设备具有不同的性能特点，选择与校验条件不尽相同。常用的高低压电气设备的选择与校验项目见表 2-1。

表 2-1　常用的高低压电气设备的选择与校验项目

设备名称	额定电压	额定电流	开断能力	短路电流检验		环境条件	其 他
				动稳定	热稳定		
断路器	√	√	√	○	○	○	操作性能
负荷开关	√	√	√	○	○	○	操作性能
隔离开关	√	√		○	○	○	操作性能
熔断器	√	√	√			○	上下级间配合
电流互感器	√	√		○	○	○	二次负荷、准确等级
电压互感器	√					○	二次负荷、准确等级
支柱绝缘子	√			○		○	
穿墙套管	√	√		○	○	○	
母线		√		○	○	○	
电缆	√	√			○	○	

注：表中"√"为选择项目，"○"为校验项目。

子任务二 高低压开关设备的认识与选择

子任务目标

1. 掌握高压隔离开关的用途、分类、结构及工作原理等；
2. 掌握高压负荷开关的用途、分类、结构及工作原理等；
3. 掌握高压断路器的用途、分类、结构及工作原理等；
4. 掌握高压隔离开关选择与校验的有关方法；
5. 掌握高压负荷开关选择与校验的有关方法；
6. 掌握高压断路器选择与校验的有关方法。

交流额定电压为 1 200 V 及以下或直流额定电压为 1 500 V 及以下的开关（电器），属于低压开关（电器）。额定电压为 3 kV 以上的开关（电器），属于高压开关（电器）。

一、高压隔离开关

高压隔离开关又称刀闸，由于它的触头敞露在空气中，其通断状态明显可见，所以其主要用途是保证检修人员的安全，将需要检修的部分与其他带电部分可靠隔离，防止意外事故的发生。

隔离开关没有专门的灭弧装置，不能用来通断负荷电流和短路电流，否则会产生强烈的电弧，引起相间弧光短路。这不仅会损坏隔离开关，而且对操作人员也十分危险。因此，在高压电路中与断路器串联使用，利用断路器通断电路，只有断路器处于断开状态时，才能对隔离开关进行分合闸操作。只有当电路中电流很小且触头上不会产生强烈电弧时，才能用隔离开关通断电路，操作按"先通后断"的原则进行。

图 2 - 8 所示为 GN8 - 10/600 型户内式隔离开关的外形。由图 2 - 8 可看出，其结构相当简单，主要由固定在绝缘子上的静触座和分开的闸刀两部分组成。它断开后有明显可见的断开间隙，而且断开间隙的绝缘都足够可靠，可以用来隔离高压电源以保证设备的检修安全。

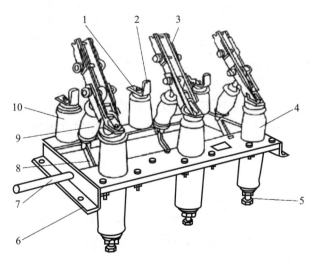

图 2 - 8 GN8 - 10/600 型户内式隔离开关的外形

1—上接线端；2—静触头；3—动触头；4—套管绝缘子；5—下接线端子；
6—框架；7—转轴；8—拐臂；9—升降绝缘子；10—支柱绝缘子

在操作隔离开关时，应注意操作顺序，停电时先拉线路侧隔离开关，送电时先合母线侧隔离开关；而在操作隔离开关前，先注意检查断路器确实在断开位置后，再操作隔离开关。

1. 合隔离开关时的操作

（1）无论用手动传动装置或用绝缘操作杆操作，均必须迅速而果断；但在合闸终了时，用力不可过猛，以免损坏设备，使机构变形、瓷瓶破裂等。

（2）隔离开关操作完毕后，应检查是否合上。合好后应使隔离开关完全进入静触头，并检查接触的严密性。

2. 拉隔离开关时的操作

（1）当刀片刚要离开静触头时应迅速。特别是切断变压器的空载电流、架空线路及电缆的充电电流、架空线路小负荷电流及切断环路电流时，拉隔离开关更应迅速果断，以便能迅速消弧。

（2）拉开隔离开关后，应检查隔离开关每相确实已在断开位置并应使刀片尽量拉到头。

3. 操作中的误合、误拉

（1）误合隔离开关时，即使合错，甚至在合闸时发生电弧，也不准将隔离开关再拉开。这是因为带负荷拉隔离开关，将造成三相弧光短路事故。

（2）误拉隔离开关时，在刀片刚要离开静触头时便发生电弧。这时应立即合上隔离开关，可以消灭电弧，避免事故。如果隔离开关已经全部拉开，则绝不允许将误拉的隔离开关再合上。

如果是单极隔离开关，操作一相后发现误拉，对其他两相则不允许继续操作。

二、高压负荷开关

高压负荷开关具有简单的灭弧装置，可以用来开断和接通负荷电路，但不能开断短路电流。负荷开关结构简单，仅由几个隔离开关和简单的灭弧装置相结合组成。高压负荷开关与高压熔断器串联组成综合负荷开关，除开断负载电流外，也可作为过载和短路保护。高压负荷开关开断时也有一个明显的断口，所以也可起隔离开关的作用。

高压负荷开关有固体产气式、压气式、油浸式、真空式及六氟化硫式等多种。图 2 - 9 为压气式 FN3 - 10RT 型高压负荷开关的结构示意图。高压负荷开关上端的绝缘子是一个简单的灭弧室，它不仅起到支撑绝缘子的作用，而且其内部是一个气缸，装有操动机构主轴传动的活塞。绝缘子上部装有绝缘喷嘴和静触头，当负荷开关分闸时，闸刀一端的动触头与静触头间产生电弧，同时分闸时主轴转动而带动活塞，压缩气缸内的空气，从喷嘴向外吹弧，使电弧迅速熄灭。

三、高压断路器

高压断路器是电力系统中最主要的控制设备，它的断流能力很强，可以在正常时接通和断开负荷电路，在线路发生短路故障时切断短路电流。因此，要求断路器工作可靠，有足够的断流能力，有尽可能短的开断时间，结构简单，价格低。

高压断路器按其灭弧介质不同，可分为油断路器、真空断路器、六氟化硫断路器、压缩空气断路器、自产气断路器及磁吹断路器。

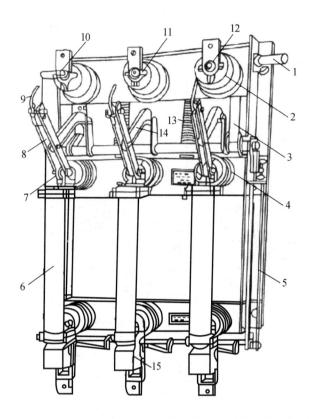

图 2 - 9 压气式 FN3—10RT 型高压负荷开关的结构示意图

1—主轴；2—上绝缘子兼气缸；3—连杆；4—下绝缘子；5—框架；
6—RN1 型真空熔断器；7—下触座；8—闸刀；9—弧动触头；10—绝缘喷嘴；
11—主静触头；12—上触座；13—分闸弹簧；14—绝缘拉杆；15—热脱扣器

1. 油断路器

1）多油断路器

多油断路器的触头系统放在装有绝缘油的接地钢箱中，油起着灭弧和绝缘两种作用。由于油量多，故称多油断路器。每相用一个油箱的，叫单箱式结构；三相共用一个油箱的，叫共箱式结构。35 kV 及以上的多采用单箱式结构，10 kV 及以下的多采用共箱式结构。多油断路器的结构比较简单，在户外使用时受大气影响较小，但是其用油量多、体积大、质量大、动作时间较长，而且还有发生爆炸和火灾的危险，故目前应用较少。

2）少油断路器

一般 6~35 kV 户内配电装置广泛采用高压少油断路器，其绝缘油只能起灭弧作用，无对地绝缘作用，用油量较少，只有多油断路器的 10%。它具有体积小、质量小、结构简单、节省材料、制作方便等优点。下面介绍 SN10 - 10 型少油断路器的结构原理及灭弧情况。

图 2 - 10 和图 2 - 11 所示分别为 SN10 - 10 型少油断路器的外形结构和油箱内部剖面结构。

SN10 - 10 型少油断路器主要由基架、传动系统及油箱三部分组成。

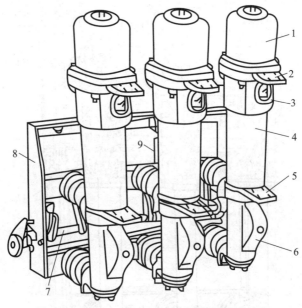

图 2 - 10　SN10 - 10 型少油断路器的外形结构

1—铝帽；2—上接线端子；3—油标；4—绝缘筒；5—下接线端子；

6—基座；7—主轴；8—框架；9—断路弹簧

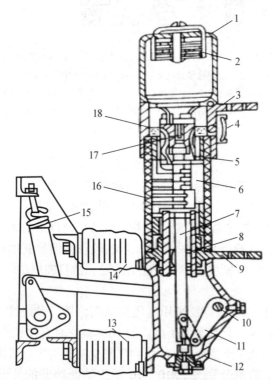

图 2 - 11　SN10 - 10 型少油断路器的油箱内部剖面结构

1—铝帽；2—油气分离器；3—上接线端子；4—油标；5—插座式静触头；6—灭弧室；

7—动触头；8—中间滚动触头；9—下接线端子；10—转轴；11—拐臂；12—基座；

13—下支柱瓷瓶；14—上支柱瓷瓶；15—断路弹簧；16—绝缘筒；17—逆止阀；18—绝缘油

断路器的核心部分是油箱，油箱的上部是铝帽，铝帽的上部是油气分离器，其作用是将灭弧过程产生的油气混合物进行旋转分离，气体从顶部的排气孔排出，而油沿着内壁汇流到灭弧室内。铝帽的下部装有插座式静触头，有 3~4 片弧触片。油箱的中部为灭弧室，外面套有高强度的绝缘筒，灭弧室的结构如图 2－12 所示。油箱的下部为基座，基座内有分、合闸的传动机构。

油断路器的工作原理及灭弧原理如下：

合闸时，经操作机构和传动机构将导电杆插入插座式静触头来接通电路。

SN10－10 型少油断路器的导电回路为：上接线端子→插座式静触头→动触头（导电杆）→中间滚动触头→下接线端子。

分闸或自动跳闸时，导电杆向下运动并离开静触头，产生电弧，电弧的高温使油分解形成油气，使静触头周围的油压骤增，压力使逆止阀上升堵住中心孔，这样，电弧就在密闭的空间内燃烧，油压迅速增大。同时，导电杆迅速下移，产生的油气混合物在灭弧室内的灭弧沟和下面的纵吹油囊中对电弧进行强烈的横、纵吹；下部的绝缘油与燃烧的油进行对流，对电弧进行油吹弧和冷却，这样，由于多种灭弧方法的综合作用，电弧迅速熄灭。图 2－13 所示为灭弧室的灭弧过程。

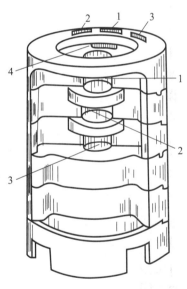

图 2－12　灭弧室的结构
1—第一道灭弧沟；2—第二道灭弧沟；
3—吸弧钢片；4—第三道灭弧沟

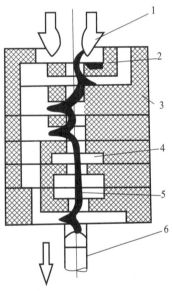

图 2－13　灭弧室的灭弧过程
1—静触头；2—吸弧钢片；3—横吹灭弧沟；
4—纵吹灭弧囊；5—电弧；6—动触头

2. 真空断路器

真空断路器是用高真空作为介质的断路器。真空具有很高的绝缘强度。由于真空中弧柱的带电质点的密度和温度比周围介质高很多，形成了强烈的扩散，故能使电弧迅速可靠地熄灭。真空断路器具有以下优点：触头开距小、体积小、质量小、操作噪声小，所需操作功率小；真空断路器动作速度快；燃弧时间短，一般只须半个周期即可熄灭电弧，熄弧后触头间隙介质恢复快；真空断路器触头寿命长，运行维护简单，特别适用于频繁地操作。

ZN10 型真空断路器的结构如图 2 – 14 所示。它由真空灭弧室、操动机构绝缘支持件、传动件底座等组成。灭弧室由两块压制成半圆形的绝缘支架 25 固定在底座 23 上，由上、下导电夹 32 与 35，软连接 27，上、下压板 30 与 31 通过真空灭弧室 28 两端组成高压回路。底座 23 下部是带自由脱扣的操作机构。操动机构包括合闸动铁芯 7、分闸电磁铁 21、合闸挚子 15、抬杠 8、拉杆 5、分闸摇臂 20、分闸弹簧 1、辅助开关等，还设有机械计数器、分合指示、二次线路接线端子等，底座装有四个滚轮、四块弯板供搬运及安装使用。半圆形的绝缘支架是用玻璃纤维压制而成的，绝缘性能好，机械强度高，用它分相支持灭弧室而不需要另加相间隔板。高压相间无框架连接，不仅能提高相间的绝缘强度，且对真空灭弧室有一定的防护作用。绝缘子 24 既要保证高压对地可靠绝缘，还要传递分合闸动能，可经受数万次的冲击震动。

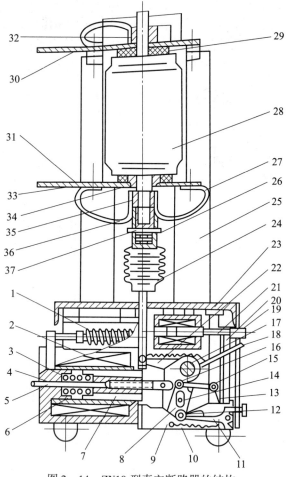

图 2 – 14　ZN10 型真空断路器的结构

1—分闸弹簧；2—合闸线圈；3—复位弹簧；4—静触头；5—拉杆；6，34—导套；7—合闸动铁芯；
8—抬杠；9—支架；10，13—拉簧；11，15—合闸挚子；12，16—滚子；17—主轴；18—合闸手柄；
19—分闸按钮；20—分闸摇臂；21—分闸电磁铁；22—主轴拐臂；23—底座；24—绝缘子；
25—绝缘支架；26—触头弹簧；27—软连接；28—真空灭弧室；29，33—橡胶垫；30—上压板；
31—下压板；32—上导电夹；35—下导电夹；36—联络头；37—带孔销

真空断路器的主要部分是真空灭弧室，其结构如图 2 – 15 所示。断路器的动触头 2、静触头 1 及屏蔽罩 3 都密封在抽成真空的绝缘外壳 7 中，外壳可用玻璃或陶瓷制作。动触头 2 与真空管之间的密封问题用波纹管 4 来解决。当触头运动时，波纹管 4 在其弹性变形范围内伸缩。为了保证外壳的绝缘性能，在动、静触头外面装有金属屏蔽罩 3，用来冷凝吸收弧隙的金属蒸气。

真空电弧与气体中的电弧有所不同，在真空电弧中不存在气体游离问题，而电弧的形成主要依靠触头金属蒸气的导电作用，造成间隙的击穿而发弧。因此，电弧随触头材料不同而有差异，并受弧电流大小的影响。

在真空电弧中，一方面金属蒸气及带电质点不断向弧柱四周扩散，并凝结在屏蔽罩上；另一方面触头在高温的作用下，不断蒸发，向弧柱注入金属蒸气与带电质点。当扩散速度大于蒸发速度时，弧柱内的金属蒸气量与带电质点的浓度将降低，直到不能维持电弧时，电弧熄灭，否则电弧将继续燃烧。当电流过零电弧熄灭时，触头温度下降，蒸发作用急剧减小，而残存质点又继续扩散，故真空绝缘在熄弧后，介质强度的恢复极快，其速度可达 20 kV/μs，一般只需要半个周期即可熄灭电弧。而在开断容量范围内，其恢复速度基本不变。

当分断小电流时，由于弧柱扩散速度过快，使阴极板附近的蒸气压力和温度骤降，电弧难于维持而突然熄灭，这种情况叫作截流现象。由于截流现象会产生较高的操作过电压，所以在真空断路的电路中必须采取防过电压的措施。

3. 六氟化硫断路器

六氟化硫（SF_6）断路器是采用具有优良灭弧性能和绝缘性能的 SF_6 气体作为灭弧与绝缘介质的断路器。它是近年来出现的一种新型断路器，其外形结构如图 2 - 16 所示。SF_6 气体能大量地吸收电弧能量，使电弧迅速冷却乃至熄灭，它的灭弧能力约为空气的 100 倍。其外形尺寸小、占地面积少、开断能力强。电弧在 SF_6 中燃烧时，电弧电压特别低，燃弧时间也短，因而 SF_6 断路器触头烧损很轻微，适于频繁操作，但检修周期长。

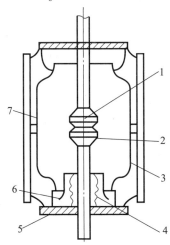

图 2 - 15　真空断路器真空灭弧室的结构

1—静触头；2—动触头；3—金属屏蔽罩；

4—波纹管；5—与外壳接地的金属法兰盘；

6—波纹管屏蔽罩；7—绝缘外壳

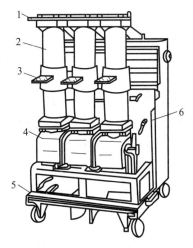

图 2 - 16　SF6 断路器（LN2 - 10 型）的外形结构

1—上接线端；2—绝缘筒；3—下接线端；

4—操作机构；5—小车；6—分闸弹簧

SF$_6$气体的缺点是电气性能受电场均匀程度及水分等杂质影响特别大，故对SF$_6$断路器的密封结构、元件结构及SF$_6$气体本身质量的要求相当严格。

SF$_6$断路器的结构特点为：开关触头在SF$_6$气体中闭合和断开；SF$_6$气体具有灭弧和绝缘功能；灭弧能力强，属于高速断路器；结构简单，无燃烧爆炸危险；SF$_6$气体本身无毒，但在电弧的高温作用下，会产生氟化氢等有强烈腐蚀性的剧毒物质，因此该断路器密封要求严，工艺与材料要求高。

4. 其他几种断路器

压缩空气断路器是利用压缩空气作为灭弧介质的断路器。压缩空气有三个作用：一是吹弧，使其受到冷却而熄灭；二是作为触头断开后的绝缘介质，起绝缘作用；三是分合闸的操作动力。该断路器结构较复杂，工艺要求较高。

自产气断路器是利用固体绝缘材料在电弧作用下分解出大量的气体进行吹弧的断路器，如聚氯乙烯和有机玻璃等。该断路器结构简单、质量小、制造方便。

磁吹断路器是靠磁力吹弧，利用狭缝灭弧原理将电弧吹入狭缝中冷却灭弧的断路器。该断路器结构复杂，体积、质量都较大。

四、高低压熔断器

熔断器是一种最简单的过电流保护装置，用于保护供电线路和电气设备，使其不被短路或过载所损坏。

在使用中，熔断器串联在被保护电路中，当该电路发生过载或短路故障时，通过熔体的电流超过某一定值，当熔体上产生的热量达到其熔点温度后，熔体自行熔断，起到保护的作用。

熔断器的熔断过程分弧前过程和弧后过程两个阶段。弧前过程是熔体被电流加热后熔化，即熔断器反映故障的过程；然后是发生电弧和熄灭电弧的弧后过程。通过熔体的电流越大，弧前过程越短；熔断器灭弧能力越强，电弧持续时间越短。熔断器的熔断时间就是这两个过程的时间之和。

熔断器的熔体熔断时间与通过熔体电流的关系叫作熔断器的安 – 秒特性，也称保护特性，其曲线如图2 – 17所示。图中I_R为最小熔化电流，熔体的额定电流I_N应小于I_R。熔化电流与熔体的额定电流之比称为熔断器的熔化系数，它是表征熔断器灵敏度的指标。熔化系数取决于熔体的材料和工作温度，以及它的结构。

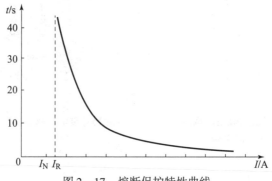

图2 – 17　熔断保护特性曲线

熔断器有以下几个主要参数。

（1）熔断器的额定电流。它是指熔断器壳体的载流部分，在标准环境温度下，允许长时通过的最大电流。

（2）熔体的额定电流。它是指在标准环境温度下，长时通过熔体而不使熔体熔断的最大电流。同一熔断器中，可装入不同额定电流的熔体，但熔体的额定电流不得超过熔断器的额定电流。

（3）熔断器的极限断路电流。它是指熔断器所能切断的最大电流。

（4）熔断器的额定电压。它是指熔断器长时所能承受的正常工作电压，使用时电网的实际工作电压不得超过此值。

1. 高压熔断器

在 6～10 kV 系统中，户内广泛采用 RN1 型、RN2 型等管式熔断器，户外则多采用 RW4 型等跌落式熔断器。

1）户内式高压熔断器

RN 系列熔断器为户内式高压熔断器，其中 RN1 型、RN3 型、RN5 型用于电力线路和设备的过载与短路保护，RN2 型、RN4 型、RN6 型用于电压互感器的短路保护。

RN1 型和 RN2 型的结构基本相同，都是瓷质熔管内充有石英砂填料的密闭管式熔断器。图 2-18 所示为 RN1 型高压管式熔断器的外形图，图 2-19 所示为其熔管剖面示意图。

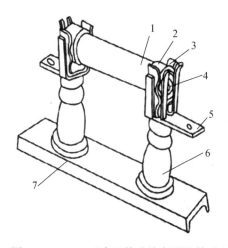
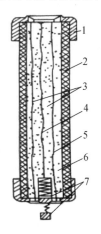

图 2-18 RN1 型高压管式熔断器的外形
1—瓷熔管；2—金属管帽；3—弹性敏座；
4—熔断指示器；5—接线端子；
6—瓷熔绝缘子；7—底座

图 2-19 RN1 型高压管式熔断器的
熔管剖面示意图
1—管帽；2—熔管；3—工作熔体；
4—指示熔体；5—锡球；
6—石英砂填料；7—指示器

由图 2-19 可知，工作熔体（铜熔丝）上焊有小锡球。锡的熔点（232 ℃）较铜的熔点（1 083 ℃）低，因此铜丝上焊锡球后，当熔体发热到锡球熔点时，锡球受热首先融化，包围铜熔丝，铜锡分子互相渗透而形成熔点较低的铜锡合金，使铜熔丝能在较低的温度下熔断，这就是所谓的冶金效应。由此可见，铜熔丝上焊锡球，其目的是能得到熔点低的小截面熔体，既降低了熔体的熔点温度，不使熔断器在正常工作时过热，又有利于电弧的熄灭。

熔断器采用多根熔丝并联，在熔体熔断时产生多根并联电弧，多根变细了的电弧在石英砂中燃烧，对灭弧有利。这种熔断器的灭弧能力很强，能在短路电流未达到冲击值之前（短路后不到半个周期）就能完全熄灭电弧。由于这种熔断器限制了短路电流的发展，所以称为限流熔断器。用限流熔断器保护的设备，可以不校验短路时的动、热稳定性。

RH5 型、RH6 型与 RH1 型、RH2 型熔断器的特性和技术数据相同，只是在外形上作了改进，具有体积小、质量小、泄露距离大、防污染好、维护简单及更换方便等优点。

2）户外式熔断器

（1）跌落式熔断器。跌落式熔断器常用来保护配电变压器。利用高压绝缘棒的操作，可使熔断器的熔管与固定触头分断和闭合。由于分断时有一明显的断口，所以可起隔离开关的作用，在一定条件下可用来通断空载变压器和空载线路。

图 2-20 所示为 RW4-10 型高压跌落式熔断器的结构，它由瓷绝缘子 11、熔管 6 和接触导电系统等部分组成。上动触头 3 与熔管内的铜熔丝 7 相连，熔管 6 由钢纸管和酚醛纸管复合而成。熔体由铜银合金制成，焊在编织导线上。合闸时，用绝缘棒钩住操作环 5，向上推熔管 6 即可；熔断器合上后，熔体依靠其机械张力使上动触头 3 紧卡在鸭嘴上，鸭嘴上的弹簧钢片又顶着上动触头 3，故熔体掉不下来。此时上动触头 3 与上静触头 2 紧密接触将电路接通。当严重过载或短路时，熔体熔断，上动触头失去拉力从鸭嘴中滑脱，熔管 6 靠自身重力的作用，迅速跌落断开电流。熔管内衬的钢纸管在电弧作用下产生大量气体，使管内压力增加，高压气体从熔管上部喷出，对电弧产生纵吹作用。与此同时，随着熔管 6 下落，电弧被拉长冷却，促使电弧熄灭。正常分闸时，只要用绝缘棒向上捅一下鸭嘴，熔管就会自行跌落，但不能硬拉操作环。跌落式熔断器不是限流型熔断器。

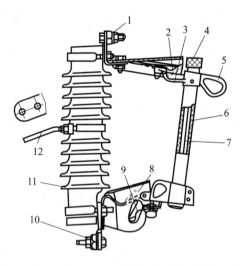

图 2-20　RW4-10 型高压跌落式熔断器的结构

1—接线端子；2—上静触头；3—上动触头；4—管帽；5—操作环；6—熔管；7—铜熔丝；8—下动触头；9—下静触头；10—下接线端子；11—瓷绝缘子；12—固定安装板

（2）RW10-35 型高压熔断器。RW10-35 型高压熔断器是我国生产的一种新型熔断器，额定电流为 0.5 A，熔断容量为 2 000 MVA，用来保护户外 35 kV 的电压互感器；额定电流为 2~10 A，熔断容量为 600 MVA，用来保护其他设备。

图 2-21 所示为 RW10-35 型高压熔断器的外形，它由熔管 1、瓷套 2、接线端帽 4、紧固装置 3 和棒形支柱绝缘子 5 组成，熔体放在充有石英砂的熔管中。这种熔断器属限流型熔断。

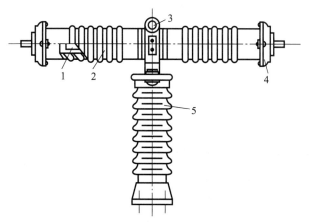

图 2-21　RW10-35 型高压熔断器的外形
1—熔管；2—瓷套；3—紧固装置；4—接线端帽；5—棒形柱绝缘子

2. 低压熔断器

低压熔断器按结构及用途可分为以下系列：RC1A 系列瓷插式熔断器，多用于照明电路及小容量电动机电路；RL1 系列螺旋式熔断器，多用于额定电压为 500 V，额定电流为 200 A 以下的交流电动机控制电路；RM 系列无填料封闭管式熔断器，多用于低压电力网络和成套配电装置的短路与过载保护；RT 系列有填料封闭管式熔断器，多用于短路电流大的电力网络或配置装置中；RLS 系列熔断器，用于保护半导体元件。

1）RM 系列无填料封闭管式熔断器

图 2-22 所示为 RM10 系列低压熔断器的结构。在纤维熔管 3 内装有熔片 4，经过刀形触头 5 与外电路连接。用管夹 2 将纤维熔管 3 封住，并用黄铜管帽 1 从两头拧紧。使用时将熔断器两端的刀形触头插入配电装置上的鸭嘴式固定触头座即可。

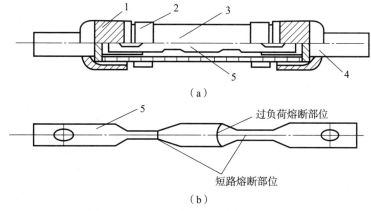

（a）

（b）

图 2-22　RM10 系列低压熔断器的结构
（a）熔管；（b）熔片
1—黄铜管帽；2—管夹；3—纤维熔管；4—熔片；5—刀形触头

33

熔体采用变截面的锌片，目的在于改善熔断器的保护性能。在短路时，熔片的窄部由于电阻较大而首先熔断，形成几段串联电弧，而且由于各段熔片跌落，迅速拉长电弧，使得短路电弧较容易熄灭。在过负荷电流通过时，由于加热时间较长，窄部散热较好，因此往往在其宽窄之间的斜部熔断。由熔片熔断的部位，可以大致判断故障电流的性质。

当熔片熔断时会产生电弧，此电弧高温使纤维熔管内壁分解，产生大量的气体，使管内压力迅速增大，这种高压气体具有强烈的去游离作用，促使电弧迅速熄灭。但其灭弧能力较差，不能在短路电流达到冲击值之前完全灭弧，因此属于非限流式熔断器。

随着纤维熔管内壁多次被分解，其机械强度将会降低，因此管壳应及时更换，以免造成熔断器爆炸的事故。

2）RT0 型有填料封闭管式熔断器

图 2 - 23（a）所示为 RT0 型熔断器的结构。滑石陶瓷外壳 1 由滑石陶瓷制成，耐热性好，机械强度高。两端的金属盖板 2 用螺栓 3 紧固在壳体上，并把刀形触头 7 紧紧地压住。熔断器内有两个熔体，指示熔体 5 为康铜丝，与工作熔体 6 并联，当工作熔体 6 熔断后，指示熔体 5 也立即熔断，上盖板装设的红色熔断指示器 4 被弹出，表面电路已断开。工作熔体由多条冲有网孔的薄紫铜栅片 9 并联组成，中部焊有降低熔体熔点的锡桥 10，栅片上的小孔 11 使熔体截面变小，如图 2 - 23（b）所示。工作熔体 6 被卷成笼状，其两端点焊在刀形触头 7 上，以保证熔体与触头接触良好。熔断器外壳内充满石英砂 8 作为灭弧介质，当熔体熔断时，电弧与石英砂紧密接触，使电弧强烈去游离而迅速熄灭。

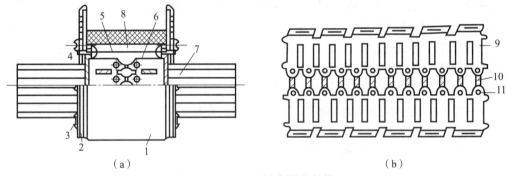

图 2 - 23　RT0 型熔断器的结构

（a）结构；（b）熔体外形

1—滑石陶瓷外壳；2—金属盖板；3—螺栓；4—熔断指示器；5—指示熔体；6—工作熔体；
7—刀形触头；8—石英砂；9—薄紫铜栅片；10—锡桥；11—小孔

RT0 熔断器具有很高的分断能力，保护特性稳定，属限流熔断器，因此多用于短路电流较大的低压电路中。它的主要缺点是熔体熔断后不能更换，整个熔断器也随之报废。

3）RL1 型螺旋式熔断器

图 2 - 24 所示为 RL1 型螺旋式熔断器的结构。它的熔体装在充满石英的瓷质熔断管 3 中，并与熔断管两端的金属触头相连接。熔断器瓷质底座 6 的下面装有下接线端子 7，上面装有带螺口的上接线端子 5，在螺口外面套着瓷套 4。使用时将熔体（熔断管）放在瓷质底座 6 中，再旋上瓷帽 1，即安装完毕。在熔断管上触头的中间，有一红色熔断指示器，当熔体熔断后，指示器弹出，通过瓷帽 1 上的玻璃观察孔可见。

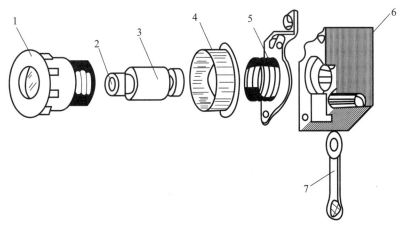

图 2 - 24　RL1 型螺旋式熔断器的结构

1—瓷帽；2—熔断指示红点；3—瓷质熔断管；

4—瓷套；5—上接线端子；6—下接线端子；7—瓷质底座

RL1 型熔断器体积小，质量轻，价格低，更换熔体方便，保护性能稳定，灭弧能力强，也属于限流熔断器。

五、高低压开关设备的选择及校验

开关、熔断器的选择与校验项目见表 2 - 2，选择时应满足的条件见表 2 - 1。

表 2 - 2　开关、熔断器的选择与校验项目

电气设备名称	正常工作条件选择			短路故障校验	
	电压/kV	电流/kA	断流能力/kA	动稳定性	热稳定性
高低压熔断器	√	√	√	×	×
高压负荷开关	√	√	—	√	√
高压断路器	√	√	√	√	√
高低压隔离开关	√	√	√	—	—
低压负荷开关	√	√	√	—	—
低压断路器	√	√	√	—	—

注：1. 表中"√"表示必须校验，"×"表示不必校验，"—"表示可不校验。

　　2. 选择高压电气设备时，计算电流取变压器两侧的额定电流。

1. 高压开关电器的选择及校验

1）高压隔离开关的选择及校验

隔离开关应按其额定电压、额定电流及使用的环境条件选择出合适的规格和型号，然后按短路电流的动、热稳定性进行校验。

按环境条件选择隔离开关时，可根据隔离地点和环境条件选择户内式、户外式、普通型或防污型等类型，防污型用于污染严重的地方。隔离开关按构造可分为三柱式、双柱式和 V 形结构，工矿企业 35 kV 变电所户外多选用 V 形结构。此外，隔离开关还有带接地闸刀和不带接地闸刀两种。带接地闸刀的一般用于变电所进线。在选择隔离开关的同时还必须选定

配套的操作机构。

2）高压负荷开关的选择及校验

高压负荷开关选择时不仅要考虑其额定电压和额定电流，还要考虑其断流能力，校验时要校验短路故障时的动稳定性和热稳定性。

高压负荷开关的开断电流 I_{OC} 应不小于它可能开断的最大过负荷电流 I_{OL}，即

$$I_{OC} \geq I_{OL} \qquad (2-10)$$

3）高压断路器的选择及校验

高压断路器是供电系统中的重要设备之一。6～35 kV 系统中使用最多的是少油断路器及真空断路器。户内使用的都是少油断路器，它一般安装在高压开关柜中，选型时应考虑安装条件。对断流能力要求很高的地方或操作十分频繁的地方应选用真空断路器，对于污秽地点应选用防污型断路器。

断路器操作机构的选择应与断路器的控制方式、安装情况及操作电源相适应。选择断路器的技术参数时，应先按使用场合、使用环境来选择型号，再按其额定电压和额定电流选择，然后按断流能力、短路时的动稳定性和热稳定性进行检验。

2. 低压开关电器的选择及校验

选择低压开关电器时，应首先确定其类型。对经常带负荷操作并须切断电流的，应选用低压断路器；对须远距离操作的，应选用接触器；对不带负荷操作只起隔离开关作用的，应选用刀开关；对只用于通、断负荷电流且不经常操作的，应选用负荷开关或带灭弧装置的刀开关；对没有保护功能的开关，一般还应选择熔断器作为过流保护装置。

低压开关电器按不同的使用环境分为开启式、防护式、封闭式、隔爆式等几种，所以还应根据使用环境条件选择电器的型式。此外，低压开关电器还应按额定电压，额定电流，额定分断能力，短路时的动、热稳定性进行选择与校验。一般在下列情况中，可不校验动稳定性和热稳定性。

（1）用熔断器保护的电器和导体，可不校验热稳定性。

（2）用有限流作用或额定电流 60 A 以下的熔断器保护的电器导体，且熔断器按手册要求选择时，可不校验动稳定性和热稳定性。

（3）按极限分断电流选择的自动空气断路器，一般可不再校验动稳定性和热稳定性。

子任务三　互感器的认识与选择

子任务目标

1. 掌握互感器的用途、分类、结构及工作原理等；
2. 掌握选择互感器的有关方法。

互感器将高电压、大电流变成标准的低电压（100 V）和小电流（5 A 或 1 A），作为测量仪表、继电保护装置的信号源。互感器分为电流互感器和电压互感器。

一、电流互感器

（一）电流互感器的分类和结构

电流互感器按一次绕组的匝数分类，可分为单匝式和多匝式；按用途分类，可分为测量

用和保护用；按绝缘介质分类，可分为油浸式和干式。

电流互感器的外形结构如图 2 – 25 所示。

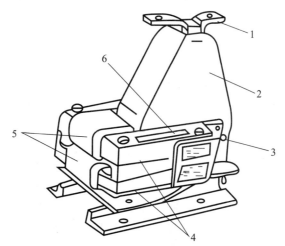

图 2 – 25　电流互感器的外形结构

1——一次接线端子；2——一次绕组；3—二次接线端子；4—铁芯；5—二次绕组；6—警告牌

（二）电流互感器的工作原理

电流互感器的一次侧电流与二次侧电流之间有下列关系

$$K_i = I_{2N}/I_{1N} \approx N_1/N_2 \tag{2 – 11}$$

式中　K_i——电流互感器的电流比；

　　　I_{1N}，I_{2N}——电流互感器一、二次侧的额定电流；

　　　N_1、N_2——电流互感器一、二次绕组的匝数。

（三）电流互感器的重要参数

1. 额定电压

额定电压是指一次侧线圈的额定工作电压。

2. 额定电流

额定电流有 5 A，10 A，15 A，…，1 500 A，2 000 A 等多个等级，二次侧电流一般为 5 A 或 1 A 两种。

3. 准确度等级

电流互感器的准确度分为五级，即 0.2，0.5，1，3，10 五个等级。一般 0.2 级用于精密测量；0.5 级用于计量电度表；0.5 或 1 级用于配电盘的电流表和功率表；3 级用于继电保护；10 级用于非精密测量。除电流误差外，一次侧电流和二次侧电流还存在相位差，称为角差。

4. 10% 倍数

当电流互感器二次侧发生短路或严重过载时，一次侧电流将永远大于额定值，由于铁芯的磁饱和现象，此时误差将显著增加。10% 倍数是指功率因数为任意值，电流互感器的误差不超过 10% 时，流过互感器一次侧电流与额定电流的最大比值。

5. 热稳定及动稳定倍数

电流互感器 1 s 热稳定电流与一次额定电流的比值称为 1 s 热稳定电流倍数；动稳定电流与一次侧电流的比值称为稳定电流倍数。

（四）电流互感器的特点

（1）电流互感器一次绕组的匝数很少，二次绕组的匝数很多。

（2）一次绕组导体粗，二次绕组导体细。二次绕组的额定电流一般为 5 A（有的为 1 A）。

（3）工作时，一次绕组串联在一次电路中，二次绕组串联在仪表、继电器的电流线圈回路中。二次回路阻抗很小，接近于短路状态。

（五）电流互感器的接线方案

1. 一相式接线

电流互感器在二次侧电流线圈中通过的电流，反应一次电路对应相的电流。通常用于负荷平衡的三相电流，供测量电流和接过负荷保护装置用，如图 2 - 26 所示。

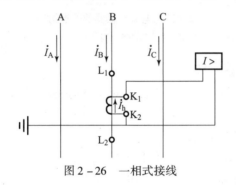

图 2 - 26 一相式接线

2. 两相电流和接线（两相 V 形接线）

两相电流和接线为两相不完全星形接线，电流互感器通常接于 A、C 相上，流过二次侧电流线圈的电流，反应一次电路对应相的电流，而流过公共电流线圈的电流为 $I_a + I_c = -I_b$，它反应一次电路 B 相的电流，如图 2 - 27 所示。

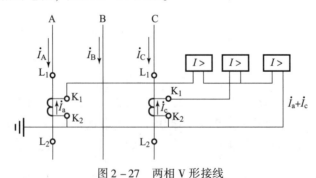

图 2 - 27 两相 V 形接线

3. 两相电流差接线

两相电流差接线常将电流互感器接于 A、C 相，如图 2 - 28 所示。在三相短路对称时流过二次侧电流线圈的电流为 $I_b = I_a - I_c$，其值为相电流的 $\sqrt{3}$ 倍。这种接线在不同短路故障下，反映到二次侧电流线圈的电流不同，因此对不同的短路故障具有不同的灵敏度。这种接线主要用于6~10 kV 高压电路中做过电流保护用。

4. 三相星形接线

三相星形接线流过二次侧电流线圈的电流分别对应主电路的三相电流，如图 2-29 所示。它广泛用于负荷不平衡的三相四线制系统和三相三线制系统中，做电能、电流的测量及过电流保护用。

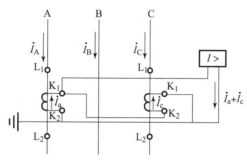

图 2-28　两相电流差接线

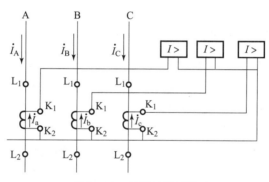

图 2-29　三相星形接线

（六）电流互感器的使用注意事项及处理

（1）电流互感器在工作时二次侧不能开路。如果开路，二次侧会出现危险的高电压，危及设备及人身安全，而且铁芯会由于二次开路磁通剧增而过热，并产生剩磁，使得互感器准确度降低。

（2）电流互感器的二次侧必须有一点接地，防止其一、二次绕组间绝缘击穿时，一次侧的高压窜入二次侧，危及人身安全和测量仪表、继电器等设备的安全。

（3）电流互感器在连接时必须注意端子极性，防止接错线。

（七）电流互感器的操作与维护

（1）在停电时，停用电流互感器应将纵向连接端子板取下，将标有"进"侧的端子横向短接。在启用电流互感器时，应将横向短接端子板取下，并用取下的端子板将电流互感器纵向端子接通。

（2）在运行中，停用电流互感器时，应将标有"进"侧的端子先用备用端子板横向短接，然后取下纵向端子板。在启用电流互感器时，应使用备用端子将纵向端子接通，然后取下横向端子板。

（3）在电流互感器启、停时，应注意在取下端子板时是否出现火花。如果发现火花，应立即将端子板装上并拧紧，然后查明原因。工作中，操作员应站在绝缘垫上，身体不得碰到接地物体。

（4）电流互感器在运行中，值班人员应定期检查下列项目：互感器是否有异声及焦味；互感器接头是否有过热现象；互感器油位是否正常，有无漏油、渗油现象；互感器瓷质部分是否清洁，有无裂痕、放电现象；互感器的绝缘情况。

（5）电流互感器的二次侧开路是最主要的事故，在运行中造成开路的原因有：端子排上导线端子的螺栓因受振动而脱扣；保护屏上的压板，未与铜片接触而压在胶木上，造成保护回路开路；经切换可读三相电流值的电流表的切换开关接触不良；机械外力使互感器的二次侧线断线。

（6）在运行中，如果电流互感器二次开路，则会引起电流保护的不正确动作，铁芯发出异声，在二次绕组的端子处会出现放电火花。此时，应先将一次侧电流减小或降至零，然后将电流互感器所带保护退出运行。采取安全措施后，将故障互感器的端子短路，如果电流互感器有焦味或冒烟，应立即停用互感器。

二、电压互感器

（一）电压互感器的分类与结构

电压互感器按相数分为单相式和三相式；按绝缘方式和冷却方式分为油浸式和干式；按用途分为测量用和保护用；按结构原理分为电磁感应式和电容分压式。

电压互感器的结构与电流互感器的类似。

（二）电压互感器的工作原理

电压互感器的工作原理与电流互感器相类似，此处不再叙述。

（三）电压互感器的重要参数

1）额定电压

一次侧额定电压为允许接入电网的电压，二次侧额定电压为 100 V。

2）准确度等级

准确度等级分为 0.2、0.5、1 和 3 四个等级。

3）额定容量

额定容量是指对应于一定准确度等级的负荷容量。

（四）电压互感器的特点

（1）一次绕组匝数很多，二次绕组匝数很少，相当于一个降压变压器。

（2）工作时一次绕组并联在一次电路中，二次绕组并联接仪表、继电器的电压线圈回路，二次绕组负载阻抗很大，接近于开路状态。

（3）一次绕组导线细，二次绕组导线较粗，二次侧额定电压一般为 100 V，用于接地保护的电压互感器的二次侧额定电压为 $100/\sqrt{3}$ V，开口三角形侧的为 $100/\sqrt{3}$ V。

（五）电压互感器的接线方式

（1）一个单相电压互感器的接线如图 2-30 所示。

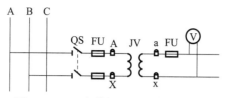

图 2 - 30　一个单相电压互感器的接线

这种接线方式常用于供仪表、继电器接于三相电路的一个线电压。

（2）两个单相电压互感器接成 V/V 形，如图 2 - 31 所示。

这种接线方式常用于供仪表、继电器接于三相三线制电路的各个线电压，广泛应用于工厂变配电所 10 kV 的高压配电装置中。

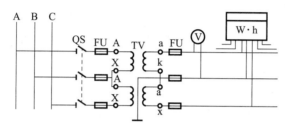

图 2 - 31　两个单相电压互感器接成 V/V 形

（3）三个单相电压互感器或一个三相双绕组电压互感器接成 Y0/Y0 形，如图 2 - 32 所示。

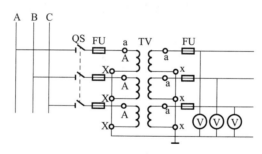

图 2 - 32　三个单相电压互感器或一个三相双绕组电压互感器接成 Y0/Y0 形

这种接线方式常用于三相三线制和三相四线制线路，用于供电给要求接线电压的仪表、继电器，同时也可供电给接相电压的绝缘监视用电压表。

（4）三个单相三绕组电压互感器或一个三相五柱式三绕组电压互感器接成 Y0/Y0/△（开口三角形），如图 2 - 33 所示。

这种接线方式常用于三相三线制线路，其接成 Y0 的二次绕组供电给要求线电压的仪表、继电器及要求相电压的绝缘监视用电压表；接成开口三角形的辅助二次绕组，作为绝缘监视用的电压继电器。

（六）电压互感器的使用注意事项及处理

（1）电压互感器在工作时二次侧不能短路。电压互感器的一、二次侧都必须实施短路保护，装设熔断器。

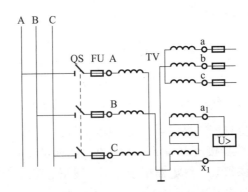

图 2-33　三个单相三绕组电压互感器或一个三相五柱式
三绕组电压互感器接成 Y0/Y0/△形

（2）电压互感器二次侧有一端必须接地，防止电压互感器一、二次绕组绝缘击穿时，一次侧的高压窜入二次侧，危及人身和设备安全。

（3）电压互感器接线时必须注意极性，防止接错线时引起事故。单相电压互感器分别标 A、X 和 a、x，三相电压互感器分别标 A、B、C、N 和 a、b、c、n。

（七）电压互感器的运行与维护

电压互感器在额定容量下允许长期运行，但不允许超过最大容量运行。在运行中，值班员必须注意检查二次回路是否有短路现象，若有，应及时消除。

当电压互感器二次回路短路时，在一般情况下高压熔断器不会熔断，但此时电压互感器内部有异声，将二次侧熔断器取下后即会停止。

子任务四　电力变压器的认识与选择

子任务目标

1. 掌握电力变压器的用途、分类、结构；
2. 掌握电力变压器运行维护和故障检修的有关方法。

电力变压器是供配电系统中实现电能输送、电压变换，满足不同电压等级负荷要求的核心器件，使用最多的是三相油浸式电力变压器和环氧树脂浇注式干式变压器。电力变压器的绕组按导体材质分为铜绕组和铝绕组两种。

一、电力变压器的分类

电力变压器的分类有以下几种。

（1）按调压方式分，有无载调压和有载调压两大类。工厂变电所中大多采用无载调压式变压器。

（2）按绕组绝缘方式及冷却方式分，有油浸、干式和充气式等。工厂变电所中大多采用油浸自冷式变压器。

（3）按用途分，有普通式、全封闭式和防雷式。工厂变电所中大多采用普通式变压器。

二、电力变压器的结构

(一) 电力变压器的基本结构

电力变压器是利用电磁感应原理进行工作的，最基本的结构组成是电路和磁路两部分。变压器的电路部分就是它的绕组，绕组分为一次绕组和二次绕组；磁路部分就是铁芯，铁芯由铁轭和铁芯柱组成，绕组就套在铁芯上，铁芯由表面涂有绝缘漆的硅钢片叠成，以减少涡流和磁滞损耗。

(二) 常用的电力变压器

（1）油浸式三相电力变压器，其结构外形如图 2 - 34 所示。

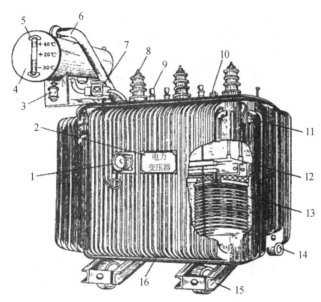

图 2 - 34　油浸式三相电力变压器的结构外形

1—信号温度计；2—铭牌；3—吸湿器；4—油枕；5—油标；6—安全气；7—气体继电器；
8—高压套管；9—低压套管；10—分接开关；11—油箱；12—铁芯；
13—绕组；14—放油阀；15—小车；16—接地螺栓

（2）环氧树脂浇注绝缘的三相干式电力变压器，其结构外形如图 2 - 35 所示。

(三) 电力变压器的并列运行条件

两台及以上的变压器一、二次绕组的接线端子分别并联投入运行，称为并列运行。并列运行必须满足下面四个条件。

（1）所有并列运行的变压器的变比必须相同（允许差值不超过 5%）。

（2）所有并列运行的变压器的连接组别必须相同。

（3）所有并列运行的变压器的阻抗电压必须相等或接近（允许差值不超过 10%）。

（4）所有并列运行的变压器的容量尽量相同或接近（最大容量不大于最小容量的 3 倍）。

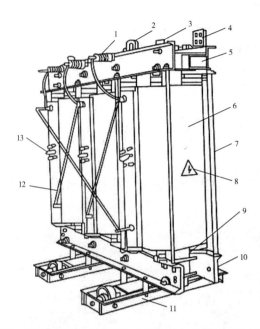

图 2-35　环氧树脂浇注绝缘的三相干式电力变压器的结构外形

1—高压出线套管和接线端子；2—吊环；3—上夹件；4—低压出线接线端子；5—铭牌；
6—环氧树脂浇注绝缘绕组；7—上下夹件拉杆；8—警示标牌；9—铁芯；10—下夹件；
11—小车；12—三相高压绕组间的连接导体；13—高压分接头连接片

（四）变压器的运行维护和故障检修

1. 变压器停、送电操作顺序

停电时先停负荷侧，后停电源侧；送电时先接通电源侧，再依次接通负荷侧。

2. 变压器的常见故障分析方法

1）直观法

通过变压器控制屏上的监测仪表、保护装置（如气体继电器、差动保护继电器和过电流保护装置等）可以准确地反映变压器的工作状态，及时发现故障。

2）试验法

匝间短路、内部绕组放电或击穿、绕组与绕组之间的绝缘被击穿等故障现象外表的特征不明显，所以必须结合直观法进行试验测量。

（1）测绝缘电阻。用 2 500 V 的绝缘电阻表测量绕组之间和绕组对地的绝缘电阻，若其值为零，则绕组之间和绕组对地可能有击穿现象。

（2）绕组的直流电阻试验。如果分接开关置于不同分接位置，测得的直流电阻值相差很大，可能是分接开关接触不良或触点有污垢等；如果测得的高低压侧的相电阻与三相电阻平均值之比超过4%，或者线电阻平均值之比超过2%，则可能是匝间短路或引线与套管的导管间接触不良；如果测得一次侧电阻极大，则为高压绕组断路或分接开关损坏；如果二次侧三相电阻误差很大，则可能是引线铜皮与绝缘子导管断开或接触不良。

3. 变压器的常见故障

变压器的常见故障及处理方法见表 2-3。

表2-3　变压器的常见故障及处理方法

故障现象	产生原因	检查处理方法
铁芯片局部短路或熔毁	1. 铁芯片间绝缘严重损坏； 2. 铁芯或铁轭螺栓绝缘损坏； 3. 接地方法不当	1. 用直流伏安法测片间绝缘电阻，找出故障点并进行修理； 2. 调换损坏的绝缘胶纸管； 3. 改正接地错误
运行中有异常响声	1. 铁芯片间绝缘损坏； 2. 铁芯的紧固件松动； 3. 外加电压过高； 4. 过载运行	1. 调出铁芯检查片间绝缘电阻，进行涂漆处理； 2. 紧固松动的螺栓； 3. 调整外加电压； 4. 减小负载
绕组匝间短路、层间短路或相间短路	1. 绕组绝缘损坏； 2. 长期过载运行或发生短路故障； 3. 铁芯有毛刺，使绕组绝缘受损； 4. 引线间或套管间短路	1. 调出铁芯，修理或调换线圈； 2. 减小负载或排除短路故障后修理绕组； 3. 修理铁芯，修复绕组绝缘； 4. 用绝缘电阻表测试并排除故障
高、低压绕组间或对地击穿	1. 变压器受大气过电压的作用； 2. 绝缘油受潮； 3. 主绝缘有破裂、折断等缺陷	1. 调换绕组； 2. 干燥处理绝缘油； 3. 用绝缘电阻表测试绝缘电阻，必要时更换
变压器漏油	1. 变压器油箱的焊接有裂纹； 2. 密封垫老化或损坏； 3. 密封垫不正，压力不均； 4. 密封填料处理不好、硬化或断裂	1. 调出铁芯，将油放掉，进行补焊； 2. 调换密封垫； 3. 放正垫圈，重新紧固； 4. 调换填料
油温突然升高	1. 过负载运行； 2. 接头螺钉松动； 3. 线圈短路； 4. 缺油或油质不好	1. 减小负载； 2. 停止运行，检查各接头，加以紧固； 3. 停止运行，调出铁芯，检修绕组； 4. 加油或调换全部油
油色变黑、油面过低	1. 长期过载，油温过高； 2. 有水漏入或有潮气侵入； 3. 油箱漏油	1. 减小负载； 2. 找出漏水处或检查吸潮剂是否生效； 3. 修补漏油处，加入新油

续表

故障现象	产生原因	检查处理方法
气体继电器动作	1. 信号指示未跳闸； 2. 信号指示开关未跳闸	1. 变压器内进入了空气，造成气体继电器误动作，查出原因加以排除； 2. 变压器内部发生故障，查出故障加以处理
变压器着火	1. 高、低压绕组层间短路； 2. 严重过载； 3. 铁芯绝缘损坏或穿心螺栓绝缘损坏； 4. 套管破裂，油在闪络时流出来，引起盖顶着火	1. 调出铁芯，局部处理或重绕线圈； 2. 减小负载； 3. 调出铁芯，重新涂漆或调换穿心螺栓； 4. 调换套管
分接开关触头灼伤	1. 弹簧压力不够，接触不可靠； 2. 动静触头不对位，接触不严； 3. 短路使触点过热	测量直流电阻，调出器身检查处理

子任务五　避雷器的认识与选择

子任务目标

1. 掌握避雷器的用途、分类、结构及工作原理等；
2. 掌握选择避雷器的有关方法。

避雷器的作用是防止电气设备因感应雷击过电压而造成保护设备绝缘击穿损坏。其工作原理为避雷器一端与被保护设备相连，另一端接地，且避雷器的对地放电电压低于被保护设备的绝缘水平。此时，当过电压感应冲击波沿线路袭来时，避雷器首先放电，将雷电流泄入大地，使被保护电气设备绝缘不受危害。当电压消失后，避雷器又能自动恢复到原来的对地绝缘状态。目前用的避雷器有管型避雷器、阀型避雷器和金属氧化物避雷器等。

一、管型避雷器

管型避雷器的结构如图 2 - 36 所示，该避雷器实际上是一个具有较高熄弧能力的保护间隙。

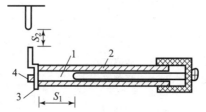

图 2 - 36　管型避雷器的结构

1—产气管；2—棒形电极；3—环形电极；4—动作指示器

S_1—内间隙；S_2—外间隙

管型避雷器克服了保护间隙熄弧能力小的缺点。它由产气管1、内部间隙S_1、外部间隙S_2等组成。产气管用纤维、有机玻璃、塑料或橡胶等产气材料制成。内部间隙S_1由棒形电极2和环形电极3组成，为熄弧间隙。当工频电流通过间隙时，电弧高温使管壁的产气材料分解出大的气体，管内压力增高，从环形电极的喷口处迅速喷出，形成强烈的纵吹作用，使电弧在电流第一次过零时熄灭。

外部间隙S_2的作用是使产气管在平时不承受工频电压，防止管子表面受潮后表面放电而产生接地故障。

管型避雷器只用于保护变电所的进线和线路绝缘薄弱处，在使用时应注意以下两点。

（1）通过管型避雷器的工频电流必须在其规定的上、下限电流范围内，因为其熄弧能力由开断电流决定。当电流太大时，管内压力过高，易使管子爆裂。

（2）上限电流由管子的机械强度决定，下限电流由电弧与管壁接触的紧密程度决定。由于多次动作，材料汽化，管壁变薄，内径增大，此时就不能再切断规定的电流值。为此，一般内径增大20%～25%时不能再用。

二、阀型避雷器

阀型避雷器主要用于保护变压器和高压电器免受感应过电压的危害，其结构如图2-37所示，它由火花间隙和非线性电阻（阀片）组成。为防止潮气、尘埃等杂物的影响，全部元件都装在密封的瓷套内。

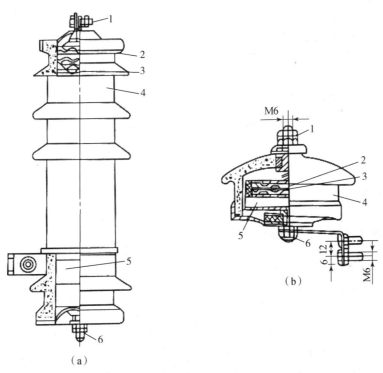

图2-37 阀型避雷器的结构

（a）FS4-10型；（b）FS-0.38型

1—上接线端；2—火花间隙；3—云母垫圈；4—瓷套管；5—阀片；6—下接线端

火花间隙由铜片冲制而成，每对间隙用厚 0.5～1 mm 的云母垫圈隔开，如图 2－38 所示。正常情况下，火花间隙使电网与大地之间保持绝缘状态，火花间隙不会被击穿，从而隔断工频电流，不影响系统的正常运行。当雷电冲击波袭来时，火花间隙被击穿产生电弧，使雷电流泄入大地，保护了电气设备。其上的电压仅为雷电流通过避雷器及其引线和接地装置上的电压降，该电压降称避雷器的残压。避雷器在雷电冲击电压作用下，使其击穿放电的电压值，称为冲击放电电压。为了保证电气设备和绝缘体不被击穿，避雷器的冲击放电电压与其残压，均应低于被保护设备的绝缘水平。

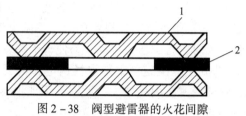

图 2－38　阀型避雷器的火花间隙
1—黄铜电极；2—云母垫圈

非线性电阻又称阀片，它由碳化硅（金刚砂）和黏合剂在一定温度下烧结而成，其电阻呈非线性特性。雷电流消失后，线路上恢复工频电压时，阀片则呈现高电阻，尾随雷电流而来的电流由于遇到很大的电阻，被限制到很小的数值，使火花间隙中的电弧在工频电流第一次过零时就熄灭。由于火花间隙绝缘的迅速恢复切断了工频电流，从而保证线路在雷电流泄放后，恢复正常运行。

阀型避雷器根据额定电压的不同，采用了多间隙串联。多间隙串联后，由于分布电容的存在，造成各间隙上的电压分布不均匀。为了提高工频放电电压，使间隙上的电压分布均匀，在每个火花间隙上并联一个非线性电阻。该电阻称为均压电阻，如图 2－39 所示。

三、金属氧化物避雷器

金属氧化物避雷器是目前最先进的过电压保护设备，是以氧化锌电阻片为主要元件的一种新型避雷器，可分为有间隙和无间隙两种。其工作原理与阀型避雷器基本相似。

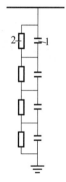

图 2－39　串联火花间隙并联电阻
1—间隙电容；2—均匀电阻

有间隙金属氧化物避雷器的外形结构也与阀型避雷器相似，有串联或并联的火花间隙，只是阀片由氧化锌电阻阀片替代。氧化锌电阻阀片优越的非线性特性，使其有取代碳化硅阀型避雷器的趋势。

无间隙金属氧化物避雷器无火花间隙，在线路电压正常时具有极高的电阻，从而呈绝缘状态；在雷电过电压作用下，其电阻又变得极小，能很好地释放雷电流。因此，没有必要采用串联的火花间隙使其结构更先进合理，而是使其保护特性仅由雷电流在阀片上产生的电压降来决定，有效地限制了雷电过电压和操作过电压的影响。

金属氧化物避雷器主要有普通型氧化锌避雷器、有机外套氧化锌避雷器、整体式合成绝缘氧化锌避雷器和压敏电阻氧化锌避雷器等类型，如图 2－40 所示。

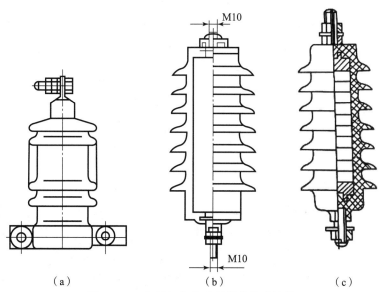

图 2 - 40　金属氧化物避雷器的外形结构
（a）Y5W - 10/27 型；（b）HY5WS（Z）型；（c）ZHY5W 型

子任务六　矿用电气设备的认识

子任务目标

1. 了解矿用电气设备的用途、分类、结构及工作原理等；
2. 掌握矿用电气设备的结构、用途、性能特点、技术数据及操作使用方法。

一、概述

（一）矿用电气设备的特点

为保证井下安全生产，矿用电气设备必须具备如下特点。

（1）体积小、质量小、便于移动和安装。因为井下巷道、硐室和采掘工作面的空间狭窄，这样可节省硐室建筑费用和搬迁方便。

（2）有坚固的外壳和较好的防潮、防锈性能。因为井下存在着冒顶、片帮等隐患及滴水、淋水等现象。

（3）有防爆性能。因为井下存在的瓦斯和煤尘，在一定条件下有爆炸的危险。

（4）有较大的过载能力。因为井下机电设备工作任务繁重，启动频繁，负载变化较大，设备易过载。

（5）外壳应封闭，且有机械、电气闭锁及专用接地螺栓；煤电钻、照明信号及控制电器应采用 127 V 及 36 V 低压。因为井下潮湿，易触电。

（二）防爆原理

为满足矿用电气设备的防爆性能，常采用以下三种措施。

1. 隔爆外壳

将电气设备置于隔爆外壳内，当壳内发生瓦斯爆炸时，外壳既不破裂或变形，也不致引燃壳外的瓦斯或煤尘，即外壳必须有耐爆和隔爆性能。

耐爆性能由外壳的机械强度保证。实验证明：壳内爆炸压力与外壳的容积大小和形状有关。外壳形状以长方形为压力最小，故近年来隔爆电气设备的外壳多设计成长方体。外壳净容积越大，爆炸时产生的爆炸压力也越大。隔爆外壳的试验压力见表 2-4。

表 2-4　隔爆外壳的试验压力

外壳容积/L	$V \leq 0.5$	$0.5 < V \leq 2.0$	$V > 2.0$
试验压力/MPa	0.35	0.6	0.8

为了保证隔爆性能要求，外壳各部件之间的隔爆结合面要符合一定的要求。当壳内发生爆炸时，火焰通过结合面间隙向外传播的过程中，应受到足够冷却，使其温度降至瓦斯燃点温度以下。因此，对结合面的间隙、最小有效长度和粗糙度均有一定要求。粗糙度的要求：静止的隔爆结合面的插销套应大于 6.3，操纵杆应不大于 3.2。对隔爆外壳隔爆结合面结构参数（最大间隙或直径差 W 和最小有效长度 L 及螺栓通孔至外壳内缘的最小长度 L_1）的要求见表 2-5。

表 2-5　对隔爆外壳隔爆结合面结构参数的要求　　　　　　　单位：mm

结合面型式	L	L_1	W	
			外壳容积	
			$V \leq 0.1\,L$	$V > 0.1\,L$
平面、止口或 圆筒结构①	6.0	6.0	0.30	—
	12.5	8.0	0.40	0.40
	25.0	9.0	0.50	0.50
	40.0	15.0	—	0.60
带有流动轴承的 圆筒结构②	6.0	—	0.40	0.40
	12.5	—	0.50	0.50
	25.0	—	0.60	0.60
	40.0	—	—	0.80

注：①对于操纵杆，当直径 d 不大于 6.0 mm 时，隔爆结合面的长度 L 应不小于 6.0 mm；直径 d 不大于 25 mm 时，L 应不小于 d；d 大于 25 mm 时，L 应不小于 25 mm。
　　②当轴与轴孔不同心时，最大单边间隙须不大于 W 值的 2/3。

对于螺纹隔爆结构，螺纹精度应不低于 3 级，螺距应不小于 0.7 mm，螺纹啮合扣数不少于 6 扣，螺纹啮合长度不低于表 2-6 的规定，并且应有防止松脱的装置。

表 2-6　螺纹隔爆结构的参数

外壳容积/L	$V \leq 0.1$	$0.1 < V \leq 2.0$	$V > 2.0$
螺纹啮合长度/mm	5	9	12.5

有关矿用隔爆型设备的详细隔爆要求及工厂用隔爆设备的隔爆要求，请见国家标准GB 3836—2010 系列。

2. 本质安全型电路

本质安全型电路简称本安型电路（也称安全火花型电路）。它是指电路系统或设备在正常或在规定的故障状态下，产生的火花和火花效应均不能点燃瓦斯与煤尘。实验证明，当瓦斯在空气中的浓度为 8.2% ~ 8.5% 时，最容易发生爆炸；若其所需要的最小能量为 0.28 mJ 以下，就不会引起瓦斯爆炸。

电火花分为电阻性、电容性和电感性三种。电路开关在开、合过程或发生短路时，均能产生电火花，其能量大小取决于电源电压和回路阻抗。对纯电阻电路，火花的能量取决于电压和电流；对电感电路主要取决于电流和电感；对电容电路主要取决于电压和电容。电火花能量是决定点燃瓦斯的主要参数，在设计本质安全型电路时，必须限制火花的能量。限制火花能量的方法主要有以下几种。

（1）合理选择电气元件，尽量降低电源电压。

（2）增大电路中的电阻或利用导线电阻来限制电路中的故障电流。

（3）采取消能措施，消耗或衰减电感元件或电容元件中的能量。

可见，本质安全型电路只能是低电压小电流电路，所以只适于矿井通信、信号、测量和控制等电路。本质安全型设备可不需要隔爆外壳，且具有体积小、质量小、安全可靠等优点。

3. 超前切断电源和快速断电系统

若电气设备出现故障情况，在可能点燃瓦斯之前，可利用自动断电装置将电源切断。这种方法已用于矿用照明灯、矿用屏蔽电缆和放炮器。现以屏蔽电缆为例说明其工作原理。

矿用屏蔽电缆与检漏继电器配合使用，可做到超前切断电源。当屏蔽电缆受到机械操作时，相间绝缘被破坏，电缆芯线首先与屏蔽造成漏电，检漏继电器动作使馈电开关跳闸。这样，在电缆内部还未形成短路故障之前切断电源。

快速断电系统的工作原理是：电火花点燃瓦斯和煤尘需要一定的时间，其时间的长短因电路参数和故障不同而异，但最短不少于 5 ms。如果故障切除时间小于 5 ms，则无论电缆如何操作，其电火花均不能点燃瓦斯和煤尘。一般快速断电系统的断电时间为 2.5 ~ 3 ms。

（三）矿用电气设备的类型

矿用电气设备分矿用一般型和矿用防爆型两大类。

1. 矿用一般型

矿用一般型电气设备的标志符号为"KY"。它与普通电气设备相比有以下特点。

（1）外壳机械强度较高，防滴防溅。

（2）绝缘材料耐潮性好。

（3）漏电距离空气间隙较大。

（4）采用电缆进出线。

矿用一般型电气设备是非防爆设备，只能用于无瓦斯和煤尘爆炸危险的场所。

2. 矿用防爆型

矿用防爆型电气设备属于第Ⅰ类电气设备（工厂用属于Ⅱ类），矿用防爆电气设备的外壳和设备铭牌上都有"EX"标志，它分为以下几种。

1）隔爆型电气设备（EXd Ⅰ）

隔爆型电气设备是具有隔爆外壳的电气设备，其标志符号为"d"。这种电气设备将可能产生电火花和电弧的元件放在隔爆外壳中，使其与外界环境隔离。

2）增安型电气设备（EXe Ⅰ）

增安型电气设备又叫矿用安全型电气设备，其标志符号为"e"。增安型电气设备在正常运行中不会产生电弧、火花或可能点燃爆炸性混合物的高温，它不采用隔爆外壳，只是采取适当措施，以提高安全程度。在正常时有可能产生电火花的部分，需采取局部隔爆措施。

3）本质安全型电气设备（EXia Ⅰ 或 EXib Ⅰ）

本质安全型电气设备称本安型电气设备，其标志符号为"i"（本安型又分a和b两个等级，a等级的安全程度高于b等级）。本安型电气设备是指全部电路均为本安型电路的设备。

4）隔爆兼本质安全型电气设备（EXdia Ⅰ 或 EXdib Ⅰ）

其标志符号为"di"。这种电气设备是隔爆型与本安型的组合，它的非本安电路部分置于隔爆外壳中。

5）充砂型电气设备（EXq Ⅰ）

其标志符号为"q"。充砂型电气设备外壳内充填砂粒材料，使其在规定的使用条件下壳内产生电弧、传播火焰，致使外壳壁或砂粒材料的表面过热，也不能点燃周围爆炸混合物。

6）正压型电气设备（EXp Ⅰ）

它是一种具有正压外壳的电气设备，其标志符号为"p"。正压外壳是指保持内部保护气体的压力高于周围爆炸性环境的压力，阻止外部混合性气体进入壳内。

此外，还有充油型电气设备（o）、无火花型电气设备（n）和特殊型电气设备（s）等。

在井下选择电气设备的类型时，应根据《煤矿安全规程》的有关规定选择。各种类型矿用电气设备的使用场所见表2-7。

表2-7 各种类型矿用电气设备的使用场所

类别 / 使用场合	煤（岩）与瓦斯（二氧化碳）突出矿井和瓦斯喷出区域	瓦斯矿井			
		井底车场、总进风巷或主要进风巷		翻车机硐室	采区进风道	总回路风道、主要回风道、采区回风道、工作面和工作面进风、回风道
		低瓦斯矿井	*高瓦斯矿井			
高低压电机和电气设备	**矿用防爆型（矿用增安型除外）	矿用一般型	矿用一般型	矿用防爆型	矿用防爆型	矿用防爆型（矿用增安型除外）

续表

类别 使用场合	煤（岩）与瓦斯（二氧化碳）突出矿井和瓦斯喷出区域	瓦斯矿井				
		井底车场、总进风巷或主要进风巷		翻车机硐室	采区进风道	总回路风道、主要回风道、采区回风道、工作面和工作面进风、回风道
		低瓦斯矿井	*高瓦斯矿井			
照明灯具	矿用防爆型（矿用增安型除外）	矿用一般型	矿用防爆型	矿用防爆型	矿用防爆型	矿用防爆型（矿用增安型除外）
通信、自动化装置和仪表、仪器	矿用防爆型（矿用增安型除外）	矿用一般型	矿用防爆型	矿用防爆型	矿用防爆型	矿用防爆型（矿用增安型除外）

注：*使用架线电机车运输的巷道中及沿该巷道的机电硐室内可以采用矿用一般型电气设备（包括照明灯具、通信、自动化装置和仪表、仪器）。

**使用架线电机车运输的巷道中及沿该巷道的机电硐室内可以采用矿用一般型电气设备（包括照明灯具、通信、
* *煤（岩）与瓦斯突出矿井井底车场的主泵房内，可使用增安型电动机。

二、矿用高压配电箱

（一）矿用一般型高压配电箱

矿用一般型高压配电箱可用于无煤（岩）与瓦斯突出的矿井井底车场附近的中央变电所，控制和保护 6（10）kV 电缆线路、矿用变压器或高压电动机。其旧型号主要有 GKW、GKF 型，新型号有 KYGG 系列。图 2-41 所示为 KYGG-2Z 型矿用高压真空配电箱的结构示意图。KYGG 系列配电箱的一次接线方案共 20 种，其编号为 01～20。该配电箱采用薄壁封闭式结构，电缆从箱底后侧进出，前面上、下门可转 180°。监视仪表、信号指示灯及操作开关均安装在上门板上，门内侧为二次电器箱，所有继电器及二次接线均布置在箱内，箱体可转出门外，便于检修。断路器位置的正前方设有小门，打开此门可直接手动或电动操作断路器。断路器设有欠压和过电流速动脱扣装置。开关柜具有"五防"功能及电气闭锁装置。

（二）矿用隔爆型高压配电箱

矿用隔爆型高压配电箱适用于有瓦斯或煤尘爆炸危险的煤矿井下，作为配电开关用来控制和保护变压器及高压电动机。目前使用的有 PB3-6GA 型、PB2-6 型和 BGP-6 型等系列。PB3-6GA 型、PB2-6 型两种配电箱控制线路基本相同，均采用油断路器，断流容量在 50 MVA 及以下，其安全可靠性较差，且维修量大；配电箱只设有过流和失压保护装置，保护性能差，故 PB-6 系列配电箱已停止生产。

目前生产的高压隔爆配电箱为 BGP-6 系列。它们共同的特点是：采用真空断路器，额定断流容量可达 100 MVA；采用电子综合保护装置及压敏电阻，具有漏电、过流、短路、绝缘监视、失压及操作过电压等保护功能；在结构上，使用小车机构，维修方便。BGP-6 系列有多种型号，它们的工作原理基本相同。下面介绍 BGP23-6（10）/D 型隔爆高压真空配电箱。

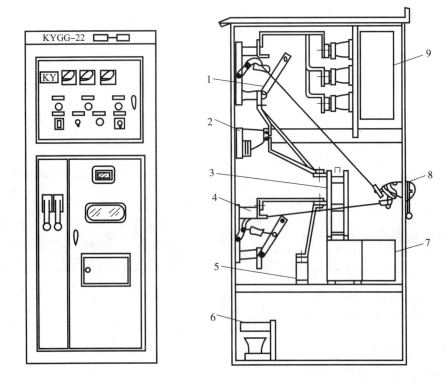

图 2-41　KYGG-2Z 型矿用高压真空配电箱的结构示意图

1—上隔离开关；2—电流互感器；3—真空断路器；4—下隔离开关；5—电压互感器；
6—压敏电阻；7—断路器操作机构；8—隔离开关操动机构；9—仪表继电器室

　　图 2-42 所示为 BGP23-6（10）/D 型配电箱的外形正视图。其壳体为一长方形箱体，箱体正面为箱门，门上有各保护的试验按钮及控制按钮、故障显示窗、指示计量显示窗及铭牌。大门后装有仪表控制盘，盘上装有电压表、电流表、计量用电度表、断路器分、合闸按钮以及过流、漏电、绝缘监视试验按钮和复位按钮。箱体的前腔装有隔离小车，车上装有电压互感器、电流互感器、氧化锌压敏电阻、电动合闸微电机、继电保护装置、真空断路器及隔离插销动触头等，修理和维护时可方便地将小车拉出。箱体右侧装有隔离小车操作手柄和断路器操作手柄及连锁机构。箱体的中间隔板上装有 6 个隔离开关静触头；后腔上部为进线腔，3 根导电杆作为贯穿母线固定在箱体两侧板的大绝缘座上；后腔下部为出线腔，装有负荷侧出线喇叭口和供控制、监视信号连线的小喇叭口，在出线端口装有零序电流互感器。

　　真空断路器为弹簧储能式操作机构，可电动合闸或手动合闸，其合闸速度不受操作快慢的影响。手动操作时，断路器与操作手柄是通过齿轮啮合传动的。转动操作手柄，若齿轮无打滑现象，则说明隔离小车已到位；然后将断路器操作手柄由"分"闸位置顺时针转向"合"闸位置，即完成手动合闸操作。电动操作时，断路器合闸是利用微电动机旋转储能合闸。在隔离小车到位后，将断路器操作手柄置于电动位置；然后按下箱门上的电动合闸按钮"SB"，待合闸后松手即完成断路器的合闸操作。箱门上的分闸按钮"SB"用来电动分闸，若电动操作失效，则可用手柄操作。

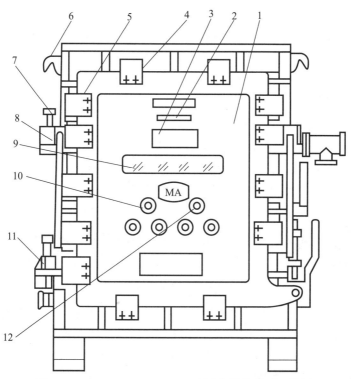

图 2 - 42 BGP23 - 6（10）/D 型配电箱的外形正视图

1—箱门；2—指示灯观察窗；3—铭牌；4—螺栓；5—门钩；6—吊耳；7—铰链轴；
8—铰链；9—仪表观察窗；10—电动合闸按钮；11—铰链座；12—电动分闸按钮

为保证安全，配电箱设有以下安全连锁装置。

（1）断路器在"合"闸位置时，机心隔离小车不能拉出或推进；小车被拉出或未推到位，断路器不能进行合闸操作。

（2）箱门在打开状态，机心隔离小车不能进行隔离开关合闸操作；机心隔离小车处于隔离开关"合"闸位置时，箱门不能打开。

本配电装置采用插销式隔离开关，布局合理。机心上装有小车，高压回路无连接软线。在箱体下有辅助导轨，抽出后可同箱体中的轨道对接，以便于将整个机心抽出，而且不用拆线，检修方便安全。继电保护装置装于机心隔离小车上部，由电源、漏电、监视、过流四个单元组成。

三、矿用隔爆型低压自动馈电开关

矿用隔爆型低压自动馈电开关广泛应用于井下变电所或配电点，作为配电开关使用，用来控制和保护低压供电网络。目前使用较多的有 DW80 - 200（350）、DWKB30 系列及与移动变电站配套使用的 DKZB - 400/1140 型馈电开关。矿用隔爆自动馈电开关，在正常操作时手动分、合闸，当被保护线路发生短路或漏电时，自动跳闸。

（一）DW80 - 200（350）型自动馈电开关

DW80 - 200（350）型自动馈电开关主要由以下三部分组成。它是一个具有隔爆外壳的自动空气断路器。

1. 三极自动空气断路器

三极自动空气断路器（QF）装在绝缘板的上部，动触头由耐弧触头（用炭精制成）、辅助触头（用薄片叠成）和主触头三部分组成。合闸时耐弧触头先闭合，其次辅助触头闭合，最后主触头闭合；分闸时顺序相反。这样可使电弧只在耐弧触头与静触头间产生，从而避免烧坏触头。为加强开关的灭弧能力，在三相触头上装有灭弧罩。

2. 瞬时动作过电流脱扣器

瞬时动作过电流脱扣器（YA1～YA3）装在接触器的下边，为电磁式瞬时动作脱扣器。当被保护线路发生短路故障时，脱扣器瞬时动作，其衔铁作用于开关的脱扣机构，使开关跳闸。调节连接于衔铁上弹簧的拉力，可改变过电流脱扣器的动作电流值。

3. 脱扣线圈

脱扣线圈（YA4）其一端接于断路器负荷侧的一相上，另一端引至接线盒的端子上。它与检漏继电器配合使用，对低压电网进行漏电保护。

（二）DKZB–400/1140 型隔爆真空自动馈电开关

DKZB–400/1140 型隔爆真空自动馈电开关用于 1 140 V 和 660 V 低压供电系统，作为配电开关使用。它的主电路接有低压真空断路器 QF 和电流互感器 TAu、TAv、TAw。保护电路由电源环节、信号转换与整定环节、反时限过载保护环节、过流速断保护环节、漏气及失压保护环节、信号指示电路和过电流与过电压吸收电路等组成。该开关若与检漏继电器配合使用，还可以对被保护线路进行漏电保护。

四、矿用隔爆型磁力启动器

矿用隔爆型磁力启动器是一种组合电器，主要由隔离开关、接触器、熔断器、继电保护装置、按钮等元件组成，被装在隔爆外壳中，用来控制和保护电动机。矿用隔爆型磁力启动器型号较多，这里只介绍 DQZBH–300/1140–JC 型真空磁力启动器。

DQZBH–300/1140–JC 型真空磁力启动器为矿用隔爆兼本质安全电流检测型真空磁力启动器，其额定电流为 300 A，额定电压为 1 140 V，适用于有瓦斯和煤尘爆炸危险的矿井，用来控制大容量的采掘运输机械设备。它是 DQZBH–300/1140 型真空磁力启动器的派生产品，除具有原启动器所有的功能外，还可以检测主回路电流，作为控制系统电流检测传感器或单独作为电流测量仪表的信号源。改变控制变压器和信号变压器的接线，并拨动漏电闭锁组件的转换开关至 660 V 位置，也可控制额定电压为 660 V、额定电流在相同范围内的笼型电动机。

启动器具有失压、短路、过载、漏电闭锁、断相、过电压、真空接触器漏气闭锁、防止控制回路发生时自启动等保护，并有短路、过载、断相、漏电闭锁、漏气、电源、运行等指示，电子插件中所有继电器的动作均由发光二极管指示。启动器还装有试验开关，当试验开关拨至相应试验位置，可方便地检查各保护和控制线路。

启动器由坐在橇形底座上的方形隔爆外壳、固定式千伏级元件、折页式控制线路元件组件及前门等部分组成。其中隔爆外壳又分成接线空腔和主腔两个独立的隔爆部分。启动器前门为平面止口式，门上装有"启动"按钮、"复位"按钮、试验开关和各信号指示的发光二极管。前门右侧的外壳上装有隔离开关操作手把和"停止"按钮。

打开前门，壳内右侧装有 HGZ－300/1140A 型真空隔离开关，可在启动器正面操作。具有正/停/反三个位置，可在电动机停止时隔离电源和换向，并允许在接触器处于事故状态下分断负荷电路。隔离开关与"停止"按钮及前门设有机械闭锁，按下"停止"按钮可任意换向；隔离开关在"停"的位置，方可打开前门。此外，壳内右侧还装有电流互感器及阻容吸收装置。

电动器采用 CJZ－300/1140A 型真空接触器，用于闭合及分断所控电动机线路。真空接触器以及控制变压器、信号变压器和千伏级熔断器都装在壳内固定心板上。在壳内折页门上装有本质安全型电路变压器 TC2、小控制变压器 TC4、继电器组件 K1～K5、熔断器及整流桥组件，以及电源和延时组件 DSZ、信号整定组件 XZZ、保护组件 BHZ、漏电闭锁组件 LDZ、先导控制组件 XDZ、电流检测组件 JCZ 和中间继电器 KM2～KM4。打开门后，旋松折页门右侧的锁紧螺栓，可将整个折页门拉出壳外，以便于维修。主电路和控制电路的所有接线端子都装在隔爆接线腔中。

五、矿用变压器

（一）矿用油浸式动力变压器

目前矿井下变电所使用的低压动力变压器，通常为 KSJ 系列和 KS7 系列。

1. KSJ 系列矿用油浸式动力变压器

KSJ 系列矿用变压器是矿用一般型电气设备，其外形结构如图 2－43 所示。矿用油浸式变压器与普通变压器相比，在结构上有如下特点。

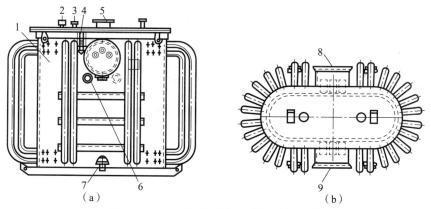

（a）　　　　　　　　　　　　　（b）

图 2－43　KSJ 系列矿用变压器的外形结构

1—油箱；2—吊环；3—注油栓；4—油位指示器；5—温度计；
6—接地螺栓；7—排油栓；8，9—电缆接线盒

（1）油箱坚固，机械强度高。

（2）进出线采用电缆接线盒。

（3）没有油枕，在油面上部留有一定的空间，供油受热膨胀用。

（4）变压器底部装有滚轮，轨距有 600 mm 及 900 mm 两种，允许在与水平超过 30°的斜坡上移动。

（5）高压侧设有调节二次电压 ±5% 的抽头。当变压器二次侧输出电压低时调至－5% 的抽头；反之，调至 +5% 抽头。该分接头为无载调压装置，必须在停电后调整。

2. KS7 型低损耗矿用动力变压器

该产品是新型变压器，其主要性能指标符合国家和国际电工委员会颁布的标准。它的外壳由钢板焊接而成，油箱形状有长圆形和长方形两种；底部没有轮子而装有橇板，尺寸较小；其余部分与 KSJ 系列变压器相同。在设计和制造上，对变压器的铁芯材料和结构、绕组的绕制方式、绝缘及冷却等方面采取了改进措施，使变压器的空载损耗和短路损耗都大大降低，从而节约了电能。由于 KS7 型变压器性能良好，已在煤矿井下得到广泛应用。

（二）KSGZY 型矿用隔爆组合式移动变电站

随着采煤机械容量的不断增大，工作面的用电量骤增。如果仍采用以往从采区变电所用低压向工作面供电的方式，既满足不了供电的要求，也不经济，为此必须采用移动变电站供电。移动变电站放在工作面附近区段平巷的轨道上，可随着工作面的推进而移动。由于高压电能送至工作面附近，缩短了低压供电距离，减少了电能损耗和低压电缆的需用量，因此提高了供电的经济性和保证了电压的质量。

国产 KSGZY 型矿用隔爆组合式移动变电站由高压隔爆开关箱、隔爆干式变压器和低压隔爆开关箱三部分组成，其外形结构如图 2-44 所示。

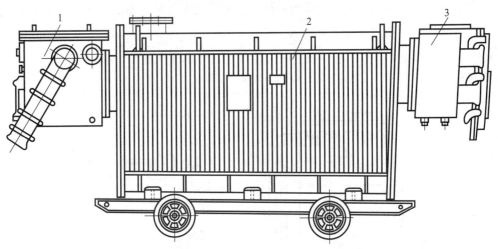

图 2-44 国产 KSGZY 型矿用隔爆组合式移动变电站的外形结构

1—高压隔爆开关箱；2—隔爆干式变压器；3—低压隔爆开关箱

移动变电所高压侧 FB-6 型高压负荷开关仅能分断正常的负荷电流，不能分断故障电流。其高压侧的短路，过载与漏电保护主要由设置在移动变电站前级的高压配电开关承担；其低压侧的低压馈电开关，因过载、短路与漏电保护装置可靠性差而故障频繁。另外，低压漏电保护也只能切除低压馈电开关负荷侧故障，如果变压器低压绕组至低压馈电开关电源侧发生漏电，其漏电故障也无法由馈电开关切除。鉴于上述问题，对国产 KS-GZYG 型移动变电站现已进行改进，将原来移动变电站高压侧的负荷开关，更换为 BGP41-6 型矿用隔爆高压配电装置，将低压侧馈电开关更换为 BXB-500/1140 型隔爆低压保护装置。

BGP41-6 型隔爆高压配电装置可装在移动变电站的高压侧，作为高压侧的控制开关，其内部装有隔离开关和真空断路器，并具有短路、过载、漏电、绝缘监视、欠压和过电压保护功能，可分断故障电流。BXB－500/1140 型矿用隔爆低压保护箱，安装于移动变电站的低压侧，对负荷侧供电线路和设备实现短路、过载和漏电保护。该低压保护箱本身没有开关，不能直接分断故障线路。当被保护线路出现故障时，保护装置动作，作用于高压侧真空断路器的脱扣装置使高压真空断路器跳闸，从而切除故障线路。

KSGZY 型移动变电站采用 KGSB 型矿用隔爆干式变压器。

学习任务二　高低压配电装置的认识与安装

学习活动　学习相关知识

学习目标

1. 了解高低压配电装置的分类及要求；
2. 掌握高低压配电装置的结构与工作原理；
3. 掌握高低压配电装置的布置与安装方法。

子任务一　高低压配电装置的认识与选择

子任务目标

1. 掌握高低压配电装置的用途、分类、结构及工作原理等；
2. 掌握选择高低压配电装置的有关方法。

一、高低压成套配电装置

高低压成套配电装置是将各种有关的开关电器、测量仪表、保护装置和其他辅助设备按照一定的方式组装在统一规格的箱体中而成的一套完整的配电设备。使用成套配电装置，可使变电所布置紧凑、整齐美观、操作和维护方便，并可加快安装速度，保证安装质量，但耗用钢材较多，造价较高。

成套配电装置分一次电路方案和二次电路方案。一次电路方案是指主回路的各种开关、互感器、避雷器等元件的接线方式。二次电路方案是指测量、保护、控制和信号装置的接线方式。电路方案不同，配电装置的功能和安装方式也不相同。用户可根据需要选择不同的一次、二次电路方案。

成套配电装置按电压及用途不同，可分为高压开关柜、低压成套配电装置、动力和照明配电箱等。

（一）高压开关柜

高压开关柜用来接受和分配高压电能，并对电路实行控制、保护及监测。高压开关柜种类很多，有固定式和手车式两大类。

KYN1－10 型金属铠装封闭手车式高压开关柜将断路器、电流互感器、避雷器等需要经常检修的电气元件，都安装在一个有滚轮的小车上，小车可以从箱体中拉出进行检修或将小车整车更换。该开关柜具有"五防"功能，即防止误操作断路器、防止带负荷隔离开关、防止带电挂接地线、防止带接地线和隔离开关与防止误入带电间隔。

该产品系三相交流为 50 Hz、额定电压为 3~10 kV、中性点不接地的单母线及单母线分段系统的户内成套配电装置，适用于各种类型的发电厂、变电站及工矿企业。

图 2-45 所示为 KYN1-10 型开关柜的外形及结构示意图。开关柜是用钢板弯制焊接而成的全封闭型结构，由仪表继电器室 1、手车室 9、主母线室 18 和互感器电缆室 15 四个部分组成，各部分用钢板分隔，螺栓连接。

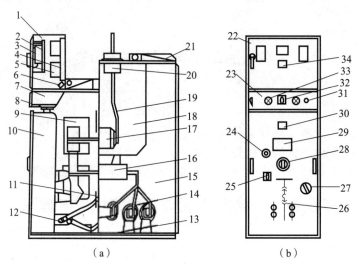

图 2-45　KYN1-10 型开关柜的外形及结构示意图

(a) 侧视图；(b) 正视图

1—仪表继电器室；2—内门；3—电度表；4—继电器安装板；5—继电器；6—端子排；7—控制小母线室；

8—二次触头及防护机构；9—手车室；10—断路器手车；11—金属活门；12—提门机构；

13—接地开关联锁操作轴；14—主母线套管；15—互感器电缆室；16—电流互感器；

17—触头盒；18—主母线室；19—主母线；20—穿墙套管；21—泄压装置；

22—仪表门；23—操作板；24—推进机构摇把孔；25—分合闸指示；

26——次接线标志；27—紧急分闸把手；28—手车位置指示旋钮；

29—观察孔；30—铭牌；31—手车照明灯开关；

32—断路器控制开关；33—信号灯；

34—带电显示装置

1. 手车

手车由角钢和钢板弯制而成。根据用途，可分为断路器手车、电压互感器避雷器手车、电容器避雷器手车、所用变压器手车、隔离手车及接地手车等。同类型、同规格的手车可以互换。

手车上的面板就是柜门，开启手车内的照明灯可观察断路器的油位指示。柜门正中装有手车定位旋钮及位置指示标牌。当转动"锁定"旋钮时，可将手车锁定在工作位置、实验位置及断开位置，并在面板上显示位置状况。两旁有紧急分闸装置及合闸位置指示器，能清楚地反映少油断路器的工作状态。手车底部装有接地触头及四个滚轮，使手车能沿柜内的导轨运动。

在手车正面装有一个万向滚轮，它使车底两个前轮搁空，两个后轮配合，可使手车在柜外灵活活动。手车在工作位置时，一次、二次回路接通；手车在实验位置时，一次回路断开，二次回路接通，断路器可作分闸实验；手车在断开位置时，一次、二次回路全部断开，手车和柜体保持机械联系。

2. 柜体

柜体由手车室、主母线室、电流互感器室等单元组成，各单元由钢板弯制焊接组成，单元用金属板分隔。手车室后壁装有 3~6 只带隔离静触头的触头盒。在触头盒的口部装有随手车推进、拉出而开启、关闭的两组接地帘门。当检修隔离静触头时，上、下两组帘门可分别打开。手车室左侧为辅助回路电缆小室，从底部直通仪表室。右侧装有接地开关及后门连锁操作轴。两侧的手车定位板及手车推进轨迹板与手车上联锁机构及推动机构配合，可实现由于手车的进出、手车的误操作以及运行状态时短路电流产生的电动斥力使车体移位，造成主回路隔离插头起弧等事故。顶部装有二次静触头及二次静触头的防护装置。底部装有手车识别装置、接地母线及手车导轨。母线室设在柜体后上方，在柜内金属隔板上配有套管绝缘子，以限制事故蔓延到邻柜。电流互感器（电缆）室在柜后部，内装电流互感器、接地开关、电缆盒固定架等，通过机构变化可实现左右联络，并可装设电压互感器。在开关柜手车室和母线室的上方设压力释放装置，供断路器或母线在发生故障时释放压力或排泄气体，以确保开关柜的安全。

3. 仪表继电器室

仪表继电器室通过减振器固定在手车室上方，可防止由于振动引起二次回路元件的误动作。仪表室正面门装有指示仪表、信号继电器等。信号灯可以装在仪表门下面的操作板上，也可根据要求装在仪表门上，中间内门及后面安装板可装继电器，等等。仪表箱后壁为二次回路的小母线室，仪表底部装有二次回路接线端子。二次控制电缆由手车室左侧引入。

4. 接地及接地开关

开关柜设有 40 mm×6 mm 的接地母线，安装在电缆室。手车与柜体的电气连接通过铜质动、静触头压接，并引接到母线上，形成柜内接地系统。接地开关安装在电缆室，采用活动式操作手柄进行分合操作。

5. 加热器

在高湿地区或温度有较大变化的场合，开关柜内设备退出运行时，有产生凝露的可能。因而在开关柜内装设加热器，用提高温度的方法降低相对湿度，使得空气中的水蒸汽不能凝结。本开关柜配置的加热器为管状式，功率为 300 W，安装在手车室前端的下面。加热器为可变件，按用户需要装设。

6. 联锁装置

柜内的各联锁装置及作用如下。

（1）由于手车面板上装有位置指示旋钮的机械闭锁，所以只有断路器处于"分闸"位置时，手车才能抽出或推入，防止带负荷操作隔离触头。

（2）由于断路器与接地开关装有机械联锁，只有断路器分闸、手车抽出后接地开关才能合闸；手车在"工作"位置时，接地开关不能合闸，防止带电挂接地线。接地开关接地后，手车只能推进到"实验"位置，防止带地线合闸。

（3）柜后上、下门装有联锁，只有在停电后手车抽出、接地开关接地后，才能打开后下门，再打开后上门。通电前，只有先关上后上门，再关上后下门，接地开关才能分闸，使手车推入到"工作"位置，防止误入带电间隔。

（4）仪表板上装有带电钥匙的控制开关（防误型插座）以防止误分、误合断路器。

（二）低压成套配电装置

低压成套配电装置有开启式低压配电屏和封闭式低压开关柜两种。开启式低压配电屏的电气元件采用固定安装、固定接线的方式；封闭式低压开关柜的元件有固定安装式、抽出式（抽屉式和手车式）与固定插入混合安装式几种。目前我国生产的低压配电柜常用的有 PGL 系列低压配电屏、BFC 系列抽出式低压开关柜、GCK1 系列抽屉式低压配电柜、GCL1 系列动力中心、GGD 低压配电柜和 XL 类动力配电箱与 XM 类照明配电箱和多米诺组合式开关柜等。

1. PGL 系列低压配电屏

PGL 系列交流低压配电屏适用于发电厂、变电站、厂矿企业中作为交流 50 Hz、额定工作电压不超过 380 V 的低压配电系统中的动力，可取代过去普遍应用的 BSL 型。图 2 - 46 所示为 PGL 系列低压配电屏的外形结构。

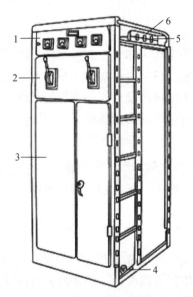

图 2 - 46 PGL 系列低压配电屏的外形结构

1—仪表板；2—操作板；3—检修门；4—中性母线绝缘子；5—母线绝缘子；6—母线防护罩

PGL 系列配电屏为开启式双面维护的低压配电装置，采用薄钢板及角钢焊接组合而成，屏前有门，屏面上方仪表板为可开启的小门，可装仪表。屏后骨架上方有装于绝缘框上的主母线，并设有母线防护罩，中性线母线装在屏下方的绝缘子上。配电屏有良好的保护接地系统，提高了防触电的安全性。屏面下部有两扇向外开的门，门内有开关操作手柄、控制按钮、指示灯等。刀开关、熔断器、自动开关、电流互感器和电压互感器等都安装在屏内。根据屏内安装电气元件的类型和组合形式不同，可分为多种一次线路方案，用户可根据需要选用。

2. GCK1 系列抽屉式低压配电柜

GCK1 系列是一种标准模件组合成的低压成套设备，如图 2 – 47 所示。

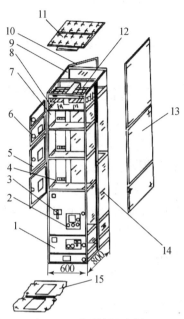

图 2 – 47　GCK1 系列抽屉式低压配电柜
1—公用电缆室；2—控测板；3—操作机构；4—垂直母线室；5—门；6—门锁；7—功能单元室；
8—水平母线室；9—电缆室；10—后门；11—顶盖板；12—水平母线；
13—侧盖板；14—后板；15—底盖板

柜体采用拼接式结构，开关柜各功能室严格分开，主要隔室有功能单元室、母线室、电缆室等，一个抽屉为一个独立的功能单元，各单元的作用相对独立，且每个抽屉单元均装有可靠的机械联锁装置，只有在开关分断的状况下才能被打开。该产品具有分断能力高，热稳定性好，结构先进、合理，系列性、通用性强，防护等级高，安全可靠，维修方便，占地少等优点。

3. 多米诺组合式开关柜

多米诺组合式开关柜是我国引进生产的具有 20 世纪 80 年代末国际技术水平的系列组合开关，适用于发电厂、变电站、工矿企业及宾馆作为交流 50 Hz、额定工作电压为 660 V 及以下的供配电系统。

多米诺组合式开关柜的结构特点如下。

（1）间隔式布置。每一个电器单元占据一个独立的单元隔室，并有联锁装置。

（2）抽屉具有工作位置、试验位置、分离位置和移动位置，能保证正常的工作和试验，既方便检修，又可将规格相同的抽屉进行更换。

（3）从前、后都可进行安装和检修，有可靠的安全接地保护系统。

（三）动力和照明配电箱

从低压配电屏引出的低压配电线一般经过动力或照明配电箱接至各用电设备，它们是车间和民用建筑供配电系统中对用电设备的最后一级控制与保护设备。

配电箱的安装方式有靠墙式、悬挂式和嵌入式三种。靠墙式是靠墙落地安装；悬挂式是挂在墙壁上安装；嵌入式是嵌在墙壁里面安装。

（1）动力配电箱通常具有配电和控制功能，主要用于动力配电和控制。常用的动力配电箱型号有 XL、XLL2、XF－10 等。

（2）照明配电箱主要用于照明控制和小型的动力线路控制。常用的照明配电箱有 XXM、XRM 等型号。

子任务二　高低压配电装置的安装

子任务目标

1. 掌握高低压配电装置的布置原则；
2. 掌握高低压配电装置的安装。

在实际使用过程中，比较典型的高低压配电装置就是高低压配电柜。本节将以典型的高低压配电柜为例，对其安装方法进行介绍。

一、高低压配电装置的布置原则

（一）总体布置

在高低压配电装置布置时应遵循以下原则。

（1）同一回路的电器和导体应布置在同一个间隔内。

（2）间隔之间及两段母线之间应分隔开，以保证检修安全和降低故障范围。

（3）为使母线截面通过的电流较小，尽量将电源布置在中部。但有时为了连接的方便，根据主厂房或变电站的布置，将发电机或变压器间隔设在一段母线的两端。

（4）较重的设备（如变压器、大型设备等）应布置在下层，以减轻楼板的荷重，并便于安装。

（5）充分利用间隔的位置。

（6）布置对称，便于操作。

（7）预留空间，便于扩建。

（二）母线及隔离开关

母线通常安装在配电装置的上部，一般呈水平、垂直和直角三角形布置。水平布置安装比较简单；垂直布置结构复杂，一般适用于 20 kV 以下、短路电流很大的装置中。垂直布置时，相间距离较大，无须增加间隔深度，支撑绝缘子装在水平隔板上，绝缘子间的距离较小，母线结构可获得较高的机械强度。直角三角形布置方式，结构紧凑，可充分利用间隔的高度和深度。

母线隔离开关通常设在母线的下方。为了防止负荷误拉隔离开关造成弧光短路，烧至母线，在双母线布置的室内配电装置中，母线与母线隔离开关之间应装设耐火隔板；为确保设备及工作人员的安全，还应设置闭锁装置。

（三）断路器及其操动机构

断路器通常设在单独的小室内。室内的单台断路器、电压互感器、电流互感器，总油量超过 600 kg 时，应装在单独的防爆小室内；总油量为 60～600 kg 时，应装在有防爆隔墙的小室内；总油量在 60 kg 以下时，一般可装在两侧有隔板的敞开小室内。

为了防火安全，屋内的单台断路器、电流互感器、总油量在 60 kg 以上及 10 kV 以上的油浸式电压互感器，应设置储油或挡油设施。

断路器的操动机构设在操动通道内。手动操动机构和轻型远距离控制操动机构均装在壁上，重型远距离控制操动机构（如 CD3 型等）则落地装在混凝土基础上。

（四）互感器和避雷器

电流互感器无论是干式或油浸式，都可以和断路器放在同一个小室内。穿墙式电流互感器应尽可能作为穿墙套管使用。

电压互感器经隔离开关和熔断器（60 kV 及以下采用熔断器）接到母线上，须占用专门的间隔，但在同一间隔内，可以装设几个不同用途的电压互感器。

当母线上接有架空线路时，母线上应装设阀型避雷器，由于其体积不大，通常与电压互感器共用一个间隔，但应以隔层隔开。

（五）配电装置的通道和出口

配电装置的布置应便于设备操作、检修和搬运，故须设置必要的通道（走廊）。凡用来维护和搬运配电装置中各种电气设备的通道，均称为维护通道；如通道内设断路器（或隔离开关）的操动机构、就地控制屏等，称为操作通道；仅和防爆小室相通的通道，称为防爆通道。配电装置室内各种通道的最小宽度，不应小于表 2-8 所示的数值。

表 2-8　配电装置室内各种通道的最小宽度（净距）　　　　　单位：m

布置方式 ＼ 通道分类	维护通道	操作通道		防爆通道
		固定式	移开式	
一面有开关设备	0.8	1.5	单车长 +1.2	1.2
两面有开关设备	1.0	2.0	双车长 +0.9	1.2

为了保证配电装置中工作人员的安全及工作便利，不同长度的室内配电装置，应有一定数目的出口。长度小于 7 m 时，可设一个出口；长度大于 7 m 时，应有两个出口（最好设在两端）；当长度大于 60 m 时，在中部适当的地方再增加一个出口。配电装置出口的门应向外开，并应装弹簧锁，相邻配电装置室之间如有门时，应能向两个方向开启。

（六）电缆隧道及电缆沟

电缆隧道及电缆沟是用来放置电缆的。电缆隧道为封闭狭长的构筑物，高为 1.8 m 以上，两侧都有数层敷设电缆的支架，可容纳较多的电缆，人在隧道内能方便地进行敷设和维修电缆工作。电缆隧道造价较高，一般用于大型电厂。电缆沟为有盖板的沟道，沟深与宽不足 1 m，敷设和维修电缆必须揭开水泥盖板，很不方便。沟内容易积灰，可容纳的电缆数量也较少；但土建工程简单，造价较低，常为变电站和中、小型电厂所采用。

为确保电缆运行的安全，电缆隧道（沟）应设有 0.5%～1.5% 排水坡度和独立的排水系统。电缆隧道（沟）在进入建筑物处，应设带门的耐火隔墙（电缆沟只设隔墙），以防发生火灾时，烟火向室内蔓延扩大事故，同时防止小动物进入室内。

为使电力电缆发生事故时不致影响控制电缆，一般将电力电缆与控制电缆分开排列在过道两侧。当布置在一侧时，控制电缆应尽量布置在下面，并用耐火隔板与电力电缆隔开。

（七）室内配电装置有采光和通风

配电装置室可以开窗采光和通风，但应采取防止雨雪和小动物进入室内的措施。

二、高低压开关柜的安装

（一）主体的安装

（1）按工程需要与图样标示，将开关柜运至指定位置，如果开关柜较长（10台以上），拼柜工作应从中间部位开始。

（2）用特定的运输工具如吊车或叉车，严禁用滚筒撬棍。

（3）从开关柜内抽出断路器手车，放别处妥善保管。

（4）在母线隔室前面松开固定螺栓，卸下垂直隔板。

（5）松开断路器隔室下面水平隔板的固定螺栓，并将水平隔板卸下。

（6）松开和移去底板。

（7）从开关柜左侧控制线槽移去盖板。右前方控制线槽板也同时卸下。

（8）在基础上一个接一个地安装开关柜，包括水平和垂直两个方面，开关柜安装不平度不得超过2 mm。

（9）当开关柜完全组合（拼接）好后，可用地脚螺栓将其与基础槽钢相连接或用电焊与基础槽钢焊牢。

（二）母线的安装

开关设备中的母线采用矩形母线，当选用不同的电流时，所选用的母线数量规格不一，因而在安装时必须遵循以下步骤。

（1）用清洁干燥的软布擦拭母线，检查绝缘套管是否损伤，在连接部位涂上导电膏或者中性凡士林。

（2）一个柜接一个柜地安装母线，将母线段和对应的分支小母线接在一起，用螺栓连接时应插入合适的垫块，并用螺栓拧紧。

（三）电缆的安装

（1）按开关柜的一次方案图和二次接线图，在规定的位置上连接好电缆线。

（2）封堵好电缆孔。

（四）开关柜的安装

（1）用预设的连接板将各柜的主接地母线连接在一起。

（2）在开关柜内部连接所有接地的引线。

（3）将接地闸刀的接地线与开关柜主接地母线连接。

（4）将开关柜主接地母线与接地网相连。

（五）开关设备安装后的检查

当开关设备安装就位后，清除柜内设备上的灰尘杂物，然后检查全部紧固螺栓有无松动，接线有无脱落。将断路器在柜中推进、推出，并进行分、合闸动作，观察有无异常。将仪表的指针调整到零位，根据线路图检查二次接线是否正确。对继电器进行调整，检查连锁是否有效。

学习任务三　电气设备的运行维护

在工厂供配电系统中，各类电气设备都要经过安装、调试及运行维护这三个阶段才能得以正常使用。在工作过程中电气设备的状态主要有运行、热备用、冷备用和检修四种不同的状态，当电气设备由一种状态转换为另一状态，或改变系统的运行方式时，需要进行一系列的倒闸操作。

学习活动　学习相关知识

学习目标

1. 掌握隔离开关、断路器等电气设备的安装与运行维护；
2. 掌握电气设备的状态，以及改变电气设备状态所采用的方法；
3. 掌握倒闸操作的概念及实施；
4. 掌握倒闸操作票的使用。

子任务一　设备安装及运行维护

子任务目标

1. 掌握隔离开关的安装及运行维护的方法；
2. 掌握负荷开关的安装及运行维护的方法；
3. 掌握断路器的安装及运行维护的方法。

电气设备范围很大，这里重点介绍隔离开关、负荷开关、断路器三种常见设备的安装及运行维护的方法。

一、隔离开关的安装及运行维护

（一）隔离开关的安装

1. 安装前的外观检查

隔离开关的外观检查主要包括以下几点。

（1）隔离开关应按照产品使用说明书的规定，检查型号规格是否与设计相符。

（2）检查零件有无损坏，刀片及触头有无变形。如变形，应进行校正。

（3）检查动刀片与触头接触情况，如有铜氧化层，应用细纱布擦净，涂上凡士林，用 0.55 mm×10 mm 塞尺检查接触情况。对于线接触，塞尺应塞不进去。对于面接触，当接触表面宽度为 50 mm 及以下时，其偏差应不超过 4 mm；在接触表面宽度为 60 mm 及以上时，其偏差应不超过 6 mm。

（4）用 1 000 V 或 2 500 V 绝缘电阻表测量绝缘电阻、额定电压为 10 kV 的隔离开关的绝缘电阻应在 800 MΩ 以上。

2. 安装步骤及要求

（1）隔离开关应按照产品使用说明书规定的方式安装。用人力或滑轮吊装，将开关体放于安装位置，使开关底座上的孔眼套在基础螺栓上，稍微拧紧螺母。用水平尺和铅锤进行找正找平，校正位置，然后拧紧基础螺母。户外型的隔离开关在露天安装时，应水平安装，使带有瓷裙的支持绝缘子真正能起到防雨的作用，如由于实际需要而以其他方式安装，要注意使绝缘瓷裙不积水，以及降低有雨淋时的绝缘水平。任何部件受力不得超出其允许范围，同时操作力也不应明显增大，使得机械连锁不受到破坏。户内型的隔离开关在垂直安装时，静触头在上方，带有套管的可以倾斜一定角度安装。一般情况下，静触头接电源，动触头接负荷，但安装在电柜里的隔离开关，采用电缆进线时，则电源在动触头一侧，这种接法俗称"倒进火"。

（2）隔离开关两侧与母线及电缆的连接应牢固，遇有铜、铝导体接触时，应用铜、铝过渡接头，以防电化、腐蚀。

（3）安装操作机构，将操作机构固定在事先埋设好的支架上，并使其扇型板与隔离开关上的转动杆在同一垂直平面上。

（4）连接操作拉杆，拉杆连接之前应将弯连接头连接在开关的传动转杆上（转轴上），直连接头连接在扇形板的舌头上，然后将调节元件拧入直连接头。操作拉杆应在开关和操作机构处于合闸时的位置。

（5）隔离开关的底座和操作机构的外壳安装接地螺栓，安装时应将接地线一端接在接地螺栓上，另一端与接地网接通，使其妥善接地。

3. 安装后的调整

在开关本体、操作机构、操作拉杆全部安装好后，进行调整。调整的步骤如下。

（1）第一次操作开关时，应慢慢合闸和断开。合闸时，应观察可动刀片有无侧向撞击，如开关有旁击现象，可改变固定触头的位置，使可动刀片刚好进入插口。可动刀片固定触头的底部应保持 3~5 mm 的间隙，如达不到，应进行调整。调整方法是将直连接头拧进或拧出而改变操作拉杆的长度，调节开关轴上的制动螺钉、改变轴的旋转角度等，都可以调整刀片插入的深度。合闸时，三相刀片应同时投入，35 kV 以下的隔离开关，各相前后相差不得大于 3 mm。当达不到要求时，可调整升降绝缘子连接螺钉的长度。

（2）开关断开时，其刀片的张开角度应符合制造厂的规定，如不符合要求，应调整。其方法是：调整操作拉杆的长度和改变舌头扇形板上的位置。

（3）如隔离开关带有辅助触头，应进行调整。合闸信号触头应在开关合闸行程的 80%~90% 时闭合，而断开信号触头应在开关断开行程的 75% 时闭合，并用改变耦合盘的角度进行调整，必要时也可将其拆开重装。

（4）开关操作机构手柄的位置应正确，合闸时手柄应朝上，断开时手柄应朝下。合闸与断开操作完毕，其弹性机械销应自动地进入手柄末端的定位孔中。

（5）开关调整完毕后，应将操作机构的全部螺钉固定好，所有的开口销子必须分开，并进行数次断开、合闸操作，以观察开关的各部分是否有变形和失调现象。对于安装在成套配电箱内的隔离开关，只要进行调整后就可以投入运行。隔离开关在投入运行前不另做耐压试验，而与母线一起进行。

（二）隔离开关的操作方法

（1）无远方操作回路的隔离开关，拉动隔离开关时保证操作动作正确，操作后应检查隔离开关位置是否正常。

（2）必须正确使用防误操作装置，运行人员无权解除防误操作装置（事故情况除外）。

（3）手动操作。合闸时应迅速果断，但不宜用力过猛，以防震碎瓷瓶，合上后检查三相接触情况。合闸时发生电弧应将隔离开关迅速合上，禁止将隔离开关再次拉开。拉隔离开关时应缓慢而谨慎，刚拉时如发生异常电弧，应立即反向，重新将隔离开关合上；如已拉开，电弧已断，则禁止重合上。拉、合隔离开关结束后，机构的定位闭锁销子必须正确就位。

（4）电动操作。必须确认操作按钮的分、合标志，操作时看隔离开关是否动作，若不动作要查明原因，防止电动机被烧坏。操作后，检查刀片分、合角度是否正常，并拉开电动机电源隔离开关。倒闸操作完成后，拉开电动操作总电源隔离开关。

（5）带有地刀的隔离开关，主、地隔离开关间装有机械闭锁，不能同时合上，但都在断开位置时，相互间不能闭锁。这时应注意操作对象，不可错合隔离开关，防止事故发生。

（三）运行中的故障及处理

1. 隔离开关拒分、拒合或拉合困难

（1）传动机构的杆件中断或松动、卡涩。如销孔配合不好、间隙过大、轴销脱落、铸铁件断裂、齿条啮合不好、卡死等，无法将操动机构的运动传递给主触头。

（2）分、合闸位置限位止钉调整不当。合闸止钉间隙太小甚至为负值，未合到后位被提前限位，致使合不上；间隙太大，当合闸力很大时易使四连杆杆件超过死点，致使拒分。

（3）主触头因冰冻、熔焊等导致拒分或分闸困难。

（4）电动机构电气回路或电动机故障造成拒分、拒合。

在检修时要仔细观察，对症修理，切勿在超过死点的情况下强行操作。

2. 隔离开关接触部分过热

隔离开关及引线触头温度一般不得超过 70 ℃，极限温度为 110 ℃。接触部分过热主要由下列原因引起。

（1）接触表面脏污或氧化使接触电阻增大，应用汽油洗去脏污、铜表面氧化可用 00 号砂布打磨；镀银层氧化可用 25% 浓氨水浸泡 20 min 后用清水冲洗干净，再用硬尼龙刷除去表面硫化银层，复装后给接触表面涂上一层中性凡士林。

（2）触头调整不当，接触面积小，应重新调整触头接触面，使其符合要求。

（3）触头压紧弹簧变形或压紧螺钉松动，应更换弹簧或重新压紧螺钉，调整弹簧压力。

（4）隔离开关选择不当，额定电流偏小或负荷电流增加，应更换额定电流较大的隔离开关。

（四）隔离开关的检修

1. 小修周期的项目

隔离开关的小修一般每年进行一次，污秽严重的地区应适当缩短周期。小修的项目：绝缘子的清洁检查；传动系统和操动机构的清洁检查；导电部分的清洁检查、修理；接线端子及接地端的检查；分、合闸操作试验。

2. 大修周期和项目

隔离开关每 3～5 年或操作达 1 000 次时应进行一次大修。大修的项目：支柱绝缘子及底座的检修；导电回路的检修；传动系统和操动机构的检修；除锈刷漆；机械调整与电气试验。

3. 支柱绝缘子及底座的检修

（1）清除隔离开关绝缘子表面的灰尘、污垢，检查有无机械损伤。若有不影响机械和电气强度的小片破损，可用环氧树脂加石英砂调好后修补，损伤严重的应予更换。

（2）检查绝缘子与铁件间的胶合剂是否发生了膨胀、收缩、松动。若有不良情况，应重新胶合或更换。

（3）污秽地区的支柱绝缘子表面应涂防污涂料。

（4）检查并旋紧支撑底座或构架的固定螺钉；接地端、接地线应完整无损，紧固良好。

4. 导电回路的检修

（1）清洁并检查导电部分有无损坏变形。轻微变形的应予以校正，严重的应更换。对于工作电流接近于额定电流的隔离开关或因过热而更换新触头、导电系统拆动较大的隔离开关，应进行接触电阻试验。

（2）用汽油清洗掉触头部分的脏污和油垢，用细砂布打磨掉触头接触表面的氧化膜，用锉刀修整烧斑，在接触表面涂上中性凡士林。检查所有的弹簧、螺钉、垫圈、开口销、屏蔽罩、软连接、轴承等应完整无缺陷，修整或更换损坏的元件，轴承上涂抹润滑油后装复。

（3）清洗打磨闸刀接线端子，涂两层电力复合脂后装好引线。

（4）合闸后用 0.05 mm × 10 mm 塞尺检查触头的接触压力，对于线接触的应塞不进去。

5. 传动部分的检修

（1）清扫掉外露部分的污垢与锈蚀，检查拉杆、拐臂、传动轴等部分应无机械变形或损伤，动作灵活，销钉齐全，配合适当。

（2）活动部分的轴承、蜗轮等处用汽油清洗掉油泥后加钙基脂或注入适量的润滑油。

（3）根据检查情况决定是否吊起传动支柱绝缘子，对下面的转动轴承进行清洗并加润滑脂。

（4）检查动作部分对带电部分的绝缘距离是否符合要求。限位器、制动装置应安装牢固，动作准确。

6. 操动机构的检修

1）手动操动机构的检修

（1）检查手动操动机构的紧固情况，特别是当操动机构装在开关柜中的钢板或夹紧在水泥构架上时，应检查有无受力变位的情况，发现异常应进行调整或加固。

（2）清洁并检查手动机构，对转动部分加润滑脂或润滑油，操作应灵活无卡涩。

（3）调节机构的机械闭锁达到：隔离开关在合闸位置时，闭锁接地开关不能合闸；接地开关在合闸位置时，闭锁隔离开关不能合闸。

2）电动操动机构的检修

（1）用手柄操动机构检查各转动部件是否灵活，辅助开关和行程开关能否正常切换。

（2）检查所有连接件、紧固件有无松动现象。

（3）检查齿轮、丝杠、螺母、连板、拐臂等主要部件应无损坏变形，清洁后在各转动部分加润滑脂。

（4）检查电动机完好无缺陷，转向正确，必要时给电动机轴承加润滑脂。

（5）检查控制回路导线、二次电气元件有无损坏，接触是否良好；分、合闸指示是否正确。

7. 辅助开关的检修

辅助开关除了保证其动作灵活，分、合接触可靠之外，对于常开触头还应调整在隔离开关主刀闸与静触头接触后闭合；常闭触头则应在主刀闸完成其全部分闸过程的 75% 以后打开。

检修完毕，当确定机构各部件一切正常，并在转动摩擦部位都涂上工业用润滑油脂后，先用手动操作 3～5 次；然后接通电源，试用电动操作。

对隔离开关的支持底座（构架）、传动、操动机构的金属外露部分，除锈刷漆外，根据需要涂相色漆等。

二、负荷开关的安装及运行维护

（一）负荷开关的安装

负荷开关的安装过程与隔离开关相同，但调整负荷开关时应注意以下事项。

（1）高压负荷开关的主刀片和辅助刀片的动作顺序是：合闸时，辅助刀片先闭合，主刀片后闭合；断开时，主刀片先断开，辅助刀片后断开。

（2）开关断开后，刀片张开的距离应符合制造厂的要求，如达不到要求，可改变操作拉杆在扇形板上的位置，或改变拉杆的长度。

（3）在开关的主刀片上有一小塞子，合闸时应正好插入灭弧装置的喷嘴内，不应剧烈地碰撞喷嘴，否则应调整。

（4）如安装带有 RN1 型熔断器的负荷开关，安装前应检查熔断器的额定电流是否与设计相符。安装时，熔断器管应紧密地插入钳口内。

（二）负荷开关的运行维护

高压负荷开关在运行中的维护，可按工作刀闸、灭弧装置和传动装置三部分进行。工作刀闸的维护与高压隔离开关相同。传动装置的维护在于保证工作的稳定、灵活和可靠。当不存在变形及断裂的机械损伤时，应对各转动部位涂上润滑油脂。FN1－10 型负荷开关的维护，对其灭弧腔来说，主要是消除其内部的杂质。FN2－10 型及 FN1－10 型负荷开关维护期限，取决于灭弧触头和喷嘴的烧损程度，如烧蚀不严重，修整后即可使用；如烧蚀严重，开关的分断能力降低，为保证开关的正常工作，必须更换这些零件。

此外，高压负荷开关要根据分断电流的大小及分合次数来确定其检修周期。主要的注意事项如下：

（1）负荷开关在出厂前均应经严格装配、调整并试验。所以在一般情况下，其内部不需要再拆卸或重新调整。

（2）投入运行前，绝缘子应擦拭干净，各传动部分应涂润滑油。

（3）进行几次空载分、合闸的操作，触头系统和操作机构均无任何呆滞、卡死现象。

（4）接地处的接触表面要处理打光，保证良好接触。

（5）母线固定螺栓要拧紧，同时负荷开关的连接母线要配置合适，不应使负荷开关受到来自母线的机械应力。

（6）负荷开关只能开断和闭合一定的负荷电流，一般不允许在短路情况下操作。

（7）负荷开关的操作一般比较频繁，注意并预防紧固零件在多次操作后松动，当总的操作次数达到规定限度时，必须检修。

（8）当负荷开关与熔断器组合使用时，高压熔件的选择应考虑在故障电流大于负荷开关的开断能力时，必须保证高压熔件先熔断，负荷开关才能分闸。

（9）产气式负荷开关在检修以后，要按规定调整其行程和闸刀张开度。

（10）对油负荷开关要经常检查油面，缺油时要及时注油，以防止在操作时引起爆炸。并为了安全起见，应将这种油浸式负荷开关的外壳可靠接地。

三、断路器的安装及运行维护

（一）断路器的安装

断路器安装时应注意的事项如下：

（1）安装前应检查断路器的规格是否符合使用要求。

（2）安装前应用 500 V 的绝缘电阻表检查断路器的绝缘电阻，以周围介质温度为 (20 ± 5)℃、相对湿度为 50% ~ 70% 时，不小于 10 MΩ 为合格，否则应先烘干处理才允许使用。

（3）应按照使用说明书规定的方式（如垂直）安装，不然，轻则影响脱扣动作的精度，重则影响通断能力。

（4）断路器应安装平整，不应有附加机械应力，否则对于塑料外壳式断路器，可能使绝缘基座因受应力而损坏，脱扣器的牵引杆（脱扣轴）因基座变形而卡死，影响脱扣动作。对于抽屉式产品，可能影响二次回路连接的可靠性。

（5）电源进线应接在断路器的上母线上，即灭弧室一侧的接线端上；而接负载的出线则应接在下母线上，即接在脱扣器一侧的接线端，否则将影响断路器的分断能力。

（6）为防止发生飞弧，安装时应注意考虑一定的飞弧距离（参考产品样本或使用说明书中的数据），即灭弧罩上部留有飞弧的空间。如果是塑料外壳式产品，进线端的螺母线宜包上 200 mm 长的绝缘物，有时还要求在进线端的相间加装隔弧板（将它插入绝缘外壳上的燕尾槽中）。

（7）如果有规定，自动开关出线端的连接线截面积应严格按规定选取，否则将影响过电流脱扣器的保护特性。

（8）安装塑料外壳式断路器时，有些产品需要将产品的盖子取下才能安装（如 DZ10 系列）。如果是带电动机操作机构的产品，必须注意操作机构在出厂时已分别调试过，不得互换，故卸装盖子时不应串换。如果是带插入式端子的产品（如 DZ12-60C 一类的产品），安装时应将插刀推到底，并将下方的安装压板旋紧，以免因碰撞而脱落。

（9）安装带电动机操作机构的塑料外壳式断路器时，应注意装上显示断路器所处工作状态的指示灯，因为这时已无法通过操作手柄的位置来判别断路器是闭合还是断开的。

（10）带插入式端子的塑料外壳式断路器应安装在金属箱内（只有操作手柄外露），以免操作人员触及接线端，发生触电事故。

（11）凡设有接地螺钉的产品，均应可靠地接地。

（12）安装前应将自动开关操作数次，观察机构动作灵活与否、分合可靠与否。

（13）自动开关使用前应将脱扣器电磁铁工作面的防锈油脂抹去，以免影响电磁机构的动作灵敏性。

（14）过电流脱扣器的整定值一经调好就不允许随意改动，而且长期使用后要检查其弹簧是否生锈卡住，以免影响其动作。

（15）在断路器分断短路电流以后，应在切除上一级电源的情况下，及时地检查其触头。若发现有弧烟痕迹，可用干布抹净；若触头已烧毛，应细心修整。

（16）每使用一定次数（一般为 1/2 机械寿命）后，应给操作机构加润滑油。

（17）应定期清除断路器上的污垢，以免影响操作和绝缘。

（18）定期检查各种脱扣器的动作值，有延时者还要检查其延时情况。

（二）高压断路器运行的一般要求

（1）断路器应有制造厂铭牌，应在铭牌规定的额定值内运行。

（2）断路器的分、合闸指示器应易于观察且指示正确，油断路器应有易于观察的油位指示器和上下限监视线；SF_6 断路器应装有密度继电器或压力表，液压机构应装有压力表。

（3）断路器的接地金属外壳应有明显的接地标志。

（4）每台断路器的机构箱上应有调度名称和运行编号。

（5）断路器外露的带电部分应有明显的相色漆。

（6）断路器允许的故障跳闸次数，应列入《变电站现场运行规程》。

（7）每台断路器的年动作次数、正常操作次数和短路故障开断次数应分别统计。

（三）断路器的巡视检查

（1）运行和备用的断路器必须定期进行巡视检查。巡视检查的周期：有人值班的变电站每天当班巡视不少于 3 次，无人值班的变电站每周不少于 1 次。

（2）新投运断路器的巡视检查，周期应相对缩短，每天不少于 4 次。投运 72 h 后转入正常巡视。

（3）夜间闭灯巡视，有人值班的变电站每周 1 次，无人值班的变电站每月 2 次。

（4）气象突变时，应增加巡视。

（5）雷雨季节雷击后应立即进行巡视检查。

（6）高温季节高峰负荷期间应加强巡视。

（7）油断路器巡视检查项目如下：

①断路器的分、合闸位置指示正确，并与当时实际运行工况相符。

②主触头接触良好。油断路器外壳温度与环境温度相比无较大差异，内部无异常声响。

③油位正常，油色透明无炭黑悬浮物。

④无渗、漏油痕迹，放油阀关闭紧密。

⑤套管、瓷瓶无裂痕，无放电声和电晕。

⑥引线的连接部位接触良好，无过热。

⑦排气装置完好，隔栅完整。

⑧接地完好。

⑨防雨帽无鸟窝等杂物。

⑩户外断路器栅栏完好，设备附件无杂草和杂物，配电室的门窗、通风及照明良好。

（8）SF_6断路器巡视检查项目如下：

①对于有SF_6压力表的断路器，每日定时检查SF_6气体的压力，并和对应温度下的水平比较，判断是否正常；对于装SF_6密度继电器的断路器，应监视密度继电器动作及闭锁情况，禁止在SF_6气体不足时，分、合断路器。

②断路器各部分及管道无异声（漏气声、振动声）及异味，管道夹头正常。

③套管无裂痕，无放电声和电晕。

④引线连接部位无过热，引线弛度适中。

⑤断路器分、合闸位置指示正确，并和当时实际运行工况相符。

⑥接地完好。

⑦巡视环境条件，附近无杂物。

⑧进入室内检查前，应先抽风3 min，使用监测仪器检查无异常后，方可进入开关室。

（9）真空断路器巡视检查项目如下：

①分、合闸位置指示正确，并与当时实际运行工况相符。

②支持绝缘子无裂痕及放电异常。

③真空灭弧室无异常。

④接地完好。

⑤引线接触部位无过热，引线弛度适中。

（10）电磁机构巡视检查项目如下：

①机构箱门平整，开启灵活，关闭紧密。

②检查分、合闸线圈及合闸接触器线圈无冒烟异味。

③直流电源回路线端子无松脱、无铜绿或锈蚀。

④定期测试合闸保险完好。

（11）液压操作机构巡视检查项目如下：

①机构箱门平整，开启灵活，关闭紧密。

②检查油箱油位正常，无渗漏油。

③高压油的油压在允许范围内。

④每天记录油泵启动次数。

⑤机构箱内无异味。

⑥记录巡视检查结果。在运行记录簿上记录检查时间，巡视人员姓名和设备状况。

（四）断路器的正常运行及维护

（1）断路器的正常运行及维护项目如下：

①不带电部分的定期清扫。

②配合停电进行传动部位检查，清扫瓷瓶积存的污垢及处理缺陷。

③按设备使用说明书规定对机构添加润滑油。

④油断路器根据需要补充或放油，放油阀渗油处理。

⑤SF₆断路器根据需要补气，渗油处理。

⑥检查合闸熔丝是否正常，核对容量是否相符。

（2）执行断路器正常维护工作后，应记入记录簿待查。

（五）断路器的操作

1. 断路器操作的一般要求

（1）断路器经检修恢复运行，操作前应检查检修中的安全措施是否全部拆除，防误闭锁装置是否正常。

（2）长期停止运行的断路器在正式执行操作前应通过远距离控制方式进行试操作2～3次，无异常后方能按操作票拟订的方式操作。

（3）操作前应检查控制回路、控制电源或液压回路均正常，储能机构已储能，继电保护和自动装置已按规定投入，即具备运行操作条件。

（4）操作中应同时监视有关电压、电流、功率等表的指示及红绿灯的变化。操作把手不宜返回太快（一般等红、绿灯变化正常后再放手）。

（5）装有重合闸装置的断路器，正常操作分闸前，应先停用重合闸。

（6）当液压机构正在打压时，不得操作断路器。

（7）当断路器故障跳闸与规定允许次数只差1次时，应将重合闸装置停用，如已达到规定次数，应立即安排检修，不应再将其投入运行。

2. 正常运行的断路器操作时应检查的项目

（1）油断路器的油位是否正常。

（2）SF₆断路器的气体压力在规定的范围内。

3. 操作断路器时操作机构的满足条件

（1）电磁机构在合闸操作前，检查合闸母线电压、控制母线电压均在合格范围。

（2）操作机构箱门关好，栅栏门关好并上锁，脱扣部件均在复归位置。

（3）SF₆断路器的压力正常。

（4）液压机构的压力正常。

4. 运行中断路器几种异常操作的规定

（1）电磁机构严禁用杠杆或千斤顶进行带电合闸操作。

（2）无自由脱扣的机构严禁就地操作。

（3）液压操作机构，如因压力异常导致断路器分、合闸闭锁时，不准擅自解除闭锁进行操作。

5. 断路器故障状态下的操作规定

（1）断路器运行中，由于某种原因造成油断路器严重缺油，SF₆断路器气体压力异常（如突然降至0等），严禁对断路器进行停、送电操作，应立即断开故障断路器的控制（操作）电源，及时采取措施，将故障断路器退出运行。

（2）分相操作的断路器操作时，发生非全相合闸，应立即将已合上相拉开，重新操作合闸1次，如仍不正常，应拉开已合上相，切断该断路器的控制（操作）电源，查明原因。

（3）分相操作的断路器操作时，发生非全相分闸，应立即切断控制（操作）电源，手动将拒动相分闸,查明原因。

(六) 断路器的异常运行及事故处理

1. 运行中的不正常现象及处理

(1) 运行人员在断路器运行中发现任何不正常现象 (如漏油、渗油、油位指示器油位过低、液压机构异常、SF_6 气压下降或有异声、分合闸指示不正确等) 时,应及时予以消除;不能及时消除的,应报告上级领导并记入相应运行记录簿和设备缺陷记录簿内。

(2) 运行人员若发现设备有威胁电网安全运行且不停电难以消除的缺陷时,应向值班调度员汇报,及时申请停电处理,并报告上级领导。

2. 断路器应立即申请停电处理的情形

(1) 套管有严重破损和严重放电现象。
(2) 少油断路器灭弧室冒烟或内部有异常声响。
(3) 油断路器严重漏油,油位看不见。
(4) SF_6 气室严重漏气发出操作闭锁信号 (或气压低于下限)。
(5) 真空断路器出现真空破坏的"咝咝"声。
(6) 液压机构压力降低,操作闭锁。

3. 电磁操作机构常见的异常现象及可能的原因

(1) 拒绝合闸。
①操作电源及二次回路故障 (直流电压低于允许值、熔丝熔断、辅助接点接触不良、二次回路断线、合闸线圈或合闸接触器线圈烧坏等),如将操作开关的手柄置于合闸位置,信号灯不发生变化,则可能是操作回路断线或熔断器熔断造成的。
②操作把手返回过早。
③机械部分故障 (机构卡死、连接部分脱扣等)。如跳闸信号消失,合闸信号灯发光但随即熄灭,而跳闸信号灯复亮,这可能是机械部分有故障而使锁住机构未能将操作机构锁在合闸位置造成的。应注意,当操作电压过高时也会发生这种现象,这是由于合闸时产生强烈的冲击,因此也会产生不能锁住的现象。
④SF_6 开关因气体压力降低而闭锁。
⑤SF_6 开关弹簧机构合闸弹簧未储能。
⑥液压机构的压力降低至不许合闸。

(2) 拒绝分闸。
①操作电源及二次回路故障 (熔丝熔断、辅助接点接触不良、跳闸线圈断线等)。
②机械部分故障。
③SF_6 开关因气体压力降低而闭锁。
④液压机构压力降低至不许分闸。

(3) 电磁操作机构区别于电气和机械故障,在操作时应检查直流合闸电流。如没有冲击,则说明是电气故障;有冲击,则说明是机械故障。

4. 液压操作机构的异常现象及处理

(1) 压力异常。压力表的指示与储氮筒行程杆位置不对应 (与正常情况比较,若压力表指示过高，则为液压油进入储氮筒；若压力表指示低，则为储氮筒泄漏），此时应申请调度，停用该开关。

（2）液压机构低压油路漏油，如果压力未降低至闭锁位置，可以短时维护运行；但要注意监视油压的变化并申请调度停用重合闸装置，汇报上级主管部门安排处理。有旁路的应申请调度用旁路开关代替运行，无旁路开关的应由调度安排停电处理。

（3）液压机构压力降低至不允许分合闸时，不许用该开关进行解列、闭合环网操作。

（4）液压机构压力降低，但未降至不许油泵打压的压力时（液压机构无漏油现象），可以手动打压至正常；降低至不许打压位置时，则不允许打压；压力降低至不许分、合闸时，应立即对开关采取防慢分措施（用卡子卡住该开关传动机构并将该开关转为非自动），汇报调度用旁路开关代替其运行或直接停用。

（5）液压机构压力过高，若压力过高而压力表的电触头可以断开油泵电源，则应适当放压至合格压力，并汇报主管部门安排处理；若压力过高而压力表的电触头未能断开油泵电源，则运行人员应立即拉开油泵电源隔离开关，放压至合格压力，并汇报上级主管部门立即处理。

5. 断路器的事故处理

（1）断路器动作分闸后，运行人员应立即记录故障发生的时间，停止音响信号，并立即进行事故巡视检查，判断断路器本身有无故障。

（2）断路器对故障分闸线路实行强送后，无论成功与否，均应对断路器外观进行仔细检查。

（3）断路器故障分闸时发生拒动，造成越级分闸，在恢复系统送电时，应将发生拒动的断路器脱离系统并保持原状，待查清拒动原因并消除缺陷后方可投入。

（4）SF_6断路器发生意外爆炸或严重漏气等事故，运行人员接近设备要慎重，室外应选择从顺风向接近设备，室内必须通风，戴防毒面具，穿防护服。

（5）油断路器着火的原因及处理。

①断路器外部套管污秽或受潮而造成对地闪络或相间短路。

②油不清洁或受潮而引起的断路器内部闪络。

③断路器切断时动作缓慢或者切断容量不足。

④油面上缓冲空间不足。

⑤切断强大电流时，油箱内压力太大。油断路器着火时，首先切断电源，使用干式灭火器灭火，如不能扑灭，再用泡沫灭火器灭火。

子任务二 倒闸操作的认识

子任务目标

1. 了解电气设备的状态分类；
2. 掌握倒闸操作的概念；
3. 掌握倒闸操作的组织措施和技术措施。

运行中的电气设备，是指全部带有电压或一部分带有电压以及一经操作即带有电压的电气设备。一经操作即带有电压的电气设备,是指现场停用或备用的电气设备,它们的电气连接部分和带电部分之间只用断路器或隔离开关断开,并无拆除部分,一经合闸立即带有电压。因此,运行中的电气设备具体指的是现场运行、备用和停用(检修)的设备。

一、电气设备的状态

电气设备有运行、热备用、冷备用和检修四种不同的状态。

(一)运行状态

电气设备的运行状态是指断路器及隔离开关都在合闸位置,电路处于接通状态。

(二)热备用状态

电气设备的热备用状态是指断路器在断开位置,而隔离开关仍在合闸位置,其特点是断路器一经操作即可接通电源。

(三)冷备用状态

电气设备的冷备用状态是指设备的断路器及隔离开关均在断开位置。其显著特点是该设备(如断路器)与其他带电部分之间有明显的断开点。电气设备冷备用根据工作性质可分为断路器冷备用与线路冷备用等。

(四)检修状态

电气设备的检修状态是指设备的断路器和隔离开关均已断开,并采取必要的安全措施。电气设备检修根据工作性质可分为断路器检修和线路检修等。

1. 断路器检修

断路器检修是指设备的断路器与其两侧隔离开关均拉开,断路器的操作熔断器及合闸电源熔断器均已取下,在断路器两侧装设了保护接地线或合上接地隔离开关,并做好安全措施。检修的断路器若与两侧隔离开关之间接有电压互感器(或变压器),则应将该电压互感器的隔离开关拉开或取下高低压熔丝,高压侧无法断开时则取下低压熔丝;若有母联差动保护,则母联差动电流互感器回路应拆开并短路接地(二次回路应做相应的调整)。

2. 线路检修

线路检修是指线路断路器及其两侧隔离开关拉开,并在线路出线端挂好接地线或合上线路接地隔离开关。如有线路电压互感器(或变压器),应将其隔离开关拉开或取下高低压熔断器。

主变压器检修也可分为断路器或主变压器检修。挂接地线或合上接地隔离开关的地点应分别在断路器两侧或变压器各侧。

母线检修状态是指该母线从冷备用状态转为检修状态,即在冷备用母线上挂好接地线或合上母线接地隔离开关。母线由检修状态转为冷备用状态,是指拆除该母线的接地线,应包括母线电压互感器转为冷备用状态。母线从冷备用状态转为运行状态,是指有任一路电源断路器处于热备用状态,一经合闸,该母线即可带电,包括母线电压互感器转为运行状态。

二、倒闸操作的概念

在发电厂或变电所中,电气设备有四种不同的状态,即使在运行状态,也有多种运行方式。将电气设备由一种状态转变到另一种状态的过程称为倒闸，所进行的操作被称为倒闸操作。改变电气设备的状态，就是拉开或合上某些断路器和隔离开关，包括断开或投入相应的直流回路、改变继电保护和自动装置的定值或运行状态，以及拆除或安装临时接地线等。

三、倒闸操作的组织措施和技术措施

倒闸操作的组织措施是指电气运行人员必须树立高度的责任感和牢固的安全思想，认真执行操作票制度，工作票制度，工作许可制度，工作监护制度以及工作间断、转移和终结制度等。

倒闸操作的技术措施就是采用防误操作装置，达到"五防"的要求：防止误拉合断路器、防止带负荷拉合隔离开关、防止带地线合闸、防止带电挂接地线和防止误入带电间隔。

常用的防误操作装置主要有以下几种：机械闭锁、电磁闭锁、电气闭锁、红绿牌闭锁和微机防误操作装置。

微机防误操作装置是专门为电力系统防止电气误操作事故而设计的，它由电脑模拟盘、电脑钥匙、电编码开锁和机械编码锁等部分组成，可以检验及打印操作票，同时能对所有的一次设备强制闭锁。

四、保证安全的技术措施

在全部停电或部分停电的电气设备上工作时，必须完成下列安全措施：停电、验电、装设接地线、悬挂标示牌和装设遮拦。

子任务三　倒闸操作的实施

子任务目标

1. 了解倒闸操作必须具备的条件；
2. 了解倒闸操作的基本要求；
3. 了解断路器和隔离开关倒闸操作的规定。

倒闸操作时，现场必须具备的几个条件：所有电气一次、二次设备必须标明编号和名称，字迹清楚、醒目；设备有传动方向指示、切换指示，以及区别相位的颜色；设备应达到防误要求，如不能达到，须经上级部门批准；控制室内要有与实际电路相符的电气一次模拟图和二次回路的原理图与展开图；要有合格的操作工具、安全用具和设施等；要有统一的、确切的调度术语、操作术语；值班人员必须经过安全教育、技术培训，熟悉业务和有关规章、规程规范制度，经评议、考试合格、主管领导批准、公布值班资格（正、副职）名单后方可承担一般操作和复杂操作，接受调度命令，进行实际操作或监护工作。

一、倒闸操作的组织措施和技术措施

（1）倒闸操作前，必须了解系统的运行方式、继电保护及自动装置等情况，并应考虑电源及负荷的合理分布以及系统运行的情况。

（2）在电气设备服役前必须检查有关工作票、安全措施拆除情况。

（3）倒闸操作前应考虑继电保护及自动装置整定值的调整，以适应新的运行方式的需要，防止因继电保护及自动装置误动或拒动而造成事故。

二次侧调整内容如下：

①电压互感器二次负载的切换。

②厂用（所用）变压器电源的切换。

③直流电源的切换。

④交流电源、电压回路和直流回路的切换。

⑤根据一次接线，调整二次跳闸回路（如母联差动保护跳闸回路的调整、继电保护及自动装置改接和连跳、断路器的调整等）。

⑥根据一次接线，决定母联差动保护的运行方式。

⑦断路器停役，二次回路工作须将电流互感器短接退出，以及断路器停役时根据现场规程决定断路器失灵保护停用。

⑧有综合重合闸的线路，其综合重合闸与线路高频、距离、零序保护的连接方式。

⑨现场规程规定的二次回路须做调整的其他有关内容。

（4）备用电源自动投入装置、重合闸装置、自动励磁装置必须在所属主设备停运前退出运行，在所属主设备送电后投入运行。

（5）在进行电源切换或电源设备倒母线时，必须先将备用电源投入装置停用，操作结束后再进行调整。

（6）在同期并列操作时，应注意防止非同期并列。

（7）在倒闸操作过程中应注意分析表计指示。

（8）在下列情况下，应将断路器的操作电源切断，即取下直流操作回路中的熔断器。

①检修断路器。

②在二次回路及保护装置上工作。

③在倒母线操作过程中拉合母线隔离开关，必须先取下母联断路器的操作回路熔断器，以防止在拉合隔离开关时母联断路器跳闸而造成带负荷拉、合隔离开关。

④操作隔离开关前应先检查断路器在分闸位置，以防止在操作隔离开关时断路器在合闸位置而造成带负荷拉、合隔离开关。

⑤在继电保护故障情况下，应取下直流操作回路熔断器，以防止因断路器误合、误跳而造成停电事故。

⑥当断路器严重缺油、看不到油位或大量漏油时，应取下直流操作回路熔断器并及时向调度员汇报，要求用旁路断路器代其供电，并将该断路器退出运行。

⑦操作中应采用合格的安全工具。

二、断路器和隔离开关倒闸操作的规定

（一）断路器的操作

（1）用控制开关拉合断路器时，不要用力过猛，以免损坏控制开关；操作时也不要返回太快，以免断路器合不上或拉不开。

（2）设备停役操作前，对终端线路应先检查负荷是否为零。

（3）断路器操作后，应检查与其相关的信号，如红绿灯、光字牌的变化，测量表计的指示。装有三相电流表的设备，应检查三相表计，并到现场检查断路器的机械位置，以判断断路器分合的正确性，避免由于断路器假分、假合造成误操作事故。

（4）操作主变压器断路器退出运行时，应先拉开负荷侧，后拉开电源侧，恢复运行时，

顺序相反。

（5）如装有母联差动保护，当断路器检修或二次回路工作后，断路器投入运行前应先停用母联差动保护再合上断路器，充电正常后才能用上母联差动保护。

（6）断路器出现非全相合闸时，首先要恢复其全相运行。

（7）断路器出现非全相分闸时，应立即设法将未分闸相拉开，如仍拉不开，应利用母联或旁路进行倒换操作之后，通过隔离开关将故障断路器隔离。

（8）对于储能机构的断路器，检修前必须将能量释放，以免检修时引起人员伤亡。

（9）断路器累计分闸或切断故障电流次数（或规定切断故障电流累计值）达到规定时，应停电检修。

（二）隔离开关的操作

（1）拉合隔离开关前必须查明有关断路器和隔离开关的实际位置，隔离开关操作后应查明实际分合位置。

（2）手动合上隔离开关时，必须迅速果断。

（3）手动拉开隔离开关时，应缓慢而谨慎。

（4）装有电磁闭锁的隔离开关，当闭锁失灵时，应严格遵守防误装置解锁规定，认真检查设备的实际位置，并得到当班调度员同意后，方可解除闭锁进行操作。

（5）电动操作的隔离开关如遇电动失灵，应查明原因和该隔离开关有闭锁关系的所有断路器、隔离开关、接地开关的实际位置，正确无误后才可拉开隔离开关操作电源，从而进行手动操作。

（6）隔离开关操动机构的定位销操作后一定要销牢，以免滑脱发生事故。

（7）隔离开关操作后，检查操作应良好，合闸时三相同期且接触良好；分闸时，判断断口张开角度或闸刀拉开距离应符合要求。

子任务四　倒闸操作票的认识与使用

子任务目标

1. 了解倒闸操作票制度；
2. 了解倒闸操作票填写的原则；
3. 了解工作票制度。

倒闸操作票是进行具体操作的依据，它将经过深思熟虑制定的操作项目记录下来，进而根据操作票面上填写的内容依次进行有条不紊的操作，通过记录可以对自己的操作进行监控，确保操作的准确性。

一、倒闸操作票制度

（一）操作票的使用范围

根据值班调度员或值班长命令，需要将某些电气设备以一种运行状态转变为另一种运行状态或事故处理等，需根据工作票上的工作内容要求，进行倒闸操作。除以下特定情况可不用操作票，其他电气设备进行倒闸操作时，均应使用操作票，并且在操作后记入运行日志，及时向调度汇报。

（1）事故处理。

（2）拉合断路器的单一操作。

（3）拉开接地隔离开关或拆除全厂（所）仅有的一组接地线。

（4）同时拉合几路断路器的限电操作。

（二）执行操作票的程序

（1）预发命令和接收任务。

（2）填写操作票。

（3）审核批准。

（4）考问和预想。

（5）正式接受操作命令。

（6）模拟预演。

（7）操作前的准备。

（8）核对设备。

（9）高声唱票实施操作。

（10）检查设备、监护人逐项勾票。

（11）操作汇报，做好记录。

（12）评价、总结。

二、操作票填写的有关原则与举例

下面分别介绍几种倒闸操作票填写的原则与举例。

（一）变压器倒闸操作票的填写

（1）变压器投入运行时，应选择励磁涌流影响较小的一侧送电。一般先从电源侧充电，后合上负荷侧断路器。

（2）向空载变压器充电时，应注意以下几点。

①充电断路器应有完备的继电保护，并保证有足够的灵敏度，同时应考虑励磁涌流对系统继电保护的影响。

②大电流直接接地系统的中性点接地，隔离开关应合上。对中性点为半绝缘的变压器，则中性点更应接地。

③检查电源电压，使充电后变压器各侧电压不超过其相应分接头电压的5%。

（3）运行中的变压器，其中性点接地的数目及地点，应按继电保护的要求设置。

（4）运行中的双绕组或三绕组变压器，若属直接接地系统，则该侧中性点接地隔离开关应合上。

（5）运行中的变压器中性点接地隔离开关如需倒换，则应先合上另一台变压器的中性点接地隔离开关，再拉开原来一台变压器的中性点接地隔离开关。

（6）110 kV及以上变压器处于热备用状态时（开关一经合上，变压器即可带电），其中性点接地隔离开关应合上。

（7）新投产或大修后的变压器在投入运行时应进行定相，有条件者应尽可能采用零起升压，对可能构成环路运行者应进行核相。

（8）变压器新投入或大修后投入，操作送电前除需遵循倒闸操作的基本要求外，还应注意以下问题：

①对变压器外部进行检查。

②摇测绝缘电阻。

③对冷却系统进行检查及试验。

④对有载调压装置进行传动。

⑤对变压器进行全电压冲击合闸 3～5 次，若无异常即可投入运行。

（9）变压器停送电操作时的一般要求。

①变压器停电时的要求：应将变压器中性接地点及消弧线圈倒出。变压器停电后，其中瓦斯保护动作可能引起其他运行设备跳闸时，应将连接片由跳闸改为信号。

②变压器送电时的要求：送电前应将变压器中性点接地，由电源侧充电，负荷侧并列。

③对强油循环冷却的变压器，不启动潜油泵，保持油路循环，使变压器得到冷却。

（10）三绕组升压变压器高压侧的停电操作步骤。

①合上该变压器高压侧中性点接地隔离开关。保证高压侧断路器拉开后，变压器该侧发生单相短路时，差动保护、零序电流保护能够动作。

②拉开高压断路器。

③断开零序过流保护，跳其他主变压器的跳闸连接片。

④断开高压侧低电压闭锁连接片（因主变压器过流保护一般采用高、低两侧电压闭锁），避免主变压器过负荷时过流保护误动。

（二）线路倒闸操作票的填写及有关规定

线路倒闸操作票分为两类：一类是断路器检修；另一类是线路检修。

（1）断路器检修操作票的填写。

（2）线路检修操作票的填写。

（3）新线路送电应注意的问题，除应遵循倒闸操作的基本要求外，还应注意以下几点。

①双电源线路或双回线在并列或合环前应经过定相。

②分别来自两母线电压互感器的二次电压回路也应定相。

③配合专业人员，对继电保护自动装置进行检查和试验。

④线路第一次送电应进行全电压冲击合闸，其目的是利用操作过电压来检验线路的绝缘水平。

（4）线路重合闸的停用。一般在下列情况下将线路重合闸停用。

①系统短路容量增加，断路器的开断能力满足不了一次重合的要求。

②断路器事故跳闸次数已接近规定，若重合闸投入，重合失败，跳闸次数将超过规定。

③设备不正常或检修，影响重合闸动作。

④重合闸临时处理缺陷。

⑤线路断路器跳闸后进行试送或线路上有带电作业。

（5）投入和停用低频率减载装置电源时应注意：投入和停用低频率装置，瞬时有一反作用力矩，能将触头瞬时接通，因直流存在，可能使继电器误动。投入时，先合交流电源，进行预热并检查触头应分开，然后再合直流电源；停用时，先停直流电源，后停交流电源。

（三）系统并列操作

应用手动准同期装置并列前的检查及准备。

（1）检查中央同期开关，手动准同期开关均在断开位置。

（2）并列点断路器在断开位置。

（3）母线电压互感器及待并列电压互感器回路熔断器应完好。

（4）投入并列点断路器两侧的隔离开关。

（5）停用并列点断路器的重合闸连接片。

（四）举例

【例2-1】 操作票的填写。

如图2-48所示，XXX线724断路器运行于正
（W1）母线改冷用。

操作顺序如下。

（1）开724断路器。

（2）检查724断路器在分闸位置。

（3）拉开7243隔离开关，检查分闸良好。

（4）检查7242隔离开关在断位。

（5）拉开7241隔离开关，检查分闸良好。

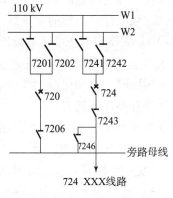

图2-48 线路接线图

到此设备已由运行状态改为冷备用状态，此时调度
员将发布该设备可以转入检修状态的许可令。值班员得
到调度的许可后，根据安全措施进行如下操作。

（1）检查724断路器在冷备用状态。

（2）取下724断路器操作电源熔断器。

（3）拉开724断路器信号电源小隔离开关。

（4）取下724断路器合闸电源熔断器。

（5）在724断路器与7241隔离开关之间验明三相确无电压后，挂接地线一组（1#）。

（6）在724断路器与7243隔离开关之间验明三相确无电压后，挂接地线一组（2#）。

安全措施操作票是按工作票的工作要求填写的操作票。

【例2-2】 正（W1）、副（W2）母线分别运行、旁路720断路器在冷备用时，用旁
路断路器代替线路断路器时的操作（以XXX线724断路器为例，参见图2-48）。

操作顺序如下。

（1）检查旁路断路器保护定值及连接片与所代替线路对应。

（2）退出旁路断路器重合闸连接片。

（3）调整旁路电流端子至代替出线位置。

（4）母差保护跳旁路断路器连接片及闭锁旁路断路器重合闸连接片在投入位置。

（5）检查母差端子箱内旁路电流端子在投入位置。

（6）检查720断路器在断位。

（7）检查7202隔离开关在断位。

（8）合上7201隔离开关，检查是否已合上。

（9）合上 7206 隔离开关，检查是否已合上。

（10）合上 720 断路器（向旁路母线充电），检查充电是否正常。

（11）拉开 720 断路器，检查是否已拉开。

（12）合上 7246 隔离开关，检查是否已合上。

（13）合上 720 断路器，检查是否已合上（电流表应有指示）。

（14）拉开 724 断路器，检查是否已拉开（电流表指示为零）。

（15）拉开 7243 隔离开关，检查是否已拉开。

（16）检查 7242 隔离开关在断位。

（17）拉开 7241 隔离开关，检查是否已拉开。

（18）投入旁路断路器重合闸连接片。

三、工作票制度

工作票制度是在电气设备上工作保证安全的组织措施之一。所有在电气设备上的工作，均应填用工作票或按命令执行。

（一）工作票的分类

工作票分为两大类：第一种工作票和第二种工作票。

1. 第一种工作票的工作

（1）高压设备需要全部停电或部分停电者。

（2）在高压室内的二次接线和照明回路上工作，需要将高压设备停电或作安全措施者。

（3）变电所的业扩、基建工作中，需要将高压设备停电或因安全距离不足需要装设绝缘罩（板）等安全措施者。

（4）一经合闸即可送电到工作地点设备上的工作。

2. 第二种工作票的工作

（1）带电作业和在带电设备外壳上的工作。

（2）控制盘和低压配电盘、配电箱、电源干线上的工作。

（3）二次接线回路上的工作，无须将高压设备停电者。

（4）转动中的发电机、同步调相机的励磁回路或高压电动机转子电阻回路的工作。

（5）非当值值班人员用绝缘棒和电压互感器定相或用钳形电流表测量高压回路的电流。

（二）工作票的间断、转移制度

规定当天的工作间断时，工作班组人员应从工作现场撤出，所有安全措施保持不变，工作票仍由工作负责人执存。间断后继续工作无须通过工作许可人许可，而对隔天间断的工作在每日收工后应清扫工作地点，开放封闭的通路，并将工作票交回值班员，次日复工时应得到值班员许可，取回工作票。工作负责人必须事前重新认真检查安全措施是否符合工作票的要求后，方可工作。若无工作负责人或监护人带领，工作人员不得进入工作地点。

工作转移指的是在同一电气连接部分或一个配电装置，用同一工作票依次在几个工作地点转移工作时，全部安全措施是由值班员在开始许可工作前一次做完。因此，同一张工作票内的工作转移无须再办理转移手续。但工作负责人在每转移一个工作地点时，必须向工作人员交代带电范围、安全措施和注意事项，尤其应该提醒工作条件的特殊注意事项。

（三）工作票的负责人（监护人）

在电气设备上工作，至少应有两人一起进行。对于某些工作（如测极性、回路导通试验等）在需要的情况下，可以准许有实际工作经验的人员单独进行。

对于特殊工作，如离带电设备距离较近，应设专人监护或加装必要的绝缘挡板（应填入工作票的安全措施栏内）。

学习任务四 技能实训

学院变配电所的认知实训

一、实训目的

（1）通过对变电所的观察研究，了解主接线图及模拟操作的程序与要求。

（2）通过对变电所高低压开关柜的观察研究，了解它们的结构、布置、操作方法及注意事项。

（3）通过对变压器室的观察和研究，了解变压器室的结构和布置要求。

（4）通过实地观察并结合看图建立对变电所的全面认识。

二、实训所需设备、材料

（1）地点：学院变配电所、数控车间配电室。

（2）设备：电力变压器，数控车间配电系统。

（3）材料：安全帽、绝缘手套、验电笔。

三、实训任务与要求

（1）观察变配电所主接线图，了解图中各元件的符号、意义，模拟操作的程序、要求，等等。

（2）观察高低压配电室，了解高低压开关柜的型号、规格、布置、操作方法及注意事项等。

（3）观察变压器室，了解电力变压器室内的结构和布置要求。

（4）观察直流操作电源和无功补偿设备，了解其结构和功能。

四、实训考核

（1）画出该变配电所的主电路图（模拟图）。

（2）画出该变配电所的结构示意图。

（3）拍照并制作 PPT 演示，最后写出实训报告。

思考练习

1. 电弧的危害是什么？简述电弧的形成过程。

2. 什么是游离、碰撞游离、热游离、去游离？

3. 开关电器常用的灭弧方法有哪些？各有何特点？

4. 电流互感器和电压互感器各有哪些功能？电流互感器工作时二次侧开路有何危险？

5. 隔离开关、断路器和负荷开关各有何特点？它们各有什么用途？

6. 真空断路器有哪些优点？简述真空断路器的灭弧原理。

7. 常用低压开关有哪几种？它们各有什么特点和用途？

8. 熔断器有哪些主要参数？它们的含义是什么？

9. 什么是开关柜的"五防"？为什么必须使用"五防"型开关柜？

10. 隔爆型电气设备的主要结构特点是什么？什么是它的隔爆性和耐爆性？

11. 矿用变压器有哪些特点？常用的有哪些型号？

12. 什么是倒闸操作？倒闸操作有哪些基本要求？

13. 倒闸操作现场应具备什么条件？

14. 什么是工作票制度？工作票是如何分类的？

学习情境三
供配电线路的运行与维护

 学习目标

1. 了解电力线路的接线方式；
2. 了解工厂变配电气的电气主接线；
3. 了解供配电线路的分类、结构、特点及敷设方法；
4. 掌握供配电导线和电缆的选择方法；
5. 掌握架空线路的运行与维护。

供配电线路也就是通常所说的电力线路，它的任务是输送电能，并联络各发电厂、变电站（所）使之并列运行，实现电力系统联网，以及电力系统间的功率传递和电能分配，是电力系统的重要组成部分。下面一起学习和认识一些供配电系统的主要接线方式、分类和特点，了解供配电线路的安装与运行维护。

学习任务一　供电系统的接线方式

学习活动　明确工作任务

学习目标

1. 了解电力线路的接线方式；
2. 了解工厂变配电气的电气主接线；
3. 了解典型企业供电系统。

原理及背景资料

供电系统的接线方式按网络接线布置方式可分为放射式、干线式、环式及两端供电式等接线系统；按其网络接线运行方式可分为开式和闭式网络接线系统；按对负荷供电可靠性的要求可分为无备用和有备用接线系统。在有备用接线系统中，其中一回路发生故障时，其余回路能保证全部供电的称为完全备用系统；如果只能保证对重要用户供电的，则称为不完全备用系统。备用系统的投入方式可分为手动投入、自动投入和经常投入等。

供电系统的接线方式有下列要求。

（1）安全可靠。供电系统接线应符合国家标准和有关技术规范的要求，充分保证人身和设备的安全。例如，在高压断路器的电源侧及可能反馈电能的负荷侧，必须装设高压隔离开关；架空线路末端及变配电所的高压母线上，必须装设避雷器以防护过电压等。此外，还应根据负荷等级的不同采取相应的接线方式来保证其不同的安全性和可靠性要求，不可片面地强调其安全可靠性而造成不应有的浪费。在设计时，一般不考虑双重事故。

（2）操作方便，运行灵活。供电系统的接线应保证工作人员在正常运行和发生事故时，便于操作和维修，以及运行灵活，倒闸方便。为此，应简化接线，减少供电层次和操作程序。

（3）经济合理。接线方式在满足生产要求和保证供电质量的前提下，应力求简单，以减少设备投资和运行费用。提高经济性的有效措施之一是高压线路尽量深入负荷中心。

（4）便于发展。接线方式应保证便于将来发展，同时能适应分期建设的需要。

子任务一 电力线路的接线方式

子任务目标

1. 了解无备用系统的接线方式；
2. 了解有备用系统的接线方式。

一、无备用系统接线

无备用系统接线如图 3 - 1 所示，其中图 3 - 1 （a）为单回路放射式接线，图 3 - 1 （b）为直接连接的干线式接线，图 3 - 1 （c）为串联型干线式接线。

无备用系统接线简单、运行方便、易于发现故障，缺点是供电可靠性差。所以这种接线主要用于对三级负荷和一部分次要的二级负荷供电。

放射式的主要优点是供电线路独立、线路故障互不影响、故障停电范围小、易于实现自动化、继电保护设置整定简单、保护动作时间短等。缺点是电源出线回路较多，设备和投资也多。

干线式的主要优点是线路总长度较短，造价较低，可节约有色金属；由于最大负荷一般不同时出现，系统中的电压波动和电能损失较小；电源出线回路数少，可节省设备。缺点是前段线路公用，增加了故障停电的可能性。串联型干线式因干线的进出侧均安装隔离开关，当发生事故时，可在找到故障点后，拉开相应的隔离开关继续供电，从而缩小停电范围。干

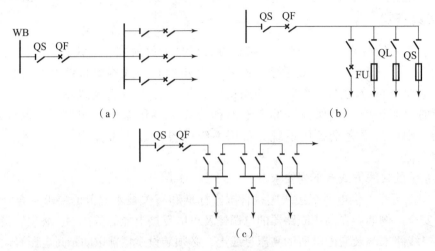

图 3－1　无备用系统接线

（a）单回路放射式接线；（b）直接连接的干线式接线；（c）串联型干线式接线

线式接线为了有选择性地切除线路故障，各段需设置断路器和继电保护装置，使投资增加，而且保护整定时间增加，延长了故障的存在时间，增加了电气设备故障时的负担。

以上接线方式的优缺点，根据系统具体条件而有所不同。在确定供电系统接线方案时，主要取决于起主导作用的优缺点。

二、有备用系统的接线

有备用系统的接线方式有双回路放射式、环式、两端供电式和双回路干线式等，如图 3－2 和图 3－3 所示。

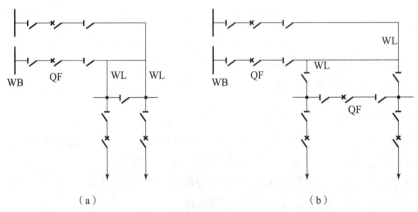

图 3－2　双回路放射式接线

有备用系统接线的主要优点是供电可靠性高，正常时供电电压质量好。但是设备多，投资大。

（一）双回路放射式

由于每个用户都用双回路供电，故线路总长度长，电源出线回路数和所用开关设备多，投资大；如果负荷不大，常会造成有色金属的浪费。优点是当双回路同时工作时，可减少线路上的功率损失和电压损失。这种接线适用于负荷大或独立的重要用户。

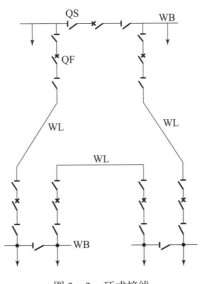

图 3 - 3　环式接线

对于容量大，而且特别重要的用户，可采用图 3 - 2（b）所示的母线用断路器分段的接线，从而可以实现自动切换，提高供电系统的可靠性。

（二）环式

环式接线系统所用设备少，各线路途径不同，不易同时发生故障，故可靠性较高且运行灵活；因负荷由两条线路负担，故负荷波动时电压比较稳定。缺点是故障时线路较长，电压损失大（特别是靠近电源附近段的故障）。因环式线路的导线截面应按故障情况下能担负环网全部负荷考虑，所以有色金属消耗量增加（见图 3 - 3），两个负荷大小相差越悬殊，其消耗就越大。故这种系统适于负荷容量相差不大，所处位置离电源都较远，而彼此较近及设备较贵的用户。

（三）两端供电式

两端供电式网络和环式具有大致相同的特点，比较经济。但必须具有两个以上独立电源且与各负荷点的相对位置合适。

（四）双回路干线式

双回路干线式接线如图 3 - 4（a）所示。它较双回路放射式线路短，比环式长，所需设备较放射式少，但继电保护较放射式复杂。

应该指出，供电系统的接线方式并不是一成不变的，可根据具体情况在基本类型接线的基础上进行改进演变，以期达到技术经济指标最为合理。图 3 - 4（b）所示为公共备用干线式接线，即为双回干线式的演变。

低压供电系统接线方式的基本类型与高压系统相似。在大中型工矿企业供电系统中的有备用系统接线，一般多采用双回放射式或环式接线。

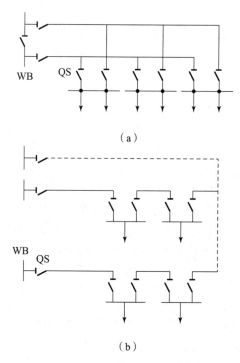

（a）

（b）

图 3-4　双回路干线式接线和公共备用干线接线

（a）双回路干线式接线；（b）公共备用干线式接线

子任务二　工厂变配电所的电气主接线

子任务目标

1. 了解工厂变配电所的电气主接线的分类、结构和特点；

2. 了解供配电线路的接线方式。

变电所的主接线是由各种电气设备（变压器、断路器、隔离开关等）及其连接线组成的，用以接收和分配电能，是供电系统的组成部分。它与电源回路数、电压和负荷的大小、级别以及变压器的台数、容量等因素有关，所以变电所的主接线有多种形式。确定变电所的主接线对变电所电气设备的选择、配电装置的布置及运行的可靠性与经济性等都有密切的关系，是变电所设计的重要任务之一。

一、线路—变压器组接线

当供电电源只有一回电源线路，变电所装设单台变压器时，宜采用线路—变压器组接线，如图 3-5 所示。

变电所变压器的高压侧可以装设隔离开关 QS、高压跌落式熔断器 FU 或高压断路器 QF 受电，装设哪种设备需视具体情况而定。

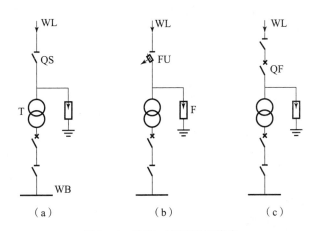

图 3 - 5 线路—变压器组接线

（a）进线为隔离开关；（b）进线为跌落式熔断器；（c）进线为断路器

线路—变压器组接线方式的优点是接线简单，使用的设备少，基建投资省；缺点是供电可靠性低，当主接线中任一设备（包括供电线路）发生故障或检修时，全部负荷都将停电。所以这种接线方式多用于仅有二、三级负荷的变电所，如大型企业的车间变电所和小型用电单位的 10 kV 变电所等。

二、桥式接线

为了保证对一、二级负荷进行可靠供电，在企业变电所中广泛采用由两回电源线路受电和装设两台变压器的桥式主接线。桥式接线分为外桥、内桥和全桥三种，其接线如图 3 - 6 所示。

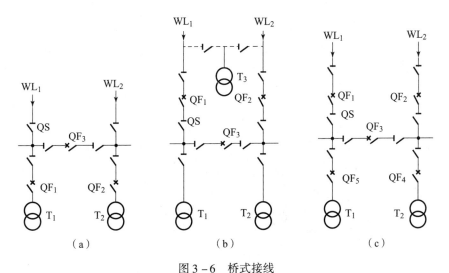

图 3 - 6 桥式接线

（a）外桥接线；（b）内桥接线；（c）全桥接线

图中 WL_1 和 WL_2 为两回电源线路，经过断路器 QF_1 和 QF_2 分别接至变压器 T_1 和 T_2 的高压侧，向变电所送电。断路器 QF_3 犹如桥一样将两回线路连在一起，由于断路器 QF_3 可能位于线路断路器 QF_1、QF_2 的内侧或外侧，故又分为内桥和外桥接线。

全桥接线适应性强，对线路、变压器的操作均方便，运行灵活，且易于扩展成单母线分段式的中间变电所（高压有穿越负荷时）。其缺点是设备多、投资大，变电所占地面积较大。

外桥接线对变压器的切换方便，比内桥少两组隔离开关，继电保护简单，易于过渡到全桥或单母线分段的接线，且投资少，占地面积小。其缺点是倒换线路时操作不方便，变电所一侧无线路保护，所以这种接线适用于进线短而倒闸次数少的变电所或变压器采取经济运行需要经常切换的终端变电所，以及可能发展为有穿越负荷的变电所。

内桥接线一次侧可设线路保护，倒换线路时操作方便，设备投资与占地面积均较全桥少。其缺点是操作变压器和扩建成全桥或单母线分段不如外桥方便，所以适用于进线距离长、变压器切换少的终端变电所。

对于内桥接线，为了在检修线路断路器 QF_1 或 QF_2 时不使供电中断，可在线路断路器的外侧增设由两组隔离开关构成的跨条，并且在跨条上连接所用电变压器 T_3，如图 3-6 (b) 中的虚线。

在内桥接线中，主变压器一次绕组由隔离开关与母线连接，对环形供电的变电所，在操作时常被迫用隔离开关切、合空载变压器。当主变压器的电压为 35 kV、容量在 7 500 kVA 及以上，电压为 60 kV、容量在 10 000 kVA 及以上和电压为 110 kV、容量在 31 500 kVA 以上时，其空载电流就超过了隔离开关的切合能力。此时必须改用由五个断路器组成的全桥接线，才能满足要求。

三、单母线分段式接线

有穿越负荷的两回电源进线的中间变电所，其受配电母线以及桥式接线变电所主变压器二次侧的配电母线，多采用单母线分段的接线方式，如图 3-7 所示。

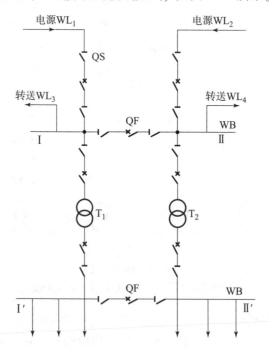

图 3-7　单母线分段式接线

当某回受电线路或变压器因故障及检修停止运行时，可通过母线分段断路器 QF 的联络，保证继续对两段母线上的重要负荷供电，所以这种接线多用于具有一、二级负荷，且进、出线较多的变电所。

母线采用断路器分段比用隔离开关操作方便，运行灵活，可实现自动切换以提高供电的可靠性。一般只在出线较少，供电可靠性要求不高时，为了经济才采用隔离开关作为母线的联络开关。

单母线分段主接线的不足之处是当其中任一段母线需要检修或发生故障时，接于该段母线的全部进、出线均停止运行。为此，一、二级负荷必须由接在两段母线上的环形系统或双回路供电，以便互为备用。

单母线分段比双母线所用设备少，系统简单、经济，操作安全。

四、双母线接线

双母线接线如图 3 - 8 所示。这种接线方式有两组母线（WB₁、WB₂），两组母线之间用断路器 QF 联络，每一回路都通过一台断路器 QF 和两台隔离开关 QS 分别接到两组母线上，因此不论哪一回路电源与哪一组母线同时发生故障，都不影响对用户的供电，故可靠性高，运行灵活。双母线接线的缺点是设备投资多，接线复杂，操作安全性较差。这种接线主要用于负荷容量大，可靠性要求高，进、出线回路多的重要变电所。

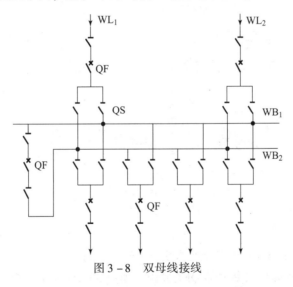

图 3 - 8　双母线接线

子任务三　典型企业的供电系统

子任务目标

1. 了解大型企业 35/（6~10）kV 供电系统；
2. 了解具有一、二级负荷的车间（6~10）/0.4 kV 供电系统。

企业的受电电源，一般为电力系统中的地区或工业区变电所，受电电压为 6 kV、10 kV、35 kV 不等，视企业的负荷大小、性质及上级变电所的供电电压而定。大型且具有一、二级负荷的工矿企业常采用 35 kV 双电源受电，总降压变电所与高压配电线路按一定的接线方式连接，组成企业的 35/（6～10）kV 高压供电系统，为各车间及高压用电设备供电。各车间变电所与低压配电线路按一定的接线方式，组成企业的（6～10）/0.4 kV 低压供电系统。城市各单位及中小型一般企业，常采用 10 kV 单电源受电。

一、大型企业 35/（6～10）kV 供电系统

大型企业的一、二级负荷占有相当的比例，负荷总量也较大，其 35/（6～10）kV 总降压变电所的一次接线如图 3-9 所示。

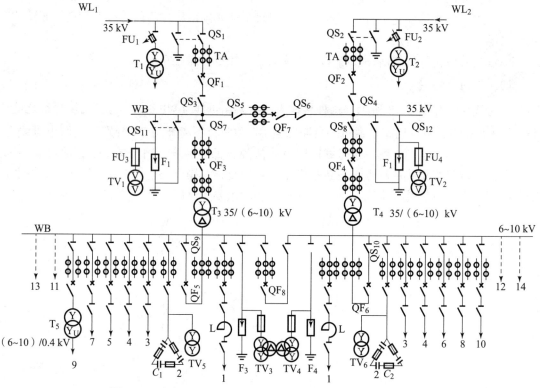

图 3-9　大型企业 35/（6～10）kV 总降压变电所一次接线图

1—需限制短路电流的一、二级负荷；2—高压静电电容器；3，4—企业一、二级负荷组；

5，6，7，8—企业各三级负荷；9—所内低压动力变压器；10—其他三类负荷；11，12，13，14—备用出线柜

变电所受电于两回 35 kV 架空或电缆线路，35 kV 侧为具有两台主变压器（T3、T4）的全桥接线。所内 35 kV 母线由断路器 QF7 分段。所有 35 kV 级断路器，一般都装有套管式电流互感器 6～12 只（TA），为计量与保护提供二次电流，作为计量用的精度为 0.5 级，作为保护用的精度为 B 级（3 级）。

在电源进线处设置两台 35/0.4 kV 小容量所用变压器（T1、T2），供变电所直流操作电源等用。FU1、FU2 为 35 kV 高压跌落式熔断器，作为两所用变压器停送电和短路保护之用。跌落式熔断器串接于线路中，正常运行时利用绝缘钩棒（俗称"令克棒"）将熔断器管上端动触头推入上静触头内，并靠熔断器的张力锁紧，同时下动触头与下静触头也相互压紧，使电路接通；当保护设备或线路发生短路时，熔体熔断，锁紧机构因失去熔体张力而释放，在触头弹力及熔管自重的作用下，熔管以下部静触头为轴回转跌开，在上部静、动触头之间造成明显可见的断开间隙，实现保护功能。

为了防止雷电入侵波的危害和提供测量信号，在两段 35 kV 母线上分别设置避雷器（F_1、F_2）和电压互感器（TV_1、TV_2）。此外，在 35 kV 进线和避雷器处，均设置有带接地刀闸的隔离开关（QS_1、QS_2 及 QS_{11}、QS_{12}），以满足停电检修时安全作业的要求。带接地刀闸的隔离开关实际上是由两组联动的三相隔离开关组成，在一组闭合的同时，另一组必然打开，见图 3－9 中的 QS_1。当需要停电检修 35 kV 电源线进线门架上的绝缘金具或导线连接处时，需在上级变电所停电后，操作打开隔离开关 QS_1，同时 QS_1 左边的三相触头短接接地，一方面可将线路对地电容上残存的电荷泄放入地，另一方面也防止检修操作时上级误送电而造成人身触电事故。

主变压器二次侧 6～10 kV 采用单母线分段，用成套配电装置配电，其中分段用断路器为 QF_8。企业的一、二级负荷，如图 3－9 中 1、3、4 等均由接在不同母线上的双回路供电，以保证可靠性。三相电抗器 L 主要用来限制超过规定的短路电流，但正常工作时有一定的电压损失，常用于矿井地面变电所的下井回路上，一般地面企业很少使用。

T_5 为所内低压动力变压器，其二次侧提供 0.4 kV 电能，供变电所附近生产设施或管理区的低压负荷用电。若此类负荷中有一、二级负荷，则应设置两台同样的变压器，分别接于左、右两段母线上。

F_3、F_4 为 6～10 kV 级避雷器，用来防止沿 6～10 kV 架空线侵入的雷电过电压的危害，两段母线上各设一组；与之同设于两个配电柜内的三相五柱式电压互感器 TV_3（TV_4），其一组二次绕组供测量与保护用，另一组二次绕组各相串接成开口三角形，为监视与接地保护装置提供零序电压信号。

大型企业的 35 kV 总降压变电所，无功补偿常采用高压集中补偿方式，即在两段 6～10 kV 母线上集中设置电容补偿装置 C_1、C_2，以提高本企业电力负荷的功率因数，TV_5、TV_6 是专为电容器停电时放电用的三相电压互感器。高压电容器组常采用三角形接法连于 6～10 kV 母线上，较之星形接法，可防止因电容器组容量不对称而出现的过电压，并在发生一相断线故障时，只是使各相的补偿容量减少，不至于严重不平衡。

具有一、二级负荷的 35 kV 企业变电所，还应在 6～10 kV 母线上设置一定数量的备用配电装置（配电柜），见图 3－9 中的 11～14 等，以便在设备故障时能及时地替补，确保供电的可靠性。

各 6～10 kV 出线，可采用架空线或电缆，以一定的接线方式向各车间及高压负荷点的变配电所供电。

二、具有一、二级负荷的车间（6～10）/0.4 kV 供电系统

这种车间供电系统与 35/（6～10）kV 供电系统类似，为了保证供电的可靠性，必须采用双回路受电，并设置两台（6～10）/0.4 kV 低压动力变压器，车间变电所的一次接线如图 3－10 所示。

同样，6～10 kV 电源可以是架空线或电缆，变压器高压侧根据需要也可采用桥接线。图 3－10 中为高压侧无母线接线，当任一变压器或任一电源停电检修或发生故障时，该变电所可通过闭合低压母线分段开关 QF_5，迅速恢复对整个变电所的供电。低压系统采用三相四线制 380/220 V 供电，重要的一、二级负荷，则由左、右两段低压母线分别引出的双回线路供电；容量较大的负荷可单独占用一个低压配电柜（如负荷 4、6），容量较小的负荷可集中由一两个低压配电柜控制（如负荷 3、8），低压照明一般单独设一配电柜。变电所各低压出线因仅有测量的需要，故只设单相式具有一个二次绕组的电流互感器，而高压断路器因还有保护的需要，故应设两相（或三相）式具有两个二次绕组的电流互感器组。

为了提高车间变电所负荷的功率因数，可设置低压电容器室，分两组接于左、右两段低压母线上，并由断路器控制（图3-10中负荷7、9）。

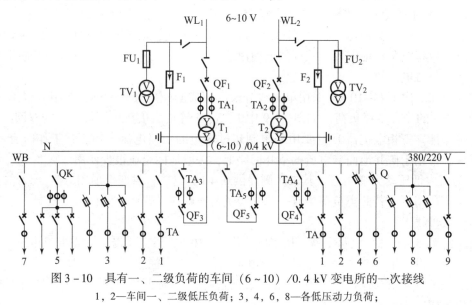

图3-10 具有一、二级负荷的车间（6~10）/0.4 kV变电所的一次接线
1，2—车间一、二级低压负荷；3，4，6，8—各低压动力负荷；
5—低压照明负荷；7，9—低压补偿电容器

其他无一、二级负荷的车间及小型用电单位，一般采用单回路6~10 kV电压受电，设置简单的（6~10）/0.4 kV终端变电所，其接线方式有多种多样，但都可以根据具体的情况，由图3-10简化得出。同样，具有一、二级负荷并设置两台变压器的车间变电所，其主接线也有其他的形式，如高压单母线接线（带低压联络线）、高压单母线分段式接线、高压桥式接线等。这些接线方式的变电所主接线图，也可由图3-10变化得出。

学习任务二　供配电线路的认识与敷设

学习活动　明确工作任务

学习目标

1. 掌握架空线路的结构及敷设方法；
2. 掌握电力电缆的结构及敷设方法；
3. 掌握供配电导线和电缆的选择方法。

目前，供配电线路按电压高低可分为低压（1 kV及以下）、高压（1~220 kV）、超高压（220 kV及以上）等线路。目前，我国输电线路的电压等级主要有35 kV、66 kV、110 kV（154 kV）、220 kV、330 kV、500 kV、750 kV、800 kV和1 000 kV。供配电线路按敷设方法

可分为架空线路和电力电缆线路两种形式。

架空线路与电力电缆线路相比，成本低、投资少，安装容易，维护和检修方便，易于发现和排除故障，因此，在企业中被广泛应用。这也是我国大部分配电线路、绝大部分高压输电线路、全部超高压及特高压送电线路所采用的主要方式。但是，架空线路直接受大气影响，易受雷击和污秽空气的危害，需要占用一定的地面和空间，且有碍交通和观瞻，因此在城市和现代化工厂有逐渐减少架空线路、改用电力电缆线路的趋势，特别是在腐蚀气体的易燃、易爆场所，不宜架设架空线路而应敷设电力电缆线路。与架空线路相比，电力电缆线路造价高、敷设检修困难，不易发现和排除故障，但其运行可靠、不易受外界影响。

子任务一　架空线路的认识与敷设

子任务目标

1. 了解架空线路的结构；
2. 了解架空线路的敷设。

一、架空线路的认识

架空线路是将导线悬挂在杆塔上，电力电缆线路是将电缆敷设在地下、水底、电缆沟、电缆桥架或电缆隧道中。由于架空线路具有投资少、施工、维护和检修方便等优点，因而被广泛采用，但它的运行安全受自然条件的影响较大，现代城市为了提高供电安全水平和美化环境，35 kV 及以下有全部采用电力电缆线路的趋势。

架空线路主要由导线2、杆塔1、横担5、绝缘子4、金具3和避雷线6等组成，如图3-11所示。

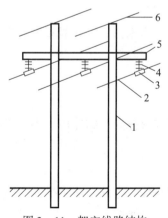

图3-11　架空线路结构
1—杆塔；2—导线；3—金具；4—绝缘子；5—横担；6—避雷线

（一）导线

架空导线架设在空中，要承受自重、风压、冰雪荷载等机械力的作用和空气中有害气体的侵蚀，同时还受温度变化的影响，运行条件比较恶劣。因此，它们的材料应有较高的机械强度和抗腐蚀能力，而且导线要有良好的导电性能。导线按结构分为单股线与多股绞线；按材质分为铝（L）、钢（G）、铜（T）、铝合金（HL）等类型。由于多股绞线优于单股线，故架空导线多采用多股绞线。

1. 铝绞线

铝绞线（LJ）导电率高、质小价廉，但机械强度较小、耐腐蚀性差，故多用于挡距不大的 10 kV 及以下的架空线路。

2. 钢芯铝绞线（LGJ）

钢芯铝绞线（LGJ）是将多股铝线绕在钢芯外层，铝导线起载流作用，机械载荷由钢芯与铝线共同承担，使导线的机械强度大为提高，因而在 10 kV 以上的架空线路中得到广泛应用。

3. 铝合金绞线（LHJ）

铝合金绞线（LHJ）机械强度大、防腐性能好、导电性也好，可用于一般输配电线路。

4. 铜绞线（TJ）

铜绞线（TJ）导电率高、机械强度大、耐腐蚀性能好，是理想的导电材料。但为了节约用铜，目前只限于有严重腐蚀的地区使用。

5. 钢绞线（GJ）

钢绞线（GJ）机械强度高，但导电率差、易生锈、集肤效应严重，故只适用于电流较小、年利用率低的线路及避雷线。

（二）杆塔

杆塔是用来支持绝缘子和导线，使导线相互之间、导线对杆塔和大地之间保持一定的距离（挡距），以保证供电与人身安全。对应不同的电压等级，有一个技术经济上比较合理的挡距，如 0.4 kV 及以下为 30～50 m，6～10 kV 为 40～100 m，35 kV 水泥杆为 100～150 m，110～220 kV 铁塔为 150～400 m 等。

杆塔根据所用材料的不同可分为木杆、钢筋混凝土杆和铁塔三种。

杆塔按用途可划分为直线杆、耐张杆、转角杆、终端杆和特种杆（如分支杆、跨越杆、换位杆等）。

1. 直线杆

直线杆用于线路的直线段，起支撑导线的作用，不承受沿线路方向的导线拉力，断线时不能限制事故范围。

2. 耐张杆

耐张杆用于线路直线段数根直线杆之间，能承受沿线路方向的拉力，断线时能限制事故范围，架线施工中可在两耐张杆之间紧线。因此，该电杆机械强度较直线杆大。

3. 转角杆

转角杆用于线路转弯处，其特点与耐张杆相同，转角角度通常为 30°、45°、60° 和 90° 等。

4. 终端杆

终端杆用于线路的始端和终端，承受支线路方向的导线接力和杆上导线的重力，其特点同耐张杆。

5. 跨越杆

跨越杆用于河流、道路、山谷等跨越处的两侧，其特点是跨距大、电杆高、受力大。

6. 换位杆

换位杆用于远距离输电线路，每隔一段交换三相导线位置，以使三相导线电抗和对地电容平衡。

（三）横担

横担的主要作用是固定绝缘子，并使各导线相互之间保持一定的距离，防止风吹或其他作用力产生摆动而造成相间短路。目前使用的主要是铁横担、木横担和瓷担等。

横担的长度取决于线路电压的高低、挡距的大小、安装方式和使用地点，主要保证在最困难的条件下（如最大弧垂时受风吹动）导线之间的绝缘要求。35 kV 以下电力线路的线间最小距离见有关设计手册。

（四）绝缘子

绝缘子的作用是使导线之间、导线与大地之间彼此绝缘。故绝缘子应具有良好的绝缘性能和机械强度，并能承受各种气象条件的变化而不破裂。线路绝缘子主要有针式绝缘子和悬式绝缘子两种。

（五）金具

金具是用于连接、固定导线或固定绝缘子、横担等的金属部件。常用的金具有悬垂线夹、耐张线夹、接续金具、连接金具、保护金具等。

（六）避雷线

避雷线由悬挂在架空线上的水平导线、接地引下线和接地体组成，用于防雷，110～220 kV线路一般沿全线架设。

避雷线一般采用截面积不小于 35 mm^2 的镀锌钢绞线，架设在长距离高压供电线路上，以保护架空电力线路免受直接雷击。由于避雷线是架空敷设的，而且接地，所以避雷线又叫架空地线。

（七）拉线

拉线是为了平衡电杆各方面的拉力、稳固电杆、防止电杆倾倒用的。拉线按用途和结构不同可以分为以下几种：

1. 普通拉线

普通拉线又称心头拉线，用于终端杆、分支杆、转角杆。装设在电杆受力的反方向，平衡电杆所受的单向拉力。对耐张杆应在电杆线路方向两侧设拉线，以承受导线的拉力。

2. 人字拉线

人字拉线又称侧面拉线或风雨拉线，用于交叉跨越加高杆或较长的耐张段中间的直线杆，用以抵御横切线路方向的风力。

3. 高桩拉线

高桩拉线又称水平拉线，用于需要跨越道路的电杆上。

4. 自身拉线

自身拉线又称弓形拉线，用于地形狭窄、受力不大的电杆，防止电杆受力不平衡或防止电杆弯曲。

二、架空线路的敷设

(一) 敷设路径的选择

选择架空线路的敷设路径时，应考虑以下原则。

(1) 选取线路短、转角少、交叉跨越少的路径。

(2) 交通运输要方便，以便于施工和维护。

(3) 尽量避开河洼和雨水冲刷地带，以及常有爆炸危险、化学腐蚀、工业污秽、易发生机械损伤的地区。

(4) 应与建设物保持一定的安全距离，禁止跨越易燃层顶的建筑物，避开起重机械频繁活动地区。

(5) 应与工矿企业厂区和生活区的规划协调，在矿区尽量避开煤田，少压煤。

(6) 妥善处理与通信线路的平行接近问题，考虑其干扰和安全影响。

(二) 线路的敷设

1. 电杆高度

我国生产水泥电杆的长度一般有 6 m、7 m、8 m、9 m、10 m、12 m 和 15 m 等几种，电杆梢径有 150 mm、170 mm 和 190 mm 几种，电杆的锥度为 1/75，使用时可根据需要选用。电杆的高度取决于以下几项因素：杆顶所空长度（一般为 100～300 mm），上下两横担的间距、弧垂、导线和地面用导线与跨越物的距离、电杆埋地深度等。将这几部分的长度相加即为电杆的需要长度，然后根据此长度选择标准电杆。

2. 挡距与弧垂

架空线路的挡距是指同一线路上的两相邻电杆之间的水平距离，导线的弧垂是指架空线路的最低点与两端电杆导线悬挂点的垂直距离。

线路挡距的大小与电杆的高度、导线的型号与截面、线路的电压等级和线路所通过的地区有关。一般 3～10 kV 的线路在城区为 40～50 m，在郊区为 50～100 m；低压线路在城区为 30～50 m，在郊区为 40～60 m。

导线的弧垂不宜过大和过小。如弧垂过大，在风吹摆动时容易引起导线碰线短路和导致与其他设施的安全间距不够，影响运行安全；弧垂过小，将使导线受拉力加大，降低导线的机械强度安全系数，严重时可能将导线拉断。

此外，导线受外界环境的变化或导线负载的变化都将导致导线长度发生变化，而导线长度的微小变化，会导致导线的应力和弧垂发生很大的变化。因此，为了保证线路运行安全、可靠和经济合理，架空线路的弧垂在架空线路的设计和施工中应给予足够重视。

3. 导线在电杆上的排列方式

三相四线制的低压线路，一般水平排列。电杆上的零线应靠近电杆，线路附近的建筑物，应尽量设在靠近建筑物侧。零线不应高于相线，路灯线不应高于其他相线与零线。

高压配电线路与低压配电线路同杆架设时，低压配电线路应架设在下方。

三相三线制线路的导线，可水平排列也可三角排列；多回路线路的导线，宜采用三角、水平混合排列或垂直排列。

4. 导线的线间距离

导线的线间距离取决于线路的挡距、电压等级、绝缘子的类型和电杆的杆型等因素。架空导线的线间距离不应小于表 3 − 1 所列值。

表 3 − 1　架空导线的线间距的最小距离　　　　　　　单位：m

导线排列方式	挡　　　距												
	≤40	50	60	70	80	90	100	110	120	150	200	300	350
水平排列采用悬式绝缘子的 35 kV 线路	—	—	—	—	—	—	—	—	—	2.0	2.5	3.0	3.25
垂直排列采用悬式绝缘子的 35 kV 线路	—	—	—	—	—	—	—	—	—	2.0	2.25	2.5	2.75
针式绝缘子或瓷横担的 3～10 kV 线路	0.6	0.65	0.7	0.85	0.9	1.0	1.05	1.15	—	—	—	—	—
采用针式绝缘子的低压线路	0.3	0.4	0.45	0.5									

5. 横担的长度与间距

铁横担一般采用 65 mm × 65 mm × 6 mm 角钢，其长度与间距取决于线间距离、安装方式和导线根数等因素。线间距离为 400 mm 时，低压四线制线路横担长一般为 1 400 mm，五线制横担长为 1 800 mm。上、下层横担之间的最小距离如表 3 − 2 所示。

表 3 − 2　上、下层横担之间的最小距离　　　　　　　单位：mm

杆型	直线杆	分支或转角杆
高压与高压	800	500
高压与低压	1 200	1 000
低压与低压	600	300

子任务二　电缆线路的认识与敷设

子任务目标

1. 能陈述电缆的结构、特点及敷设方式；
2. 能采用正确的方式、方法敷设电缆；
3. 能制作电缆终端头及中间接头；
4. 能检测出电缆的接地地点。

一、电力电缆的简介

电力电缆是指用于传输和分配电能的电缆，常用于城市地下电网、发电站的引出线路、工矿企业的内部供电，以及过江、过海的水下输电线。在电力线路中，电缆所占的比例正逐渐增加。电力电缆是在电力系统的主干线路中用以传输和分配大功率电能的电缆产品，其中包括 1~500 kV 及以下各种电压等级、各种绝缘等级的电力电缆。

（一）电缆的结构

电缆的基本结构由线芯、绝缘层和保护层三部分组成。线芯也就是导体，要求具有良好的导电性，以减少线路损失；绝缘层的作用是将线芯导体之间隔离及保护层隔离，要求具有良好的绝缘性能、耐热性能；保护层又分为内保护层和外保护层两部分。用来保护绝缘层，使电缆在运输、储存、敷设和运行中电缆的绝缘层不受外力损伤和水分的侵入，故应有一定的机械强度。图 3 – 12 所示为分相屏蔽电缆的结构示意图。

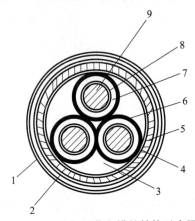

图 3 – 12 分相屏蔽电缆的结构示意图

1—外层绝缘（外波层）；2—铠装；3—填充材料；4—扎紧带；5—金属护套；
6—打孔金属屏蔽带；7—绝缘层；8—线芯屏蔽；9—线芯

图 3 – 13 所示为交联聚乙烯绝缘聚氯乙烯护套电缆的结构示意和实物图。

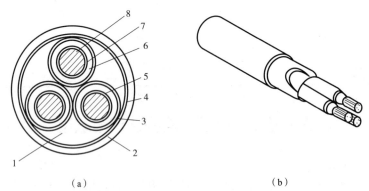

（a）   （b）

图 3 – 13 交联聚乙烯绝缘聚氯乙烯护套电缆的结构示意和实物图

（a）结构示意图；（b）实物图

1—填充材料；2—聚氯乙烯护套；3—钢带；4—圈带屏蔽；5—外半导体屏蔽；
6—交联聚乙烯绝缘；7—内半导体屏蔽；8—线芯

图 3 – 14 所示为聚氯乙烯绝缘聚氯乙烯护套电缆的结构示意和实物图。

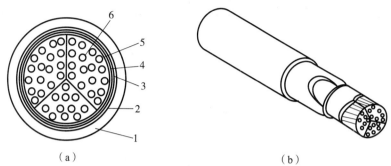

（a）　　　　　　　　　　　　　　　（b）

图 3 – 14　聚氯乙烯绝缘聚氯乙烯护套电缆的结构示意和实物图

（a）结构示意图；（b）实物图

1—聚氯乙烯护套；2—铠装钢带；3—聚氯乙烯外绝缘；

4—聚氯乙烯包带；5—聚氯乙烯绝缘；6—线芯

（二）电缆的特点

从目前电缆的使用情况看，以上几种结构形式的电缆使用得比较普遍，在 10 kV 高压网络中一般以交联聚乙烯绝缘电缆为主流，低压网络中以聚氯乙烯绝缘电缆为主流，过去普遍使用的油浸绝缘电缆基本已经退出运行。

1. 聚氯乙烯绝缘电缆

聚氯乙烯绝缘电缆安装工艺简单，敷设维护简单方便，能适应高落差敷设，但其力学性能受工作温度的影响较大，一般最高允许温度为 70 ℃。

2. 交联聚乙烯绝缘电缆

交联聚乙烯绝缘电缆允许的工作温度较高，最高为 90 ℃，故电缆允许的载流量较大，有优良的介电性能，但抗电晕、游离放电性能差，适合高落差敷设和垂直敷设。其接头的工艺水平要求较高，但操作方便，可使用成品电缆附件，因此对工作的技术工艺水平要求不高，便于推广。但其成本较高，一般只用于高压网络中，目前 1 kV 的交联电缆也在开始使用。

（三）电缆的型号

我国电缆产品的型号由汉语拼音字母和阿拉伯数字组成。

表 3 – 3 所示为电缆型号中各字母的含义，表 3 – 4 所示为电缆外护层代号的含义。

表 3 – 3　电缆型号中各字母的含义

类　别	导　体	绝　缘	内护套	特　征
电力电缆(不表示)	T——铜线(不表示)	Z——油浸纸绝缘	Q——铅包	D——不滴流
		X——橡胶	L——铝包	F——分相金属护套、分相铅包
K——控制电缆		X(D)——丁基橡胶	H——橡套	
P——信号屏蔽电缆	L——铝线	V——聚氯乙烯	V——聚氯乙烯内护套	
B——绝缘电线		Y——聚乙烯	Y——聚乙烯内护套	P——贫油式
R——绝缘软线		YJ——交联聚乙烯		C——重型
Y——移动式软电缆				

表 3 - 4　电缆外护层代号的含义

第一个数字		第二个数字	
代　号	铠装层类型	代　号	外被层类型
0	无	0	无
1	—	1	纤维绕包
2	双钢带	2	聚氯乙烯护套
3	细圆钢线	3	聚乙烯护套
4	粗圆钢线	4	—

例如，YJV22 - 3 × 120 - 10 - 300，表示交联聚乙烯绝缘、聚氯乙烯内护套、双钢带铠装、聚氯乙烯护套，三芯 120 mm²、电压为 10 kV、长度为 300 m 的电力电缆。

（四）电缆的制造要求

虽然电力电缆的规格不同，但都具有如下特点及制造上的要求。

（1）工作电压较高，要求电缆具有优良的电气绝缘性能。

（2）传输容量较大，对电缆热性能的考虑比较突出。

（3）大多都是固定敷设于各种不良环境条件（地下、隧道沟管、竖井斜坡以及水下等）下，且要求可靠地运行数十年，因此对护层材料与结构要求也较高。

（4）电力系统容量、电压、相数等因素的变化及敷设环境条件的不同，电力电缆产品的品种、规格也相当繁多。

根据电力电缆应用中的强电特点，对其电性能和机械性能的考虑都是比较突出的。

（五）电缆的制造过程

电力电缆从原材料加工到制造成缆，由于品种不同，整个制造过程也不同，大体上有如下工艺：金属加工（熔炼）→压延→拔丝→绞线（将若干根铜线或铝线绞成一股线芯）→线芯绝缘（对橡皮绝缘和聚乙烯绝缘的电力电缆通过挤出机与硫化管完成绝缘线芯；对纸绝缘的电缆用绝缘纸包绕线芯、真空干燥、浸油完成绝缘线芯）→成缆（将三股或四股完成绝缘的线芯绞合成多芯电缆导体）→内、外护层处理（有铠装电缆、非铠装电缆及纸力缆几种情况：①铠装电缆要在成缆后的电缆导体上绕包或挤出一层内护套，然后施加钢带或钢丝铠装套，之后挤出外护层。②非铠装电缆在成缆后的电缆导体上直接挤出外护套。③纸力缆是成缆后在电缆导体上再包绕绝缘纸，然后压铅，用麻和沥青绕包成外护层或者用聚氯乙烯挤出外护层）。

二、电力电缆的敷设

（一）电力电缆敷设的方法

电力电缆敷设的方法有以下几种。

1. 电力电缆隧道

电力电缆隧道适用于敷有大量电力电缆，诸如汽机厂房、锅炉厂房、主控制楼到主厂房、开关室及馈线电力电缆数量较多的配电装置等地区。

2. 电力电缆沟道

电力电缆沟道适用于电力电缆较少而不经常交换的地区、辅助车间及架空出线的配电装置。

3. 排管式电力电缆

排管式电力电缆一般适用于与其他建筑物、铁路或公路互相交叉的地带。

4. 直埋式电力电缆

直埋式电力电缆一般适用于汽机厂房、输煤栈桥和锅炉厂房运转层等。

5. 电力电缆桥架敷设

电力电缆桥架敷设特别适用于架空敷设全塑电缆。

(二) 电力电缆的敷设要求

1. 敷设顺序

先敷设电力电缆，再敷设控制电缆；先敷设集中电缆，再敷设较分散的电缆；先敷设较长的电缆，再敷设较短的电缆。

2. 排列布局

电力电缆和控制电缆应分开排列，同一侧的支架上应尽量将控制电缆放在电力电缆的下面，对于高压冲油电缆不宜放置过高。

3. 一般工艺要求

横看成线、纵看成片，引出方向、弯度、余度、相互间距、挂牌位置应一致，避免交叉压叠，整齐美观。

4. 电力电缆路径选择要求

为了确保电力电缆的安全运行，电力电缆线路应尽量避开具有电腐蚀、化学腐蚀、机械振动或外力干扰的区域；电力电缆线路周围不应有热力管道或设施，以免降低电缆的额定载流量和使用寿命；应使电缆线路不易受虫害，便于维护；选择尽可能短的路径，避开场地规划中的施工用地或建设用地；应尽量减少穿越管道、公路、铁路、桥梁及经济作物种植区的次数，必须穿越时最好垂直穿过；在城市和企业新区敷设电力电缆时，应考虑电力电缆线路附近的发展、规划，尽量避免电力电缆线路因建设需要而迁移。

电力电缆敷设方式不同时，应选用不同的电力电缆。

（1）直埋式敷设应使用具有铠装和防腐层的电力电缆。

（2）在室内、沟内和隧道内敷设的电力电缆，应采用不含有黄麻或其他易燃外护层的铠装电力电缆；在确保无机械外力时，可选用无铠装电力电缆；易发生机械振动的区域，必须使用铠装电力电缆。

（3）水泥排管内的电力电缆应采用具有外护层的无铠装电缆。

电力电缆直埋敷设，施工简单、投资小，电力电缆散热好，因此在电力电缆根数较少时，应首先考虑采用。同一通路少于 6 根 35 kV 及以下的电力电缆，在厂区通往远距离辅助设施或城郊等不易有经常性开挖的地段、可能有高温液体流出的场所、待开发、将有较频繁开挖的地方，不宜直埋电缆。有化学腐蚀或杂散电流腐蚀的土壤范围，不得采用直埋电缆。

子任务三　工厂变配电所的电气主接线

子任务目标

1. 掌握高压配电线路的接线方式；
2. 掌握低压配电线路的接线方式。

一、高压配电线路的接线方式

高压配电线路的接线方式主要有单电源放射式接线、单电源树干式接线和双电源环形接线三种。

（一）单电源放射式接线

单电源放射式接线如图 3－15 所示。

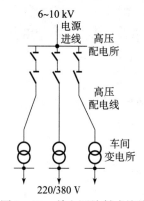

图 3－15　单电源放射式接线

1. 优点

供电可靠性较高，便于装设自动装置。

2. 缺点

（1）高压开关设备用得较多，投资增加。

（2）线路发生故障或检修时，所供电的负荷要停电。

3. 提高可靠性的措施

（1）在各车间变电所的高、低压侧之间敷设高、低压联络线。

（2）采用来自两个电源的两路高压进线，经分段母线由两段母线用双回路对重要负荷交叉供电。

（二）单电源树干式接线

单电源树干式接线如图 3－16 所示。

1. 优点

（1）能减少线路的有色金属消耗量。

（2）高压开关数量较少，投资较省。

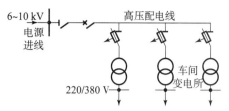

图 3 – 16　单电源树干式接线

2. 缺点

（1）供电可靠性较低，高压配电干线发生故障或检修时，接于该干线的所有负荷都要停电。

（2）实现自动化方面适应性较差。

（三）双电源环形接线

双电源环形接线实质上是两端供电的树干式接线。多数环形供电方式采用"开口"运行方式，即环形线路开关是断开的，两条干线分开运行，如图 3 – 17 所示。

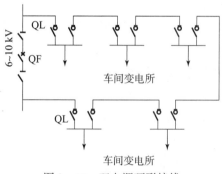

图 3 – 17　双电源环形接线

1. 优点

当任何一段线路发生故障或检修时，只需经短时间的停电切换后，即可恢复供电。

2. 缺点

双电源环形接线只适用于对允许短时间停电的二、三级负荷供电。

此外，高压配电线路应尽可能深入负荷中心，以减少电能损耗和有色金属的消耗量，同时尽量采用架空线路，以节约投资。

二、低压配电线路的接线方式

低压配电线路的接线方式也有低压放射式接线、树干式接线和低压环形接线三种。

（一）低压放射式接线

图 3 – 18 所示为低压放射式接线。此接线方式由变压器低压母线上引出若干条回路，再分别配电给各配电箱或用电设备。

低压放射式接线多用于设备容量大或对供电可靠性要求高的设备配电。例如，大型消防泵、电热器、生活水泵和中央空调的冷冻机组等。

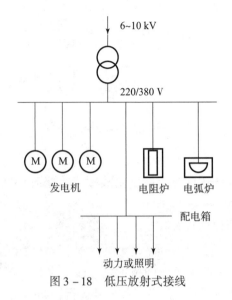

图 3 - 18　低压放射式接线

1. 优点

供电线路独立，引出线发生故障时互不影响，供电可靠性较高。

2. 缺点

有色金属消耗量较多，采用的开关电器较多。

（二）树干式接线

图 3 - 19 所示为两种常见的低压树干式接线。树干式接线从变电所低压母线上引出干线，沿干线再引出若干条支线，然后再引至各用电设备。其适用于供电给容量较小而分布较均匀的用电设备，如机床、小型加热炉等。树干式接线的特点正好与放射式接线相反。

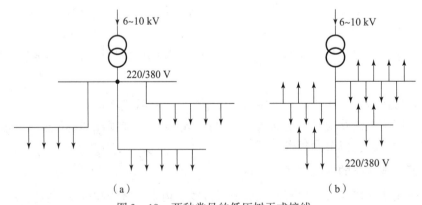

图 3 - 19　两种常见的低压树干式接线

（a）低压母线放射式接线；（b）"变压器—干线组"接线

1. 优点

（1）一般情况下，树干式接线采用的开关设备较少，有色金属消耗量也较少，图 3 - 19（b）所示的"变压器—干线组"接线还省去了变电所低压侧的整套低压配电装置，从而使变电所结构大为简化，投资大大降低。

（2）树干式接线在机械加工车间、工具车间和机修车间中应用比较普遍，而且多采用成套的封闭型母线，使用灵活、方便，也比较安全。

2．缺点

干线发生故障时的影响范围大，因此供电可靠性较低。

图 3－20 所示为一种变形的树干式接线，通常称为链式接线。链式接线的特点与树干式基本相同，适用于用电设备彼此相距很近而容量均较小的次要用电设备。链式相连的设备一般不超过 5 台；链式相连的配电箱不宜超过 3 台，且总容量不宜超过 10 kW。

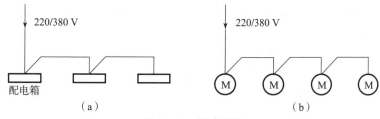

图 3－20　链式接线

（a）连接配电箱；（b）连接电动机

（三）低压环形接线

图 3－21 所示为由一台变压器供电的低压环形接线方式。环形接线实质上是对两端供电的树干式接线方式的改进型，多采用"开口"方式运行。一个工厂内的一些车间变电所低压侧也可以通过低压联络线相互连接成环形。

1．优点

（1）环形接线可使电能损耗和电压损耗减少。

（2）环形接线供电可靠性较高，任一段上的线路发生故障或检修时，都不能造成供电中断；或只短时停电，一旦切换电源的操作完成，即能恢复供电。

2．缺点

环形系统的保护装置及其整定配合比较复杂，如配合不当，容易发生误动作，反而会扩大故障停电范围。

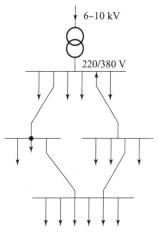

图 3－21　由一台变压器供电的低压环形接线方式

子任务四　矿井供电系统线路

子任务目标

1．掌握矿井供电的类型；

2．掌握井下中央变电所的主接线方式。

一、矿井供电的类型

矿井供电系统有两种形式：一种是深井供电系统；另一种是浅井供电系统。矿井供电方式的确定主要取决于井田的范围、煤层埋藏深度、开采方式、矿井年产量、涌水量和井下负荷的大小因素。

（一）深井供电系统电气主接线

在煤层埋藏深、井下负荷大、涌水量大时，采用深井供电系统。这种供电方式由设在地面的企业总变电所（称矿山地面变电所）6（10）kV 母线引出高压电缆通过朝井筒送至井下中央变电所，然后从中央变电所经沿巷道敷设的高压电缆送到井下各高压用电设备和采区变电所，形成地面变电所→中央变电所→采区变电所的三级高压供电系统，如图 3-22 所示。

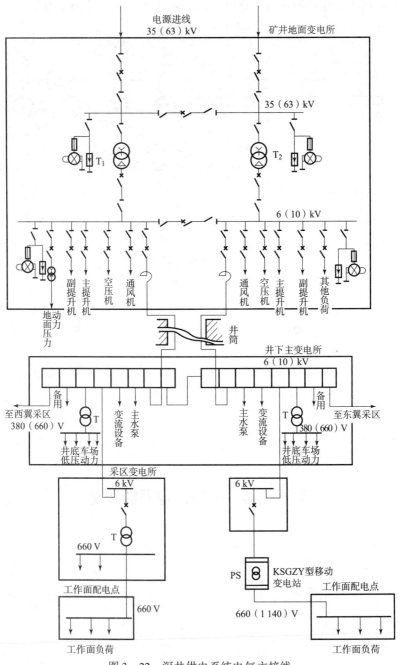

图 3-22　深井供电系统电气主接线

井底车场及其附近的低压用电设备的用电，由设在中央变电所的变压器降压后供给；采区内的低压用电设备的用电，由采区变电所降压后供给；采区内综采工作面的低压设备用电，可由采区变电所引出高压电缆，送到置于工作面附近顺槽的移动变电站，降压后供给。

（二）浅井供电系统电气主接线

煤层埋藏不深（一般离地表 100～200 m）、井下范围大、井下负荷不大、涌水量小的矿井，可采用浅井供电系统电气主接线，如图 3-23 所示。

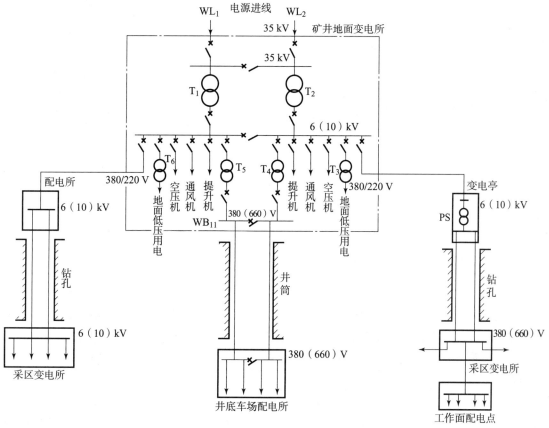

图 3-23　浅井供电系统电气主接线

根据我国情况，浅井供电系统有以下三种方式。

（1）井底车场及其附近巷道的低压用电设备，可由设在地面变电所的配电变压器降压后，用低压电缆通过井筒送到井底车场配电所，再由井底车场配电所将低压电能送至各低压用电设备。井下架线式电机车所用的直流电源，可在地面变电所整流，然后将直流电用电缆沿井筒送到井底车场配电所后供给。

（2）当采区负荷不大或无高压用电设备时，采区用电同地面变电所一样用高压架空线路，将电能送到设在采区地面上的变电室或变电亭，然后将电压降为 380 V 或 660 V 后，用低压电缆经钻孔送到井下采区配电所，由采区配电所再送给工作面配电点和低压用电设备。

（3）当采区负荷较大或有高压用电设备时，用高压电缆经钻孔将高压电能送到井下采区变电所，然后降压向采区低压负荷供电。

在浅井供电系统中，由于采区用电是通过采区地表直通井下的钻孔向采区供电的，所以也称钻孔供电系统。为防止钻孔孔壁塌落挤压电缆，钻孔中敷设钢管，减少井下变电硐室的开拓量，所以比较经济、安全。其不足之处是需打钻孔和敷设钢管，钢管用完后不能回收。

矿井供电采用哪种供电方式，应根据矿井的具体情况经技术经济比较后确定。

二、井下中央变电所

（一）井下中央变电所主接线

井下中央变电所是井下供电的枢纽，它担负着向井下供电的重要任务，其接线如图 3 - 24 所示。

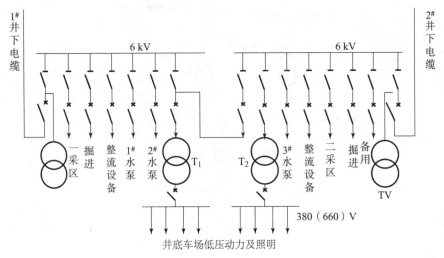

图 3 - 24　井下中央变电所主接线

根据《煤矿安全规程》的规定，对井下中央变电所和主排水泵房的供电线路不得少于两回路，当任一回路停止供电时，其余回路应能担负矿井全部负荷。所以为了保证井下供电的可靠性，由地面变电所引至中央变电所的电缆数目至少应有两条，并分别引自地面变电所的两段 6（10）kV 母线上。

中央变电所的高压母线采用单母线分段接线方式，母线段数与井下电缆数对应，各段母线通过高压开关联络。正常时联络开关断开，母线采用分列运行方式；当某条电缆发生故障退出运行时，母线联络开关合闸，保证对负荷的供电。

水泵是井下重要的负荷，应保证对其可靠供电，每台水泵可用一条专用电缆供电。

水泵用电、采区用电、向电机车供电的硅整流装置的整流变压器、低压动力和照明用的配电变压器，应分散地接在各段母线上，防止由于母线发生故障影响供电可靠和造成大范围停电而影响安全检查与生产。

当水泵为低压负荷时，配电变压器最少应有两台，每台变压器的容量均应满足最大涌水量时的供电要求。

（二）井下中央变电所的位置和硐室布置

确定井下中央变电所的位置时，应遵循以下原则。

（1）尽量位于负荷中心，以节省电缆、减少电能与电压损失。

（2）电缆进出线和设备的运输要方便。

（3）变电所通风要良好。

（4）变电所的顶、底板坚固，无淋水。

考虑到上述条件，一般变电所设置在井底车场附近，并与中央水泵房相邻，有条件时还应与电机车用的变流所一起建筑。

井下中央变电所应特别注意防水、通风及防火问题。为了防水，变电所地面应比井底车场的轨面标高高出 0.05 m。为了使变电所有良好的通风条件，当硐室长度超过 6 m 时，应设两个出口，保证硐室内的温度不超过附近巷道 5 ℃。变电所的出口装设两重门，即铁板门和铁栅栏门。平时铁栅栏门关闭，铁板门打开，以利于通风。在发生火灾时，将铁门关闭以隔绝空气，便于灭火和防止火灾蔓延。

为了防火，硐室用耐火材料建成，其出口 5 m 以内巷道也用耐火材料建成；硐室内的电缆须采用不带黄麻保护层的；硐室内还必须设有砂箱及灭火器材。

井下中央变电所的设备布置如图 3 - 25 所示。在进行设备布置时，应将变压器与配电装置分开布置，高、低压配电装置分开布置。设备与墙壁之间，各设备之间应留有足够的维护与检修通道。考虑发展的需要，变电所高压配电设备的备用位置应按设计最大数量的 20% 考虑。

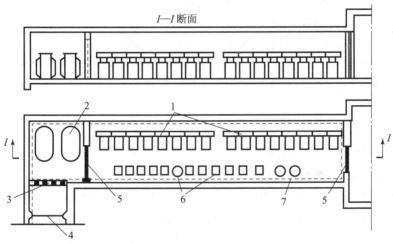

图 3 - 25 井下中央变电所的设备布置

1—高压配电箱；2—矿用变压器；3—栅栏门；4—密闭门；
5—防火门；6—低压自动馈电开关；7—地线

三、采区变电所

采区变电所是采区供电的中心，其任务是将井下中央变电所送来的高压电能变为低压电能，并将此电力配送至采掘工作面及附近用电设备。

（一）采区变电所电气主接线

采区变电所电气主接线应根据电源进线回路数、负荷大小、变压器台数等因素确定。图 3 - 26 所示为单电源进线、两台变压器供电的主接线图。

对单电源进线的采区变电所，如变压器不超过两台且无高压配出线，可不设电源进线开关；有高压配出线的，为了操作方便，应设电源进线开关。

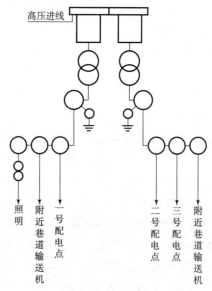

图 3 – 26　单电源进线、两台变压器供电的主接线图

对双电源进线的采区变电所，采用单母线接线时，电源线路应一条线路工作、一条线路备用；采用单线分段时，两回电源应同时工作，但母线联络开关应断开，使两回电源线路分列运行。双电源进线适用于有综采工作面或下山采区有排水泵的采区变电所。

变电所每台动力变压器都应装有一台高压配电箱进行控制和保护。

变压器采用分列运行，每台变压器的低压侧各装有一台总馈电开关，各变压器形成独立的供电系统。

每台变压器的低压侧都装有一台检漏继电器，它与变压器低压侧总馈电开关配合起漏电保护作用。当总馈电开关内有漏电保护时，不再装设检漏继电器。

（二）变电所的位置和硐室布置

采区变电所位置的确定原则，与中央变电所基本相同，但是应考虑采区生产的特殊性；每个采区最好只设一个变电所向全采区供电，如不可能，也应尽量少设变电所，并尽量减少变电所的迁移次数。

根据以上要求，通常将采区变电所设置在采区装车站附近，或在上（下）山与运输平巷交叉处，或两个上（下）山之间的联络巷道中。

采区变电所的防水、防火、通风等安全措施与中央变电所相同。采区变电所硐室布置如图 3 – 27 所示。变压器可与配电布置在同一硐室内；变电所的高低压设备应留有维护和检修通道，不从侧面和背后检修的设备留通道。

四、综采工作面供电与工作面配电点

（一）综采工作面供电

综合机械化采煤工作面简称"综采工作面"，单机容量和设备的总容量都很大，其回采速度又快，若仍采用固定变电所供电，既不经济，又不易保证电压质量。因此必须采用移动变电站供电，以缩短低压供电距离，使高压深入负荷中心，将综采工作面供电电压提高到1 140 V，以利于保证供电的经济性和供电质量。目前，我国高产高效工作面使用的设备，

其额定电压已经达到 3 300 V。

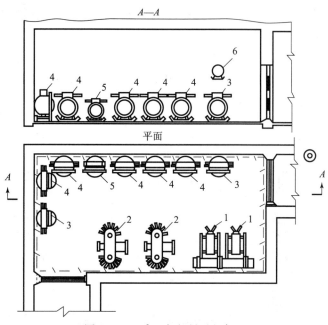

图 3 – 27　采区变电所硐室布置

1—高压配电箱；2—矿用变压器；3，4—低压隔爆自动开关；

5—照明变压器综合装置；6—检漏继电器

综采工作面机电设备布置如图 3 – 28 所示。移动变电站通常设置在距工作面 150 ～ 300 m 的顺槽中，工作面每推进 100 ～ 200 m，变电站向前移动一次。

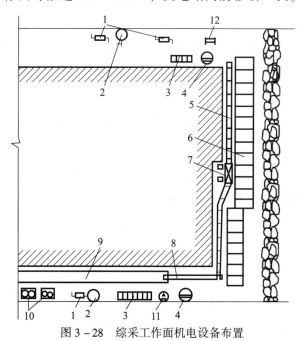

图 3 – 28　综采工作面机电设备布置

1—小绞车；2—小水泵；3—配电点；4—电钻照明变压器综合装置；5—工作面输送机；6—液压支架；

7—采煤机；8—转载机；9—胶带输送机；10—移动变电站；11—液压泵站；12—回柱绞车

（二）工作面配电点

为了便于操作工作面的动力设备，必须在工作面附近巷道中设备控制开关和启动器，这些设备的放置地点即为工作面配电点。

工作面配电点可分为采煤与掘进两种。采煤工作面配电点，一般距采煤工作面 50 ~ 80 m，掘进工作面配电点，一般距掘进工作面 80 ~ 100 m，工作面配电点也随工作面的推进面定期前移。图 3 - 29 所示为采煤工作面配电点的布置及配电示意图。

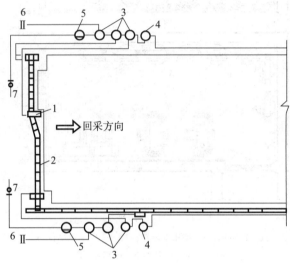

图 3 - 29　采煤工作面配电点的布置及配电示意图

1—采煤机；2—输送机；3—启动器；4—自动开关；

5—电钻变压器综合装置；6—回柱绞车；7—电钻

学习任务三　供配电线路的运行与维护

学习活动　学习相关知识

学习目标

1. 了解电力线路的任务、类型及其结构；
2. 了解线路的标志、线路的巡视与检查方法；
3. 了解线路的故障类型及处理方法；
4. 了解检修工作的组织措施及安全措施。

原理及背景资料

电力线路是电力系统的重要组成部分，其任务是输送和分配电能。

电力线路按电压高低不同，可分为超高压线路、高压线路和低压线路；按结构形式可分为架空线路、电缆线路及室内线路。

子任务一 架空线路的运行与维护

子任务目标

1. 掌握架空线路标志的识别；
2. 掌握架空线路的巡视、维护及检修的方法。

线路的电杆、导线和绝缘子等不仅承受正常机械荷重与电力负荷，而且经常受到各种自然条件的影响，如风、雨、冰雪、雷电等。这些因素会使线路元件逐渐损坏，如季节性气温变化，使导线张力发生变化，从而使导线弧垂发生变化。夏季由于气温升高，导线弧垂过大遇到大风，容易发生导线短路事故；冬季由于气温过低，导线弧垂过小，又容易发生断线事故。此外，空气中的灰尘，特别是空气中的煤烟、水汽、可溶盐类和有害气体，将线路绝缘子的绝缘强度大大降低，这样就会增加表面泄漏电流，尤其是在恶劣的气候条件（如雾、雪、雨）下，污秽层吸收水分，使导电性能增加，从而造成绝缘子闪络事故。另外，架空线路也往往受到外力破坏，从而造成线路事故。因此，对架空线路加强运行维护对保证安全可靠供电极其重要。

一、线路标志

在一个大型工厂企业中，为了便于管理，保证安全，对各条线路给予命名，对每个基电杆予以编号。命名的原则大致为由工厂总降压变电所起，至主要车间的线路部分，称为干线。为了便于工作，一般应按车间名称来命名。

每条配电线路的电杆基数，编号的一般方法是单独编干线、支线，由电源端起为 1 号。若由两个以上电源供电的线路，可定一个电源点为基准进行编号。

将线路名称，电杆号码直接写在电杆上，或印制在特制的牌子上，再固定于电杆上，称为杆号牌，设在距地面高 2 m 处。

工厂企业配电线路常有环形供电方式，所以相序是很关键的问题。为了不致接错线，要求在变电所的出口终端杆、转角、分支、耐张杆上做出相序的标志。常用制作相序牌的方法是在横担涂对应导线的相序，涂以黄、绿、红，分别表示 U（A）、V（B）、W（C）相的颜色，也可在特制的牌子上写上 U（A）、V（B）、W（C），然后对应导线的相序固定在横担上。

为了防止误登电杆造成事故，可以在变压器台、学校附近或必要的电杆上挂"高压危险，切勿攀登"的告示牌。

工厂企业中的配电线路常常为了不间断供电，使各条线路互相联络，将两个电源送到同一电杆的两侧，此时，为了保证线路工作人员的安全、设备界限分明，应在此类电杆上设电源分界标志。

二、线路的巡视

架空线路的运行监视工作，主要采取巡视和检查方法。通过巡视和检查，从而掌握线路运行状况及周围环境的变化，以便及时消除缺陷，预防事故的发生，并确定线路检修的内容和时间。

架空线路的巡视按照工作性质的任务及规定的时间不同，可分为正常巡视、夜间巡视、故障巡视和特殊巡视。

正常巡视，也称定期巡视，主要检查线路各元件的运行状况，有无异常损坏现象；夜间巡视，其目的是检查导线接头及各部分结点有无发热现象，绝缘子有无因污秽及裂纹而放电；故障巡视，主要是查明故障地点和原因，便于及时处理；特殊巡视，主要是在气候骤变，如导线覆冰、大雾、狂风暴雨时进行巡视，以查明有无异常现象。

正常巡视的周期应根据架空线路的运行状况、工厂环境及重要性综合确定，一般情况下低压线路每季度巡视一次，高压线路每两个月巡视一次。

巡视内容有以下几个方面。

（1）木电杆的根部有无腐烂，混凝土有无脱落现象，电杆是否倾斜，横担有无倾斜、腐蚀、生锈，构件有无变形、缺少等问题。

（2）接线有无松弛、破股、锈蚀等现象；接线金具是否齐全、是否缺螺钉；地锚有无变形；地锚及电杆附近有无挖坑取土及基坑土质沉陷危及安全运行的现象。

（3）工作人员应掌握各条线路的负荷大小，特别注意不使线路过负荷运行，要注意导线有无金钩、断股、弧光放电的痕迹。雷雨季节应特别注意绝缘子闪络放电的情况，有无杂物悬挂在导线上。导线接头有无过热变色、变形等现象，特别是铜铝接头氧化等。弧垂大小有无明显变化，三相是否平衡、是否符合设计要求。导线对其他工程设施的交叉间隙是否合乎规程规定。春秋两季风比较大，应特别注意导线弧垂过大或不平衡，防止混线。

（4）绝缘子有无裂纹、掉渣、脏污、弧光放电的痕迹。巡视过程中应检查螺钉是否松脱、歪斜；耐张串悬式绝缘子的销针有无变形、缺少和未劈开的现象；绑线及耐张线夹是否紧固；等等。雷雨季节应特别注意绝缘子闪络放电的情况，北方 3 ~ 4 月的黏雪使线路发生污闪，沿海地区的雾季应特别注意。

（5）线路上安装的各种开关是否牢固，有无变形，指示标志是否明显正确。瓷件有无裂纹、掉渣及放电的痕迹，各部引线之间，对地的距离是否合乎规定。

（6）沿线路附近的其他工程，有无妨碍或危及线路安全运行。线路附近的树木、树枝对导线的距离是否符合规定。

（7）防雷及接地装置，是否完整无损，避雷器的瓷套有无裂纹、掉渣、放电痕迹。接地引线是否破损折断，接地装置有无被水冲刷，或取土外露，连引线是否齐全，特别是防雷间隙有无变形，间距是否合乎要求。

三、线路的维护

由于架空线路长期处于露天运行，经常受到周围环境和大自然变化的影响，在运行中会发生各种各样的故障。据运行情况统计，在各种故障中多属于季节性故障。为了防止线路在不同季节发生故障，应加强线路维护工作，采取相应的反事故措施，从而保证线路的安全运行。

（一）污秽和防污

架空线路的绝缘子，特别是化工企业和沿海工厂企业架空线路的绝缘子，表面黏附着污秽物质，一般均有一定的导电性和吸湿性。在湿度较大的条件下，会大大降低绝缘子的绝缘水平，从而增加绝缘子的表面泄漏电流，导致在工作电压下也可能发生绝缘子闪络事故。这种由于污秽引起的秽络事故，称为污秽事故。

污秽事故与气候条件有十分密切的关系。一般来讲，在空气湿度大的季节里容易发生，如毛毛雨、小雪、大雾和雨雪交加的天气。在这些天气里，空气中湿度比较均匀，由于各种污秽物质的吸潮性不一样，导电性不一样，从而形成泄漏电流集中，引起污秽事故。

防污的主要技术措施有以下几项。

1. 做好绝缘子的定期清扫

绝缘子的清扫周期一般是每年一次，但还应根据绝缘子的污秽情况来确定清扫次数。清扫在停电后进行，一般用抹布擦拭，如遇到用干布擦不掉的污垢时，也可用蘸水的湿抹布擦拭，或用蘸汽油的布擦，再或用肥皂水擦，但必须用净水冲洗，最后用干净的布再擦一次。

2. 定期检查和及时更换不良绝缘子

若在巡视中发现不良，甚至有闪络的绝缘子，应及时更换。

3. 提高线路绝缘子水平

在污秽严重的工厂企业中，可提高线路绝缘水平以增加泄漏距离。具体的办法是绝缘子的电压等级提高一到二级。

4. 采用防污绝缘子

采用特制的防污绝缘子或在绝缘子表面涂上一层涂料或半导体釉。防污绝缘子和普通绝缘子的不同在于前者具有较大的爬电路径。涂料大致有两种：一种是有机硅类，如有机硅油、有机硅蜡等；另一种是蜡类（由地蜡、凡士林、黄油、石蜡、松香等按一定比例配制而成）。涂料本身是一种绝缘体，同时又有良好的斥水性。空气中的水分在涂料表面只能形成一个孤立的微粒，而不能形成导电通路。

（二）线路覆冰及其消除的措施

架空线路的覆冰是初冬和初春时节，气温在 -5 ℃左右，或者是在降雪、雨雪交加的天气里。导线覆冰后，增加了导线的荷重，可能引起导线断线。如果在直线杆某一侧导线断线后，另一侧覆冰的导线形成较大的张力，出现倒杆事故。导线出现扇形覆冰后，使导线发生扭转，对金具和绝缘子威胁较大。绝缘子覆冰后，降低了绝缘子的绝缘水平，会引起闪络接地事故，甚至烧坏绝缘子。

当线路出现覆冰时，应及时清除。清除在停电时进行，通常采用从地面向导线抛扔短木棒的方法使冰脱落；也可用细竹竿来敲打或用木制的套圈套在导线上，并用绳子顺导线拉动，以清除覆冰。

在冬季结冰时，位于低洼地的电杆，由于冰膨胀的原因，地基体积增大，电杆被推向土坡的上部，即发生冻鼓现象。冻鼓轻则可使电杆在次年解冻后倾斜，重则（埋深不够）次年解冻后将倾倒。所以对这类电杆应加强监视，监视其埋深的变化，一般方法是在电杆距地面 1 m 以内的某一尺寸处画一标记，便于辨认埋深的变化。处理方法是给电杆培土或将地基的土壤换成石头。若在施工之前就能确定地下水位较高易产生冻鼓时，可将电杆的埋深增加，使电杆的下端在冰层以下一段距离，也可防止冻鼓现象。

（三）防风和其他维护工作

春秋两季风大，当风力超过了电杆的机械强度时，电杆会发生倾斜或歪倒；由于风力过大，使导线发生非同期摆动，引起导线之间互相碰撞，造成相同短路事故。此外，因大风将树枝等杂物刮到导线上，而引起停电事故。因此，应对导线的弧垂加以调整；对电杆进行补强；对线路两侧的树木应进行修剪或砍伐，以使树木与线路之间能保持一定的安全距离。

工厂道路边的电杆很容易因被车辆碰撞而发生断裂、混凝土脱落甚至倾斜。在条件许可下可对这些电杆进行移位，不能移位的应设置车挡，即埋设一个桩子作为车挡，车挡在地面以上高度不宜低于 1.5 m，埋深 1 m。运行中的电杆，由于外力作用和地基沉陷等原因，往往会发生倾斜，特别是终端、转角、分支杆。因此，必须对倾斜的电杆进行扶正，扶正后对基坑的土质进行夯实。

线路上的金具和金属构件，由于常年风吹日晒而生锈，强度降低，有条件的可逐年有计划地更换，也可在运行中涂漆防锈。

（四）线路事故处理

配电线路发生事故的概率最高的是单相接地，其次是相间短路。当短路发生后，变电所立即将故障线路跳开，若装有自动重合闸，再行重合一次。若重合成功，即为瞬时故障，不再跳开，正常供电。若重合不成功，变电所的值班人员应通知检修人员进行事故巡视，直至找到故障点并予以排除后，才能恢复送电。

对于中性点不接地系统，其架空线路发生单相接地故障后，一般可以连续运行 2 h。但必须找出导线接地点，以免事故扩大。首先在接地线路的分支线上试切分支开关，以便找到接地分支线，再沿线路巡视找出接地点。

四、线路的检修

配电线路检修是根据巡视线路报告及检查与测量的结果，进行正规的预防性修理工作，其目的是消除在巡视与检查中所发现的各种缺陷，以预防事故的发生，保证安全供电。

配电线路检修工作一般可分为维修、大修和抢修。

（1）维修是指为了维持配电线路及附属设备的安全运行和必须的供电可靠性的工作。

（2）大修是指为了提高设备的运行情况，恢复线路及附属设备至原电气性能或力学性能而进行的检修。

线路大修主要包括更换或补强电杆及其部件、更换或补修导线并调整弧垂、更换绝缘子或为加强线路绝缘水平而增装绝缘子、改善接地装置、电杆基础加固及处理不合理的交叉跨越。

（3）抢修是指由于自然灾害及外力破坏等所造成的配电线路倒杆，电杆倾斜、断线、金具或绝缘子脱落及混线等停电事故，需要迅速进行的抢修工作。

（一）检修工作的组织措施

线路检修工作的组织措施，包括制订计划、检修计划、准备材料及工具、组织施工及竣工验收等。

1. 制订计划

一般是每年的第三季度进行编制下一年度的检修计划。编制的依据，除按上级有关指示及按大修周期确定的工程外，主要依靠运行人员提供的资料。然后，根据检修工作量的大小，检修力量、资金条件、运输力量、检修材料及工具等因素，进行综合考虑。再将全年的检修工作列为维修、大修，按检修项目编写材料工具表及工时进度表，并分别安排到各个季度，报工厂领导批准。

2. 检修计划

线路检修工作，应进行线路检修设计，即使是事故抢修，在时间允许的条件下，也应进行检修设计。只有现场情况不明的事故抢修，时间紧迫须马上到现场处理的检修工作，才由有经验的检修人员到现场决定抢修方案，领导检修工作，但抢修完成后，也应补齐有关的图样资料，转交运行人员。每年的检修工作，经领导批准后，设计人员即按检修项目进行线路检修设计，设计的依据是缺陷记录资料、运行测试结果、反事故技术措施、采用行之有效的新技术内容及上级颁发的有关技术指示。

检修设计的主要内容包括电杆结构变动情况的图样、电杆及导线限距的计算数据、电杆及导线受力复核、检修施工的多种方案比较、需要加工的器材及工具的加工图样和检修施工达到的预期目的及效果。

3. 准备材料及工具

施工开始前，应根据检修工作计划中的"检修项目和材料工具计划表"准备必需的材料；须预先加工或进行电气强度试验和机械强度试验的应及时进行，并做好记录；还须检查必需的工具、专用机械、运输工具和起重机械等。此外，要准备好检修工作的场地。对于准备的材料及工具，须预先运往现场。

4. 组织施工

（1）根据施工现场情况及工作需要将施工人员分为若干班、组，并指定班、组的负责人及负责安全工作的安全员（工作监护人），安全员应由技术水平较高的工作人员担任。还需指定材料、工具的保管人员及现场检修工作的记录人员。

（2）组织施工人员了解检修项目、检修工作的设计内容、设计图样和质量标准等，使施工人员做到心中有数。若需要施工测量的应及时进行。

（3）制订检修工作的技术组织措施，并应尽量采用成熟的先进经验和最新的研究成果，以便施工中既能保证质量，又能提高施工效率、节约原材料、缩短工期或工时。

（4）制订安全施工的措施，明确现场施工中各项工作的安全注意事项，以保证施工安全。

（5）在条件允许时，可组织各班、组互相检查施工过程中的每项工作，且派专人深入现场检查，确保各项检修工作的安全和质量。

5. 竣工验收

在线路检修施工过程中，运行人员根据验收制度进行现场验收，对不符合施工质量要求的项目要求施工人员及时返修。线路检修工作竣工后，进行总的质量检查和验收，竣工后的相关图样资料须转交给运行人员。

（二）检修工作的安全措施

1. 断开电源和验电

对于停电检修的线路，必须先断开电源。停电检修过程中，须防止环形供电和低压侧用户设备的备用电源的反送电，还须防止高压线路对低压线路的感应电压。因此，对检修的线路，必须用合格的验电器在停电线路上进行验电。

2. 装设接地线

1）对接地线的要求

接地线应使用多股软铜线编织制成，截面面积不得小于 25 mm²，并且是三相连接在一起的；接地线的接地端应使用金属棒做临时接地，金属棒的直径应不小于 10 mm，金属棒打入地下的深度不小于 0.6 m。接地线连接部分应接触良好。

2）装设接地线和拆除接地线的步骤

挂接地线时，先接好接地端，然后再接导线端，接地线连接要可靠，不准缠绕。必须注意：在同一电杆的低压线和高压线均需接地时，则应先接低压线，后接高压线；若同杆的两层高压线均需接地时，应先接下层，后接上层。拆接地线的顺序则与上述相反。装设、拆除接地线时，应有专人监护，且工作人员应使用绝缘棒或绝缘手套，人体不得触碰接地线。

3. 登杆检修的注意事项

（1）如果检修双回线路或检修结构相似的并行线路时，在登杆检修之前必须明确停电线路的位置、名称和杆号，还应在监护人的监护下登杆，以免登错电杆，发生危险。

（2）检修人员登上木杆前，应先检查杆根是否牢固。对新立的电杆，在杆基尚未完全牢固以前严禁攀登。遇有冲刷、起土、上拔的电杆，应先加固或支好架杆，或打临时拉线后，再行登杆。

（3）如果需要松动导线、拉线，在登杆前也应先检查杆根，并打临时拉线后再进行登杆。

进行上述工作时，必须使用绝缘无极绳索及绝缘安全带。所谓无极绳索，就是绳索的两端要相接，连接成一圆圈，以免使用时另一端搭带电的导线。还应在风力不大于五级并有专人监护下进行工作。

当停电检修的线路与另一带电回路接近或交叉，以致工作时可能与另一回路接触或接近危险距离以内（10 kV 及以下为 1 m），则另一回路也应停电并予接地，但接地线可以只在工作地点附近挂接一处。

4. 恢复送电之前的工作

在恢复送电之前严禁约时停送电。用电话或报话机联系送电时，双方必须复诵无误。检修工作结束后，必须查明所有工作人员及材料工具等确已全部从电杆、导线及绝缘子上撤下，然后才能拆除接地线（拆除接地线后即认为线路已可能送电，检修人员不能再登上杆塔进行任何工作）。在清点接地线组数无误并按有关规定交接后，即可恢复送电。

（三）线路检修的工作内容

1. 停电登杆检查清扫

停电登杆检查，可将地面巡视难以发现的缺陷进行检修及清除，从而达到安全运行的目的。停电登杆检查应与清扫绝缘子同时进行。对一般线路每两年至少进行一次；对重要线路每年至少进行一次；对污秽线路段按其污秽程度及性质可适当增加停电登杆清扫的次数。停电登杆检查的项目有：检查导线悬挂点，各部分螺钉是否松扣或脱落；绝缘子串开口销子、弹簧销子是否完好；绝缘子有无闪络、裂纹和硬伤等痕迹，针式绝缘子的芯棒有无弯曲；检查绝缘子串的连接金具有无锈蚀，是否完好；瓷横担的针式绝缘子及用绑线固定的导线是否完好可靠。

2. 电杆和横担检修

组装电杆所用的铁附件及电杆上所有外露的铁件都必须采取防锈措施。如因运输、组装及起吊损坏防锈层，应补刷防锈漆。所使用的铁横担必须热镀锌或涂防锈漆，对已锈蚀的横担，应先除锈后涂漆。电杆各构件的组装应紧密、牢固。有些交叉的构件在交叉处有空隙，应装设与空隙相同厚度的垫圈或垫板，以免松动。

3. 接线检修

拉线棒应按设计要求进行防腐，拉线棒与拉线盘的连接必须牢固。采用楔形线夹连接拉线的两端，在安装时应符合下列规定：楔形线夹内壁应光滑，其舌板与拉线的接触应紧密，在正常受力情况下无滑动现象，安装时不得伤及拉线；拉线断头端应以铁线绑扎；拉线弯曲部分不应有松股或各股受力不均的现象。拉线在木杆固定处，必须加拉线垫铁；在水泥杆上固定，应用拉线抱箍。

4. 导线检修

导线在同一截面处的损伤不超过下列容许值时，可免予处理：单股损伤深度不大于直径的1/2；损伤部分的面积不超过导电部分总截面面积的5%。导线损伤的下列情况之一必须锯断重接：钢芯铝线的钢芯断一股；多股钢芯铝线在同一处磨损或断股的面积超过铝股总面积的25%，单金属线在同一处磨损或断股的面积超过总面积的17%（同一处指补修管的容许补修长度）；金钩（小绕）、破股，已形成无法修复的永久变形；由于连续磨损，或虽然在允许补修范围内断股，但其损伤长度已超出一个补修管所能补修的长度。

5. 导线接头的检查与测试

导线接头（又称压接管）的检查十分重要，因为接头是导线上比较薄弱的环节，往往由于机械强度减弱而发生事故；有时可能由于接触不良，而在通过大电流（高峰负荷）时，使接头发热而引起事故。为了防止导线接头发生事故，除了巡视中（包括白天巡视和晚上巡视）应注意接头的情况（如发热、发红或冰雪容易融化等现象）外，主要是依靠通过对接头电阻的测量来判断其好坏。接头电阻与同长度导线电阻之比不应大于2，当电阻比大于2时应立即更换。

子任务二 电缆线路的运行与维护

子任务目标

1. 掌握电缆线路的巡视和检查要求及方法；
2. 掌握电缆线路检修及事故处理方法。

一、电缆线路的巡视和检查

对电缆线路，一般要求每季度进行 1 次巡视检查。室外电缆起初每 3 个月巡查 1 次，每年应有不少于 1 次的夜间巡视检查，并应选择细雨或初雪的日子进行；室内电缆头可与高压配电装置巡查周期相同；暴雨后，对有可能被雨水冲刷的地段，应进行特殊巡查，并应经常监视其负荷大小和发热情况。在巡视检查中发现的异常情况，应记录在专用记录簿内，重要情况及时汇报上级，请示处理。

（一）电缆的巡视检查

1. 直埋电缆巡视检查项目和要求

（1）电缆路径附近地面不应有挖掘。

（2）电缆标桩应完好无损。

（3）电缆沿线不应堆放重物和腐蚀性物品，不应存在临时建筑，室外露出地面上电缆的保护钢管或角钢不应锈蚀、位移或脱落。

（4）引入室内的电缆穿管应封堵严密。

2. 沟道内电缆巡视检查项目和要求

（1）沟道盖板应完整无缺。

（2）沟道内电缆支架牢固，无锈蚀。

（3）沟道内不应存积水，井盖应完整，墙壁不应渗漏水。

（4）电缆铠装应完整、无锈蚀。

（5）电缆标示牌应完整、无脱落。

3. 电缆头巡视检查项目和要求

（1）终端头的绝缘套管应清洁、完整、无放电痕迹、无鸟巢。

（2）绝缘胶不应漏出。

（3）终端头不应漏油，铅包及封铅处不应有龟裂现象。

（4）电缆芯线或引线的相间及对地距离的变化不应超过规定值。

（5）相位颜色是否保持明显。

（6）接地线应牢固，无断股、脱落现象。

（7）电缆中间接头应无变形，温度应正常。

（8）大雾天气，注意监视终端头绝缘套管有无放电现象。

（9）负荷较重时，应注意检查引线连接处有无过热、熔化等现象，并监视电缆中间接头的温度变化情况。

（二）电缆运行的禁忌

1. 不要忽视对电缆负荷电流的检测

电力电缆线路本应在按照规定的长期允许载流量下运行。如果长时间过负荷，芯线过热，电缆整体温度升高，内部油压增大，容易引发金属外包电缆漏油，电缆终端头和中间接头盒胀裂，使电缆绝缘吸潮劣化，造成热击穿。因此，不要忽视电缆负荷电流及外皮温度的检测。对并联使用的电缆，注意防止因负荷分配不均而使某根电缆过热。

2. 电缆配电线路不应使用重合闸装置

能够使电缆配电线路断路器跳闸的电缆故障，如终端头内部短路、中间头内部短路等多为永久性故障，在这种情况下若重合闸动作或跳闸后试送，则必然会扩大事故，威胁系统的稳定运行。因此，电缆配电线路不应使用重合闸装置。

3. 电缆配电线路断路器跳闸后，不要忽视电缆的检查

电缆配电线路断路器跳闸后，首先要查清该线路所带设备方面有无故障，如设备各种形式的短路等，同时也要检查电缆外观的变化。例如，电缆户外终端头是否浸水引起爆炸，室内终端头是否内部短路；中间接头盒是否由于接点过热、漏油，使绝缘热击穿胀裂；电缆路径地面有无挖掘，使电缆损伤等。必要时应通过试验进一步检查判断。

4. 直埋电缆在进行运行检查时特别注意的事项

（1）电缆路径附近地面不能随便挖掘。

（2）电缆路径附近地面不准堆放重物及腐蚀性物质、临时建筑。

（3）电缆路径标桩和保护设施，不准随便移动、拆除。

（4）电缆进入建筑物处不得渗漏水。

（5）电缆停用一段时间不做试验不能轻易投入使用，这主要是考虑到电缆停用一段时间后吸收潮气，绝缘受影响。一般停电超过 1 周但不满 1 个月的电缆，重新投入运行前，应检测其绝缘电阻值，并与上次试验记录比较（换算到同一温度下）不得降低 30%，否则须做直流耐压试验；停电超过 1 个月但不满 1 年的，则须做直流耐压试验，试验电压可为预防性试验电压的一半；停电时间超过试验周期的，必须按标准做预防性试验。

二、电缆线路的故障探测

（一）电缆故障的分类及特点

常见的电缆故障有短路（接地）型、断线型、闪络型和复合型几种。

1. 短路（接地）型

短路（接地）型故障指电缆一相或数相导体对地或导体之间绝缘发生贯穿性故障。根据短路（接地）电阻的大小又有高电阻、低电阻和金属性短路（接地）故障之分。短路（接地）型故障所指的高电阻和低电阻之间，其短路（接地）电阻的分界并非固定不变，主要取决于测试设备的条件，如测试电源电压的高低、检流计的灵敏度等。使用 QF1 - A 型电缆探伤仪的测试电压为直流 600 V，当电缆故障点的绝缘电阻大于 100 kΩ 时，由于受检流

计灵敏度的限制，测量误差就比较大，必须采取其他措施才能提高测试结果的正确性，因此将 100 kΩ 作为短路（接地）电阻高低的分界。

低电阻和金属性短路（接地）故障的特点是电缆线路一相导体对地、或数相导体对地、或数相导体之间的绝缘电阻低 100 kΩ，而导体的连续性良好。

高电阻接地或短路故障的特点是与低电阻接地或短路故障相似，但区别在于接地或短路的电阻大于 100 kΩ。

2. 断线型

断线型故障指电缆一相或数相导体不连续的故障。其特点是电缆各相导体的绝缘电阻符合规定，但导体的连续性试验证明有一相或数相导体不连续。

3. 闪络型

闪络型故障指电缆绝缘在某一电压下发生瞬时击穿，但击穿通道随即封闭，绝缘又迅速恢复的故障。其特点是低电压时电缆绝缘良好，当电压升高到一定值或在某一较高电压持续一定时间后，绝缘发生瞬时击穿现象。

4. 复合型

复合型故障指电缆故障具有两种以上的故障特点。

（二）常用的电缆故障测试及其特点

电缆线路的故障测试一般包括故障测距和精确定点（故障点的初测即故障测距）。根据测试仪器和设备的原理，大致分为电桥法和脉冲法两大类。

1. 电桥法

电桥法是一种传统的测试方法，如惠斯顿直流单臂电桥、直流双臂电桥和根据单臂电桥原理制作的 QF1 - A 型电缆探伤仪等，均可以用来进行电缆故障测试。

电桥法是利用电桥平衡时，对应桥臂电阻的乘积相等，而电缆的长度和电阻成正比的原理进行测试的。它的优点是操作简单、精度较高，主要不足是测试局限性较大。对于短路（接地）电阻在 100 kΩ 以下的单相接地、相间短路、二相或三相短路接地等故障的测试误差一般在 0.3% ~ 0.5%，但是当短路（接地）电阻超过 100 kΩ 时，由于通过检流计的不平衡电流太小，误差会很大。在测试前要对电缆加以交流或直流电压，将故障点的电阻烧低后再进行测量。对于用烧穿法无效的高阻短路（接地）故障，不能用电桥法进行测量。

电缆断线故障和三相短路（接地）故障，虽然可以用 QF1 - A 型电缆探伤仪进行测试，但是与其他测试设备相比，因其使用复杂、误差较大，一般很少被采用。电桥法还不适用于闪络型电缆故障的测试。

2. 脉冲法

脉冲法是应用脉冲信号进行电缆故障测距的测试方法，可分为低压脉冲法、脉冲电压法和脉冲电流法三种。

1）低压脉冲法

低压脉冲法是向故障电缆的导体输入一个脉冲信号，通过观察故障点发射脉冲与反射脉冲的时间差进行测距。低压脉冲法具有操作简单、波形直观、对电缆线路技术资料的依赖性小等优点。其缺点是对于电阻大于 QF1 - A 的短路（接地）故障，因反射波的衰减较大而难以观察；由于受脉冲宽度的局限，低压脉冲法存在测试盲区，如果故障点离测试端太近也观察不到反射波形。低压脉冲法也不适用于闪络型电缆故障。

2）脉冲电压法

脉冲电压法是对故障电缆加上直流高压或冲击高电压，使电缆故障点在高压下发生击穿放电，然后仪器通过观察放电电压脉冲在测试端到放电点之间往返一次的时间进行测距。脉冲电压法基本上都融入了微电子技术，能直接从显示屏上读出故障点的距离。DGC 型、DEE 型电缆故障遥测仪都属于这一类仪器。

脉冲电压法的优点在于电缆故障点只要在高电压下存在充分放电现象，就可以测出故障点的距离，几乎适用于所有类型的电缆故障。

脉冲电压法的缺点是测试信号来自高压回路，仪器与高压回路有电耦合，很容易发生高压信号串入导致仪器损坏。另外，故障放电时，特别是进行冲闪测试时，分压器耦合的电压波形变化不尖锐、不明显，分辨较困难。

3）脉冲电流法

脉冲电流法原理与脉冲电压法相似，区别在于脉冲电流法是通过线性电流耦合器测量电缆击穿时的电流脉冲信号，使测试接线更简单，电流耦合器输出的脉冲电流波形更容易分辨，由于信号来自低压回路，避免了高压信号串入对仪器的影响。它是目前应用较为广泛的测试方法之一，如 T - 003 型电缆故障测距仪。

三、电缆线路检修

（一）电缆检修周期

（1）大修每 3 年 1 次。

（2）小修每 1 年 1~2 次。

（二）电缆大修

（1）清扫电缆头及引线表面。

（2）用 0.05 mm 的塞尺检查电缆鼻子的接触面应塞不进去。有过热现象时，重新打磨处理，必要时重新做头。

（3）检查接地线、固定卡子等应紧固。

（4）对实验不合格的电缆，应找出原因，并进行处理。

（三）电缆小修

（1）清扫电缆头及引线表面。

（2）测量电缆绝缘，不合格时应找出原因，并进行处理。

（四）电缆绝缘不良的处理

（1）电缆头外部受潮时，可用红外线灯泡、电吹热风等方法进行干燥。

（2）电缆内部受潮，必须锯掉一段电缆，使绝缘经试验合格后，再重新做头。

（3）电缆有比较明显的接地、短路现象时，可用外部检查或加高电压击穿的方法，找出故障地点后，进行处理。

四、电缆异常运行及事故处理

（一）电缆过热

电缆运行中长时间过热，会使其绝缘物加速老化，铅包及铠装缝隙胀裂，电缆终端头、中间接头因绝缘胶膨胀而胀裂；对垂直部分较长的电缆，还会加速绝缘油的流失。造成电缆过热的基本原因有两点：一是电缆通过的负荷电流过大，且持续时间较长；二是电缆周围通风散热不良。

发现电缆过热应查明原因，予以处理。若有必要，可再敷设一条电缆并用，或全部更新电缆，换成大截面面积的，以避免过负荷。

（二）电缆渗漏油

油浸电缆线因铅包加工质量不好，如含砂粒、压铅有缝隙等，以及运行温度过高，都容易造成渗漏油。电缆终端头、中间接头因密封不严，加之引线及连接点过热，往往也会引起漏油、漏胶，甚至内部短路时温度骤升，引起爆破。发现电缆渗漏油后，应查明原因并予以处理。对负荷电流过大的电缆，应设法减小负荷；对电缆铅包有砂眼渗油的可实行封补。终端头、中间接头漏油较严重的，可重新做终端头或中间接头。

（三）电缆头套管闪络破损

运行中的电缆头发生电晕放电、电缆头引线严重过热，以及因漏油、漏胶、潮气侵入等，将导致套管闪络破损。发生这种情况，应立即停止运行，以防故障扩大，造成事故。

（四）机械损伤电缆线路

电缆遭受外力机械损伤的机会很多，因受机械损伤造成停电事故的也很多。如地下管线工程作业前，未经查明地下情况，盲目挖土、打桩、误伤电缆；敷设电缆时，牵引力过大或弯曲过度造成损伤；重载车辆通过地面，土地沉降，造成损伤，等等。

发现电缆遭受外力机械损伤后，根据现场状况或带缺陷运行，或立即停电退出运行，均应通报专业人员共同鉴定。

学习任务四　技能实训

10 kV架空线路运行巡视与故障分析判断

一、实训目的

（1）能认识架空线路的结构并说明其作用。

（2）会正确巡视架空线路运行情况并记录各项内容。

（3）能检查出架空线路异常运行情况。

（4）能提出缺陷处理方法。

二、实训所需设备、材料

（1）地点：学校周边沿线 10 kV 架空线路。

（2）工具：长把地线一组、绝缘手套、绝缘靴、安全帽、工作服、扳手等。

三、实训任务与要求

（一）线路巡视检查

1. 杆塔巡视检查

（1）杆塔是否倾斜、弯曲、下沉、上拔，杆塔周围土壤有无挖掘或沉陷。

（2）电杆有无裂缝、酥松、露筋，横担金具有无变形、锈蚀，螺栓销子有无松动。

（3）杆塔上有无鸟巢或其他异物。

（4）电杆有无杆号等明显标志，各种标示牌是否齐全完备。

2. 绝缘子巡视检查

（1）绝缘子有无破损、裂纹，有无闪络放电现象，表面是否严重脏污。

（2）绝缘子有无歪斜，紧固螺钉是否松动，扎线有无松断。

3. 导线巡视检查

（1）导线三相弧垂是否一致，对地距离和交叉跨越距离是否符合要求。过引线对邻相及对地距离是否符合要求。

（2）裸导线有无断股、烧伤，连接处有无接触不良、过热现象。

（3）绝缘导线外皮有无磨损、变形、龟裂等。

4. 避雷器巡视检查

（1）绝缘裙有无损伤、闪络痕迹、表面是否脏污。

（2）固定件是否牢固，金具有无锈蚀。

（3）引下线有无开焊、脱落。

5. 接地装置巡视检查

（1）接地引下线有无断股损伤。

（2）接头接触是否良好，接地线有无外露和严重锈蚀。

6. 拉线巡视检查

（1）拉线有无锈蚀、松弛、断股。

（2）拉线有无偏斜、损坏。

（3）水平拉线对地距离是否符合要求。

（二）异常现象及处理方法

（1）导线损伤、断股、断裂应及时处理。

（2）发生倒杆必须停电予以修复。

（3）发现接头过热，首先应减小负荷，同时增加夜间巡视；严重时，应停电予以处理。

（4）当导线对被跨越物放电时，应保证导线对地弧垂，并减小负荷。

（5）出现单相接地、两相短路、三相短路缺相故障时，应采取防雷、防暑、防寒、防风、防汛、防污等措施。

四、实训考核

（1）针对完成情况记录成绩。

（2）分组完成实训后制作PPT并进行演示。

（3）写出实训报告。

思考练习

1. 架空线路由哪几部分组成？各部分有何作用？

2. 按电杆在线路中的作用与地位不同分哪几种类型？各种电杆有何特点？用于何处？

3. 挡距、弧垂、导线的线间距离、横担长度与间距、电杆高度等参数相互之间有何联系和影响？为什么？

4. 电力电缆有哪几种类型？各种电缆的适用场合如何？

5. 电缆在敷设时应注意哪些问题？为什么？

6. 什么叫内桥式接线和外桥式接线？各有什么特点？

7. 深井供电系统和浅井供电系统的特点是什么？各有什么优缺点？各适用于什么条件？

8. 井下中央变电所接线有何特点？对其位置和硐室有何要求？

9. 线路巡视分为哪几种？分别在什么情况下采用？

10. 在哪种自然条件下线路容易覆冰？线路覆冰后有何危害？如何消除？

11. 什么是污秽事故？防污的措施有哪些？

12. 简述线路检修的组织工作内容。

学习情境四

负荷计算与短路电流计算

学习任务一 计 算 负 荷

计算负荷也称需要负荷或最大负荷。计算负荷是一个假想的持续负荷，其热效应与同一时间内实际变动负荷所产生的最大热效应相等。在配电设计中，通常采用 30 min 的最大平均负荷作为按发热条件选择电器或导体的依据。计算负荷，是通过统计计算求出的、用来按发热条件选择供配电系统中各元件的负荷值。单位面积功率法、单位指标法和单位产品耗电量法多用于设计的前期计算，如可行性研究和方案设计阶段；需要系数法、利用系数法多用于初步设计和施工图设计。负荷不是恒定值，是随时间而变化的变动值。因为用电设备并不同时运行，即使同时使用时，也并不是都能达到额定容量。因此，负荷计算也只能力求接近实际。负荷计算的方法有需要系数法、利用系数法和单位指标法等几种。

🔄 知识目标

1. 了解电力负荷的有关概念；
2. 掌握需要系数法的计算负荷；
3. 掌握单台，单组、多组用电设备的计算负荷；
4. 熟悉变压器的选择；
5. 了解二项式系数法计算负荷。

🔄 技能目标

1. 认识变压器铭牌；
2. 会用需要系数法计算负荷；
3. 根据负荷计算结果会选择变压器；

4. 根据给定参数，会用需要系数法计算某学院的计算负荷。

原理及背景资料

为一个企业或用电户供电，首先要解决的是企业要用多少度电，或选用多大容量变压器等问题，这就需要进行负荷的统计和计算，为正确地选择变压器容量与无功补偿装置、选择电气设备与导线，以及继电器保护的整定等提供技术参数。

一、负荷曲线及参数

表示电力负荷随时间而变化的图形叫作负荷曲线。在直角坐标系中，纵坐标表示电力负荷，如有功负荷 P、无功负荷 Q、视在功率 S 等，横坐标表示对应的时间，如小时、日、月、年等，对应的函数关系是 $P = f(t)$。负荷曲线按负荷对象分，有企业的、车间的或是某用电设备组的负荷曲线；按负荷的功率性质分，有有功和无功负荷曲线；按所表示负荷变动的时间分，有年负荷曲线、月负荷曲线、日负荷曲线或工作班的负荷曲线。日负荷曲线代表用户一昼夜（24 h）实际用电负荷的变化情况。最重要的负荷曲线是日有功负荷曲线和年有功负荷曲线。

（一）日有功负荷曲线

图 4 – 1 所示为某企业的日有功负荷曲线。图 4 – 1（a）是依点连成的负荷曲线。通常，为了使用方便，负荷曲线绘制成图 4 – 1（b）的阶梯形负荷曲线。

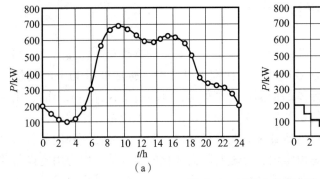
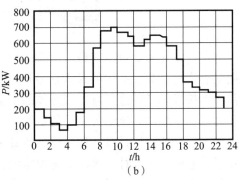

图 4 – 1　日有功负荷曲线

（a）依点连成的负荷曲线；（b）阶梯形负荷曲线

日负荷曲线可用测量的方法来绘制。绘制的方法是：先将横坐标按一定时间间隔分格，再根据功率表读数，将每一时间间隔内功率的平均值，对应横坐标相应的时间间隔绘在图上，即得阶梯形负荷曲线。其时间间隔取得越短，则该负荷曲线越能反映负荷的实际情况。日负荷曲线与坐标所包围的面积代表全日所消耗的电能数。

对于不同性质的用户，负荷曲线是不相同的。例如，三班制和两班制企业的负荷曲线比较平缓，而住宅区的负荷曲线前半夜与后半夜的差距很大。

从负荷曲线上，可以直观地了解负荷变化的情况，掌握它的变化规律，对企业的生产计划、负荷调整有重要意义。例如，0~7 点是用电低峰时期，可以将一些上午 8 点到下午 4 点的生产班级调整到后半夜，结果压低了日最大负荷，对企业电网和整个电力网的安全经济运行都较为有利。

（二）年有功负荷曲线

年有功负荷曲线又叫作有功负荷全年持续时间曲线，表示用户在一年内（8 760 h）各不同大小的负荷所持续的时间，在排列上不分日、月界线，从 0～8 760 h，以有功负荷的大小和实际使用时间累积从左向右阶梯绘出。

企业的年有功负荷曲线可以根据企业一年中具有代表性的冬季和夏季的日有功负荷曲线来绘制。图 4 - 2 所示为这种年有功负荷曲线绘制的方法。图 4 - 2（a）为某企业具有代表性的夏季日负荷曲线，图 4 - 2（b）为该企业具有代表性的冬季日负荷曲线，图 4 - 2（c）为由此绘制的该企业的年负荷曲线。年负荷曲线的横坐标用一年 365 天的总时数 8 760 h 来分格。绘制年负荷曲线时，冬季日和夏季日所占的天数，应视当地的地理位置和气温情况而定。在我国北方，一般可近似地认为夏日 165 天、冬日 200 天；而在我国南方，则可以近似地认为夏日 200 天、冬日 165 天。图 4 - 2（c）就假定是绘制我国南方某企业的年负荷曲线。

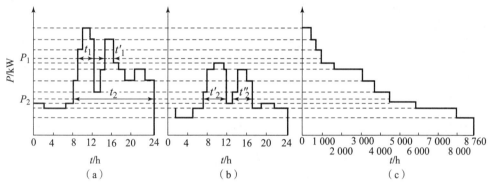

图 4 - 2　年有功负荷曲线绘制的方法

（a）某企业具有代表性的夏季日负荷曲线；（b）该企业具有代表性的冬季日负荷曲线；
（c）该企业的年负荷曲线

（三）年每日最大负荷曲线

年每日最大负荷曲线是按全年每日的最大负荷（一般取为每日最大负荷的半小时平均值）绘制的，称为年每日最大负荷曲线，如图 4 - 3 所示。横坐标依次以全年 12 个月的日期来分格。这种年每日最大负荷曲线，可用来确定拥有多台电力变压器的企业变电站在一年内不同时期宜投入几台变压器运行，即经济运行方式，以降低电能损耗，提高供电系统的经济效益。

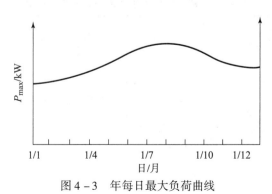

图 4 - 3　年每日最大负荷曲线

135

（四）有关负荷计算的几个物理量

1. 年最大负荷和年最大负荷利用小时

年最大负荷就是全年中负荷最大的工作班内消耗电能最大的半小时平均功率，并分别用符号 P_{max}、Q_{max} 和 S_{max} 表示年有功最大负荷、年无功最大负荷和年视在功率最大负荷。

年最大负荷又称最大半小时平均负荷，有时用 P_{30} 表示。P_{30} 是一个很重要的参数，负荷计算的正确与否就需要用它来衡量，P_{30} 由相应的最大负荷班日有功负荷曲线得出。它不是指全年偶然出现的最大负荷工作班，而是指一个月至少出现 3 次的最大负荷工作班。

年最大负荷利用小时是一个假想时间，在此时间内，电力负荷按年有功最大负荷 P_{max} 持续运行所消耗的电能，恰好等于该电力负荷全年实际消耗的电能，用符号 T_{max} 表示。如图 4-4 所示，年最大有功负荷 P_{max} 延伸到 T_{max} 的横线与两坐标轴所包围的矩形面积，恰好等于年负荷曲线与两坐标轴所包围的面积，即全年实际消耗的电能。

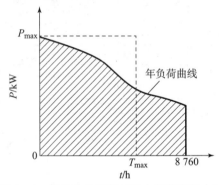

图 4-4　年最大负荷和年最大负荷利用小时

$$T_{max} = \frac{A_p}{P_{max}} \qquad (4-1)$$

式中　A_p——全年消耗的有功电能，kW·h。

年最大负荷利用小时是反映企业电力负荷是否均匀的一个重要指标。这一概念在计算电能损耗和电气设备选择中均要用到。T_{max} 与企业的生产班制有较大的关系。例如，一班制企业 $T_{max} \approx 1\,000 \sim 3\,000$ h；两班制企业，$T_{max} \approx 3\,000 \sim 5\,000$ h；三班制企业 $T_{max} \approx 5\,000 \sim 8\,000$ h。表 4-1 给出部分企业的年最大负荷利用小时数。

表 4-1　部分企业的年最大负荷利用小时数　　　　　　　　　　　h

工 厂 类 别	T_{max}	工 厂 类 别	T_{max}
化工厂	6 000 ~ 7 000	仪器制造厂	3 000 ~ 4 000
石油提炼工厂	7 000	车辆修理厂	4 000 ~ 4 500
重型机械制造厂	4 000 ~ 5 000	电机、电器制造厂	4 500 ~ 5 000
煤矿企业	4 000 ~ 6 000	纺织厂	5 000 ~ 6 000
工具厂、机床厂	4 000 ~ 4 500	纺织机械厂	4 500
滚珠轴承厂	5 000	铁合金厂	7 000 ~ 8 000

续表

工　厂　类　别	T_{max}	工　厂　类　别	T_{max}
起重运输设备厂	4 000 ~ 4 500	钢铁联合企业	6 000 ~ 7 000
汽车拖拉机厂	5 000	光学仪器厂	4 500
农业机械制造厂	5 300	动力机械厂	4 500 ~ 5 000
建筑工程机械厂	4 500	氮肥厂	7 000 ~ 8 000

2. 平均负荷和负荷系数

平均负荷是电力负荷在一定时间 t 内消耗功率的平均值，分别用符号 P_{av}、Q_{av} 和 S_{av} 表示平均有功、无功和视在功率负荷。也就是电力负荷在时间 t 内消耗的电能 A_t 除以时间 t，即

$$P_{av} = \frac{A_t}{t} \tag{4-2}$$

对于年平均负荷，t 取 8 760 h。因此，年平均负荷为

$$P_{av} = \frac{A_t}{8\ 760} \tag{4-3}$$

负荷系数 K_{lo}，是平均负荷 P_{av} 与最大负荷 P_{max} 的比值，即

$$K_{lo} = \frac{P_{av}}{P_{max}} \tag{4-4}$$

负荷系数也称负荷率，又叫负荷曲线填充系数，它是表征负荷变化规律的一个参数，其值越大，则负荷曲线越平坦，负荷波动越小。从发挥整个供电系统的效能来说，应尽量设法使企业不平坦的负荷曲线"削峰填谷"，这就是企业供电系统在运行中应该实行的负荷调整。

对用电设备来说，负荷系数就是设备在最大负荷时的输出功率 P 与设备额定容量 P_N 的比值，即

$$K_{lo} = \frac{P}{P_N} \tag{4-5}$$

3. 需用系数和利用系数

需用系数 K_d 是用电设备组实际从电网吸收的最大负荷 P_{max} 与该用电设备组的总额定容量 $\sum P_N$ 的比值，即

$$K_d = \frac{P_{max}}{\sum P_N} \tag{4-6}$$

式中　　$\sum P_N$——用电设备组的额定总容量，kW。

利用系数 K_c 是用电设备组实际从电网吸收负荷的平均值 P_{av} 与该用电设备组总额定容量 $\sum P_N$ 的比值，即

$$K_c = \frac{P_{av}}{\sum P_N} \tag{4-7}$$

对各类型企业的负荷曲线进行观察发现，同一类型的用电设备组、车间或企业，其负荷

曲线是大致相同的。这表明，对于同一用电设备组，其需用系数和利用系数的值是很接近的。我国工矿企业和设计研究部门经过长期的调查研究，并参考一些国外资料，已统计出一些用电设备组的典型需用系数 K_d 和利用系数 K_c 数据，可供企业负荷计算时参考。表 4-2 所示为工业企业常见用电设备组的需用系数 K_d 和功率因数 $\cos\varphi$。

表 4-2　工业企业常见用电设备组的需用系数 K_d、$\cos\varphi$ 和 $\tan\varphi$

用电设备组名称		K_d	$\cos\varphi$	$\tan\varphi$
单独传动的金属加工机床	小批生产冷加工	0.12 ~ 0.16	0.5	1.73
	大批生产冷加工	0.17 ~ 0.2	0.5	1.73
	小批生产热加工	0.2 ~ 0.25	0.55 ~ 0.6	1.51 ~ 1.33
	大批生产热加工	0.25 ~ 0.28	0.65	1.17
锻锤、压床、剪床及其他锻工机械		0.25	0.6	1.33
木工机械		0.2 ~ 0.3	0.5 ~ 0.6	1.73 ~ 1.33
生产用通风机		0.75 ~ 0.85	0.8 ~ 0.85	0.75 ~ 0.62
卫生用通风机		0.65 ~ 0.7	0.8	0.75
泵、活塞型压缩机、电动发电机组		0.75 ~ 0.85	0.8	0.75
球磨机、破碎机、筛选机、搅拌机等		0.75 ~ 0.85	0.8 ~ 0.85	0.75 ~ 0.62
电阻炉（带调压器或变压器）	非自动装料	0.6 ~ 0.7	0.95 ~ 0.98	0.33 ~ 0.22
	自动装料	0.7 ~ 0.8	0.95 ~ 0.98	0.33 ~ 0.22
干燥箱、加热器等		0.4 ~ 0.7	1	0
工频感应炉（不带无功补偿）		0.8	0.35	2.67
高频感应炉（不带无功补偿）		0.8	0.6	1.33
焊接与加热用高频加热设备		0.5 ~ 0.65	0.7	1.02
熔炼用高频加热设备		0.8 ~ 0.85	0.8 ~ 0.85	0.75 ~ 0.62
表面淬火电炉（带无功补偿）	电动发电机	0.65	0.7	1.02
	真空管振荡器	0.8	0.85	0.62
中频电炉（中频机组）		0.65 ~ 0.75	0.8	0.75
氢气炉（带调压器或变压器）		0.4 ~ 0.5	0.85 ~ 0.9	0.62 ~ 0.48
真空炉（带调压器或变压器）		0.55 ~ 0.65	0.85 ~ 0.9	0.62 ~ 0.48
电弧炼钢变压器		0.9	0.85	0.62
电弧炼钢辅助设备		0.15	0.5	1.73
一般交流弧焊机		0.35 ~ 0.5	0.35 ~ 0.6	2.67 ~ 1.33
单头直流弧焊机		0.35	0.6	1.33

续表

用电设备组名称		K_d	$\cos\varphi$	$\tan\varphi$
多头直流弧焊机		0.7	0.7	1.02
铸造车间用起重机（$\varepsilon=25\%$）		0.15~0.3	0.5	1.73
金属、机修、装配、锅炉房用起重机（$\varepsilon=25\%$）		0.1~0.15	0.5	1.73
煤矿企业	主通风机	0.85~0.9	0.85~0.92	0.62~0.42
	主提升机	0.85~0.95	0.75~0.85	0.88~0.62
	压风机	0.85~0.9	0.85~0.9	0.62~0.48
	地面低压	0.7~0.75	0.75~0.8	0.88~0.75
	机修厂	0.55~0.65	0.65~0.7	1.17~1.02
	综采车间	0.65~0.7	0.75~0.8	0.88~0.75
	洗煤厂	0.7~0.78	0.75~0.85	0.88~0.62
	工人村	0.7~0.8	0.75~0.85	0.88~0.62
	井下主排水泵	0.75~0.9	0.8~0.86	0.75~0.59
	井下低压	0.65~0.75	0.75~0.8	0.88~0.75

4. 计算负荷

计算负荷是按发热条件选择导体和电气设备时所使用的一个假想负荷。"计算负荷"持续运行所产生的热效应，与按实际变动负荷持续运行所产生的最大热效应相等。换言之，当导体持续流过"计算负荷"时所产生的恒定温升，恰好等于导体持续流过实际变动负荷时所产生的平均最高温升，从发热效果来看，二者是等效的。

通常规定取最大半小时平均负荷 P_{max}、Q_{max} 和 S_{max} 作为该用户的计算负荷，分别用 P_{ca}、Q_{ca} 和 S_{ca} 表示。一般 16 mm² 以上的导线，其发热时间常数 τ 在 10 min 以上，因此，时间很短的尖峰负荷不是造成导线达到最高温度的主要矛盾，这是因为导线还来不及升到其相应的温度以前，这个尖峰负荷就已消失了。理论分析和实验证明，导线达到稳定温升的时间约为

$$3\tau = 3 \times 10 = 30 \text{（min）}$$

因此，只有持续时间在 30 min 以上的负荷值，才有可能构成导线的最大温升。这就是规定选取"最大半小时平均负荷"的理论依据。

从以上定义可见，虽然年最大负荷 P_{max} 和计算负荷 P_{ca} 定义不同，但其物理意义很相近。因此，基本满足以下关系

$$\begin{cases} P_{max} = P_{ca} \\ Q_{max} = Q_{ca} \\ S_{max} = S_{ca} \end{cases} \qquad (4-8)$$

计算负荷 P_{ca} 是设计阶段经计算而得到的一个稳定负荷，它等效于实际变动负荷和最大半小时平均负荷 P_{max}。企业投产后，可以用从实际负荷曲线中得出 P_{max} 来检验在作供电设计时所确定的各级计算负荷是否正确。

二、负荷计算方法

供电设计常采用的电力负荷计算方法有：需用系数法、二项系数法、利用系数法和单位产品电耗法等。需用系数法计算简便，对于任何性质的企业负荷均适用，且计算结果基本上符合实际，尤其对各用电设备容量相差较小，且用电设备数量较多的用电设备组，因此，这种计算方法采用最广泛。二项系数法主要适用于各用电设备容量相差大的场合，如机械加工企业、煤矿井下综合机械化采煤工作面等。利用系数法以平均负荷作为计算的依据，利用概率论分析出最大负荷与平均负荷的关系，这种计算方法目前积累的实用数据不多，且计算步骤较烦琐，故工程应用较少。单位产品电耗法常用于方案设计中。

（一）设备容量的确定

用电设备铭牌上标出的功率（或称容量）通常称为用电设备的额定功率 P_N，该功率是指用电设备（如电动机）额定的输出功率。

各用电设备按其工作制分，有长期连续工作制、短时工作制和断续周期工作制三类。因而，在计算负荷时，不能将其额定功率简单地直接相加，而须将不同工作制的用电设备额定功率换算成统一规定工作制条件下的功率，称为用电设备功率 $P_{N\mu}$。

1. 长期连续工作制

长期连续工作制的用电设备长期连续运行，负荷比较稳定，如通风机、空气压缩机、水泵、电动发电机等。机床电动机，虽一般变动较大，但多数也是长期连续运行的。

对长期工作制的用电设备有

$$P_{N\mu} = P_N \tag{4-9}$$

2. 短时工作制

短时工作制的用电设备工作时间很短，而停歇时间相当长，如煤矿井下的排水泵等。对这类用电设备也同样有

$$P_{N\mu} = P_N \tag{4-10}$$

3. 断续周期工作制

断续周期工作制用电设备周期性地时而工作，时而停歇，如此反复运行，而工作周期一般不超过 10 min，如电焊机、吊车电动机等。断续周期工作制设备可用"负荷持续率"来表征其工作性质。

负荷持续率为一个工作周期内工作时间与工作周期的百分比值，用 ε 表示，即

$$\varepsilon = \frac{t}{T} \times 100\% = \frac{t}{t + t_0} \times 100\% \tag{4-11}$$

式中　T——工作周期，s；

　　　t——工作周期内的工作时间，s；

　　　t_0——工作周期内的停歇时间，s。

断续周期工作制设备的设备容量，一般是对应于某一标准负荷持续率的。

应该注意：同一用电设备，在不同的负荷持续率工作时，其输出功率是不同的。因此，不同负荷持续率的设备容量（铭牌容量）必须换算为同一负荷持续率下的容量才能进行相加运算，并且这种换算应该是等效换算，即按同一周期内相同发热条件来进行换算。由于电

流 I 通过设备在 t 时间内产生的热量为 I^2Rt，因此，在设备电阻不变而产生热量又相同的条件下，$I \propto 1/\sqrt{t}$。而在同电压下，设备容量 $P \propto I$。由式（4–11）可知，同一周期的负荷持续率 $\varepsilon \propto t$。因此，$P \propto 1/\sqrt{\varepsilon}$，即设备容量与负荷持续率的平方根值成反比。假如设备在 ε_N 下的额定容量为 P_N，则换算到 ε 下的设备容量 P_ε 为

$$P_\varepsilon = P_N \sqrt{\frac{\varepsilon_N}{\varepsilon}} \tag{4–12}$$

式中　ε——负荷的持续率；

　　　ε_N——与设备容量对应的负荷持续率；

　　　P_ε——负荷持续率为 ε 时设备的输出容量，kW。

1）电焊机组

电焊机的铭牌负荷持续率 ε_N 有 50%、60%、75% 和 100% 四种，为了计算简便与查表求需用系数，一般要求统一换算到 $\varepsilon = 100\%$，因此其设备容量 P_ε 为

$$P_\varepsilon = P_N \sqrt{\frac{\varepsilon_N}{\varepsilon_{100}}} = S_N \cos\varphi \sqrt{\frac{\varepsilon_N}{\varepsilon_{100}}} = S_N \cos\varphi \sqrt{\varepsilon_N} \tag{4–13}$$

式中　P_N——电焊机铭牌上的有功容量，kW；

　　　S_N——电焊机铭牌上视在容量，kVA；

　　　ε_{100}——其值为 100% 的负荷持续率（计算中取 1）；

　　　$\cos\varphi$——铭牌的额定功率因数。

2）吊车电动机组

吊车电动机的铭牌负荷持续率 ε_N 有 15%、25%、40% 和 50% 四种，为了计算简便与查表求需用系数，一般要求统一换算到 $\varepsilon = 25\%$，因此其设备容量 P_ε 为

$$P_\varepsilon = P_N \sqrt{\frac{\varepsilon_N}{\varepsilon_{25}}} = 2P_N \sqrt{\varepsilon_N} \tag{4–14}$$

式中　P_N——吊车电动机的铭牌容量，kW；

　　　ε_{25}——其值为 25% 的负荷持续率（计算中取 0.25）。

例 4–1　有一电焊变压器，其铭牌上给出：额定容量 $S_N = 42$ kVA，负荷持续率 $\varepsilon_N = 60\%$，功率因数 $\cos\varphi = 0.62$，试求该电焊变压器的设备容量 P_ε。

解　电焊装置的设备功率统一换算到 $\varepsilon = 100\%$，因此设备容量 P_ε 为

$$P_\varepsilon = S_N \cos\varphi \sqrt{\frac{\varepsilon_N}{\varepsilon_{100}}} = 42 \times 0.62 \times \sqrt{0.6} \approx 20.2 (\text{kW})$$

例 4–2　某车间有一台 10 t 桥式起重机，设备铭牌上给出：额定功率 $P_N = 39.6$ kW，负荷持续率 $\varepsilon_N = 40\%$。试求该起重机的设备容量 P_ε。

解　起重机应换算到 $\varepsilon = 25\%$，因此设备容量 P_ε 为

$$P_\varepsilon = 2P_N \sqrt{\varepsilon_N} = 2 \times 39.6 \times \sqrt{0.4} \approx 50 (\text{kW})$$

（二）需用系数法

对于用电户或一组用电设备，当在最大负荷运行时，所安装的所有用电设备（不包括备用）不可能全部同时运行，也不可能全部以额定负荷运行，再加之线路在输送电力时必有一定的损耗，而用电设备本身也有损耗，故不能将所有设备的额定容量简单相加来作为用

电户或设备组的最大负荷，必须对相加所得到的总额定容量$\sum P_N$打一个折扣。

需用系数法就是利用需用系数来确定用电户或用电设备组计算负荷的方法。其实质是用一个小于 1 的需用系数K_d对用电设备组的总额定容量$\sum P_N$打一定的折扣，使确定出来的计算负荷P_{ca}比较接近该组设备从电网中取用的最大半小时平均负荷P_{max}。其基本计算公式为

$$P_{ca} = K_d \sum P_N \tag{4-15}$$

1. 需用系数的含义

一个用电设备组的需用系数可用下式表示，即

$$K_d = \frac{K_{si}K_{lo}}{\eta_{av}\eta_1} \tag{4-16}$$

式（4-16）中各参数的含义如下：

K_{si}为设备同时系数，指设备组在最大负荷运行时，工作设备总额定容量$\sum P_{Ng}$与该组安装设备总额定容量$\sum P_N$之比，即$K_{si} = \sum P_{Ng}/\sum P_N$。$\sum P_N$不包括已经安装但作为备用的设备。例如，某企业泵房共安装了 18 台功率相同的电动机，其中 4 台备用，最大负荷时有 12 台水泵运行，则该组设备的同时系数$K_{si} = 12P_N/(18-4)P_N \approx 0.86$。

K_{lo}为设备加权平均负荷系数。它指设备组在最大负荷运行时，工作设备总的实际负荷$\sum P_g$与其总额定容量之比，即$K_{lo} = \sum P_g/\sum P_{Ng}$。对于每一台用电设备，实际负荷$P_g$就是电动机所带机械设备所需要的实际电功率，即电动机轴上输出的机械功率，一般要经过实际测定才能得到。n台设备K_{lo}的数学表达式为

$$K_{lo} = \sum_{i=1}^{n} \frac{K_{loi}K_{Ni}}{P_{Ni}}$$
$$= \frac{K_{lo1}P_{N1} + K_{lo2}P_{N2} + \cdots + K_{lon}P_{Nn}}{P_{N1} + P_{N2} + \cdots + P_{Nn}} \tag{4-17}$$

η_{av}为设备组各用电设备的加权平均效率。它表示在最大负荷时，设备组工作设备总的实际负荷，即电动机的输出功率$\sum P_g$与从线路中取用的电功率$\sum P_{cg}$之比，即$\eta_{av} = \sum P_g/\sum P_{cg}$。$n$台用电设备$\eta_{av}$的数学表达式为

$$\eta_{av} = \sum_{i=1}^{n} \frac{\eta_{avi}P_{Ni}}{P_{Ni}} \tag{4-18}$$

加权的含义是：容量较大的设备，其效率或负荷在整个设备组的平均效率或平均负荷系数中占的分量就大。

η_1为供电线路的平均效率。为该组设备供电的线路在最大负荷时的末端功率，也就是设备组的取用功率$\sum P_{cg}$与线路首端所提供的功率（也就是计算功率）P_{ca}之比，即$\eta_1 = \sum P_{cg}/P_{ca}$。

需用系数的物理意义、计算负荷与各参数的关系可用图 4-5 所示的功率图来表示。

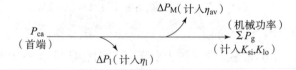

图 4-5 需用系数计算负荷与各参数的关系

　　计算负荷 P_{ca} 实际上是用电设备组在最大负荷时要输出一定机械功率 $\sum P_g$ 而必须向线路首端取用的电功率。在功率输送的过程中有线路损耗 ΔP_l，对应于线路效率 η_l，同时各用电设备本身也有功率损失 ΔP_M，对应于设备加权平均效率 η_{av}。因此有 $P_{ca} = \Delta P_l + \Delta P_M + \sum P_g$；在各个阶段分别考虑了 η_l、η_{av}、K_{si} 和 K_{lo} 等参数后，计算功率 P_{ca} 就可以通过一个综合性需用系数 K_d 与用电设备组的安装设备总额定容量 $\sum P_N$ 联系起来，即

$$K_d = \frac{K_{si} K_{lo}}{\eta_{av} \eta_l} = \frac{\dfrac{\sum P_{Ng}}{\sum P_N} \cdot \dfrac{\sum P_g}{\sum P_{Ng}}}{\dfrac{\sum P_g}{\sum P_{cg}} \cdot \dfrac{\sum P_{cg}}{P_{ca}}} = \frac{P_{ca}}{\sum P_N}$$

此即前面所列出的基本公式（4 – 16）。

需用系数 K_d 小于 1。各工业企业用电设备组、车间需用系数值见表 4 – 2。

2. 用需用系数法计算电力负荷

在确定了设备容量之后，可分别按下列情况采用需用系数确定计算负荷。

1）用电设备组计算负荷的确定

用电设备组是由工艺性质相同、需用系数相近的一些设备合并成的一组用电设备。在一个车间中，可根据具体情况将用电设备分为若干组，再分别计算各用电设备组的计算负荷。其计算公式为

$$\begin{cases} P_{ca} = K_d \sum P_N \\ Q_{ca} = \sum P_N \tan\varphi \\ S_{ca} = \sqrt{P_{ca}^2 + Q_{ca}^2} \\ I_{ca} = \dfrac{S_{ca}}{\sqrt{3} U_N} \end{cases} \qquad (4 – 19)$$

式中　P_{ca}，Q_{ca}，S_{ca}——该用电设备组的有功、无功、视在功率计算负荷；

　　　$\sum P_N$——该用电设备组的总额定容量，kW；

　　　U_N——额定电压，V；

　　　$\tan\varphi$——功率因数角的正切值；

　　　I_{ca}——该用电设备组的计算负荷电流，简称计算电流，A；

　　　K_d——需用系数，由表 4 – 2 查得。

　　例 4 – 3　已知机修车间的金属切削机床组拥有电压为 380 V 的三相电动机 7.5 kW 3 台、4 kW 8 台、3 kW 17 台和 1.5 kW 10 台。试求该用电设备组的计算负荷。

　　解　此机床电动机组的总容量为

$$\sum P_N = 7.5 \times 3 + 4 \times 8 + 3 \times 17 + 1.5 \times 10 = 120.5 (\text{kW})$$

查表 4 – 2 中"小批生产的金属冷加工机床"项，得 $K_d = 0.12 \sim 0.16$（取 0.15），$\cos\varphi = 0.5$，$\tan\varphi = 1.73$。根据式（4 – 19）可得

有功计算负荷为

$$P_{ca} = 0.15 \times 120.5 \approx 18.1 (\text{kW})$$

无功计算负荷为

$$Q_{ca} = 18.1 \times 1.73 \approx 31.3 (\mathrm{kvar})$$

视在计算负荷为

$$S_{ca} = \frac{18.1}{0.5} = 36.2 (\mathrm{kVA})$$

计算电流为

$$I_{ca} = \frac{36.2}{\sqrt{3} \times 0.38} \approx 55 (\mathrm{A})$$

需要指出，需用系数值与用电设备组的类别和工作状态有很大的关系，因此，在计算时首先要正确判明用电设备组类别和工作状态，否则将造成错误。例如，机修车间的金属切削机床应该属于"小批生产的冷加工机床"，因为机修不可能是大批生产的，而金属切削属冷加工；又如压塑机、拉丝机和锻锤等应属热加工机床；再如起重机、行车、电葫芦应属吊车类设备。

2）多个用电设备组的计算负荷

在配电干线上或车间变电所低压母线上，常有多个用电设备组同时工作，而各个用电设备组的最大负荷也非同时出现，因此在求配电干线或车间变电所低压母线的计算负荷时，应再计入一个设备同时系数 K_{si}。具体计算公式为

$$\begin{cases} P_{ca} = K_{si} \sum_{i=1}^{m} \left(K_{di} \sum P_{Ni} \right) \quad (i = 1,2,3,\cdots,m) \\[2mm] Q_{ca} = K_{si} \sum_{i=1}^{m} \left(K_{di} \sum P_{Ni} \tan\varphi_i \right) \\[2mm] S_{ca} = \sqrt{P_{ca}^2 + Q_{ca}^2} \\[2mm] I_{ca} = \frac{S_{ca}}{\sqrt{3} U_N} \end{cases} \tag{4-20}$$

式中　P_{ca}，Q_{ca}，S_{ca}——为配电干线或变电站低压母线的有功、无功、视在功率计算负荷；

　　　K_{si}——设备同时系数，其值见表 4-3；

　　　m——该配电干线或变电站低压母线上所接用电设备组总数；

　　　K_{di}，$\tan\varphi_i$，$\sum P_{Ni}$——分别对应于某一用电设备组的需用系数、功率因数角正切值、总设备容量；

　　　I_{ca}——该干线或变电站低压母线上的计算电流，A；

　　　U_N——该干线或低压母线上的额定电压，V。

表 4-3　工矿企业设备同时系数 K_{si}

应用范围		K_{si}
在确定车间变电所低压母线上的计算负荷时，所采用的有功负荷同时系数	冷加工车间	0.7 ~ 0.8
	热加工车间	0.7 ~ 0.9
	动力站	0.8 ~ 1.0
	煤矿井下	0.8 ~ 0.9

应用范围		K_{si}
确定变配电所高压母线上的计算负荷时，所采用的有功负荷同时系数	计算负荷小于 5 000 kW	0.9 ~ 1.0
	计算负荷为 5 000 ~ 10 000 kW	0.85
	计算负荷大于 10 000 kW	0.8

注：无功负荷同时系数一般采用与有功负荷同时系数相同的数据。

在计算多组用电设备组的总计算负荷时，为了简化和统一，一般各组设备的台数不论多少，各组的计算负荷均按表 4 - 2 所列 K_d 和 $\cos\varphi$ 的值来计算，而不必考虑设备台数少而适当增大 K_d 和 $\cos\varphi$ 值的问题。

例 4 - 4　某机加工车间 380 V 线路上，接有金属切削机床电动机 30 台，共 100 kW；通风机 4 台，共 6 kW；电阻炉 4 台，共 8 kW。试确定此线路上的计算负荷。

解　先求各组的计算负荷。

(1) 金属切削机床组：

查表 4 - 2，取 $K_d = 0.2$，$\cos\varphi = 0.5$，$\tan\varphi = 1.73$

$$P_{ca1} = 0.2 \times 100 = 20 \text{ (kW)}$$

$$Q_{ca1} = 20 \times 1.73 = 34.6 \text{ (kvar)}$$

(2) 通风机组：

查表 4 - 2，取 $K_d = 0.8$，$\cos\varphi = 0.8$，$\tan\varphi = 0.75$

$$P_{ca2} = 0.8 \times 6 = 4.8 \text{ (kW)}$$

$$Q_{ca2} = 4.8 \times 0.75 = 3.6 \text{ (kvar)}$$

(3) 电阻炉：

查表 4 - 2，取 $K_d = 0.7$，$\cos\varphi = 1$，$\tan\varphi = 0$，得

$$P_{ca3} = 0.7 \times 8 = 5.6 \text{ (kW)}$$

查表 4 - 3，取 $K_{si} = 0.9$，得总计算负荷

$$P_{ca} = K_{si} \sum_{i=1}^{3} P_{cai} = 0.9 \times (20 + 4.8 + 5.6) = 27.36 (\text{kW})$$

$$Q_{ca} = K_{si} \sum_{i=1}^{3} Q_{cai} = 0.9 \times (34.6 + 3.6) = 34.38 (\text{kvar})$$

$$S_{ca} = \sqrt{P_{ca}^2 + Q_{ca}^2} = \sqrt{27.36^2 + 34.38^2} \approx 43.94 (\text{kVA})$$

$$I_{ca} = \frac{S_{ca}}{\sqrt{3} U_N} = \frac{43.94}{\sqrt{3} \times 0.38} \approx 66.76 (\text{A})$$

3）对需用系数法的评价

(1) 公式简单，计算方便，只用一个原始公式 $P_{ca} = K_d \sum P_N$ 就可以表征普遍的计算方法。该公式对用电设备组、车间变电站乃至一个企业变电站的负荷计算都适用。

(2) 对于不同性质的用电设备、不同车间或企业的需用系数值，经过几十年的统计和积累，数值比较完整和准确，查取方便，因而为我国设计部门广泛采用。

(3) 需用系数法没有考虑大容量电动机对整个计算负荷 P_{ca}、Q_{ca} 的影响，尤其是当用电

设备组内设备台数较少时,影响更大。在这种情况下,采用二项系数法更为准确。

(三) 二项式系数法

1. 基本公式及含义

从图4-1所示的企业日负荷曲线可看出,其最大有功负荷 P_{ca} 可以表示成

$$P_{ca} = P_{av} + \Delta P \tag{4-21}$$

式中 P_{av}——企业日负荷曲线的平均负荷;

ΔP——日负荷曲线的尖峰部分。

大量的考察和统计证明,产生企业"尖峰负荷"的主要原因是:企业内 X 台最大容量的电动机在某一生产时间内较密集地处于高负荷运行状态。如果已知 X 台最大容量的电动机总容量为 P_X,则式 (4-21) 可以由下式表示,即

$$P_{ca} = b \sum P_N + cP_X \tag{4-22}$$

式中 P_{ca}——用电设备组的计算负荷,kW;

$\sum P_N$——用电设备组的总额定容量,kW;

P_X——X 台最大容量用电设备的总容量,kW;

X——该用电设备组中取最大用电设备的台数,对于不同工作制、不同类型的用电设备,X 取值也不同,如金属冷加工机床 $X=5$ 等,具体见表4-4;

b,c——系数,其值见表4-4。

式 (4-22) 即为二项系数法的基本公式。

与需用系数法相比较,由于二项系数法不仅考虑了用电设备组的平均最大负荷,而且考虑了容量最大的少数用电设备运行时对总计算负荷的额外影响,所以,这种计算方法比较适合于确定用电设备台数较少,而其容量差别又较大的用电设备组的负荷计算。但是,二项式计算系数 b、c 和 X 的值缺乏足够的理论依据,历史上积累的数据也较少,因而应用受到一定的局限。

部分工业企业用电设备组的二项系数等值见表4-4。

表4-4 部分工业企业用电设备组的二项系数、功率因数及功率因数角的正切值

负荷种类	用电设备组名称	二项式系数			$\cos\varphi$	$\tan\varphi$
		b	c	X		
金属切削机床	小批及单件金属冷加工	0.14	0.4	5	0.5	1.73
	大批及流水生产的金属冷加工	0.14	0.5	5	0.5	1.73
	大批及流水生产的金属热加工	0.26	0.5	5	0.65	1.16
长期运转机械	通风机、泵、电动发电机	0.65	0.25	5	0.8	0.75
铸工车间连续运输及整砂机械	非连锁连续运输及整砂机械	0.4	0.4	5	0.75	0.88
	连锁连续运输及整砂机械	0.6	0.2	5	0.75	0.88

续表

负荷种类	用电设备组名称	二项式系数			$\cos\varphi$	$\tan\varphi$
		b	c	X		
反复短时负荷	锅炉、装配、机修的起重机	0.06	0.2	3	0.5	1.73
	铸造车间的起重机	0.09	0.3	3	0.5	1.73
	平炉车间的起重机	0.11	0.3	3	0.5	1.73
	压延、脱模、修整间的起重机	0.18	0.3	3	0.5	1.73
电热设备	定期装料电阻炉	0.5	0.5	1	1	0
	自动连续装料电阻炉	0.7	0.3	2	1	0
	实验室小型干燥箱、加热器	0.7			1	0
	熔炼炉	0.9			0.87	0.56
	工频感应炉	0.8			0.35	2.67
	高频感应炉	0.8			0.6	1.33
焊接设备	自动弧焊变压器	0.5			0.5	1.73
	各种交流焊机	0.35			0.65	1.16
电镀	硅整流装置	0.5	0.35	3	0.75	0.88

按二项系数法确定计算负荷时，如果设备总台数少于表4-4中规定的最大容量设备台数的2倍时，则其最大容量设备台数 X 也宜相应地减少。

建议取 $X = n/2$，则按"四舍五入"取整规则。如果用电设备组只有1~2台用电设备，就可以认为 $P_{ca} = P_N$。

2. 用电设备组计算负荷的确定

当已知各用电设备的设备容量后，可以用下式确定计算负荷，即

$$\begin{cases} P_{ca} = b\sum P_N + cP_X \\ Q_{ca} = P_{ca}\tan\varphi \\ S_{ca} = \sqrt{P_{ca}^2 + Q_{ca}^2} \\ I_{ca} = \dfrac{S_{ca}}{(\sqrt{3}U_N)} \end{cases} \tag{4-23}$$

例4-5 试用二项系数法确定例4-3所列机床组的计算负荷。

解 由表4-4查得 $b = 0.14$，$c = 0.4$，$X = 5$，$\cos\varphi = 0.5$，$\tan\varphi = 1.73$。

设备总容量为

$$\sum P_N = 120.5 \text{ kW}$$

X 台最大容量的设备总容量为

$$P_X = 7.5 \times 3 + 4 \times 2 = 30.5(\text{kW})$$

故得

147

$$P_{ca} = 0.14 \times 120.5 + 0.4 \times 30.5 \approx 29.1 (kW)$$

$$Q_{ca} = 29.1 \times 1.73 \approx 50.3 (kvar)$$

$$S_{ca} = \sqrt{29.1^2 + 50.3^2} \approx 58.2 (kVA)$$

$$I_{ca} = 58.2 / (\sqrt{3} \times 0.38) \approx 88.4 (A)$$

比较例 4 – 3 和例 4 – 5 的计算结果看出，一般按二项系数法计算的结果比按需要系数法计算的结果大。

3. 多组用电设备计算负荷的确定

采用二项系数法确定干线上或变电站母线上的计算负荷时，同样应考虑各组用电设备的最大负荷不同时出现的因素。因此，在确定总计算负荷时，只能在各组用电设备中取其中一组最大的附加负荷 cP_X，再加上所有各组的平均负荷 $b\sum P_N$，其计算公式如下

$$\begin{cases} P_{ca} = \sum_{i=1}^{m} b_i \sum P_{Ni} + (c_i P_X)_{max} \\ Q_{ca} = \sum_{i=1}^{m} b_i \tan\varphi_X \sum P_{Ni} + (c_i P_X)_{max} \tan\varphi_i \\ S_{ca} = \sqrt{P_{ca}^2 + Q_{ca}^2} \\ I_{ca} = \dfrac{S_{ca}}{\sqrt{3} U_N} \end{cases} \qquad (4-24)$$

式中　b_i、$\tan\varphi_i$、$\sum P_{Ni}$——对应 i 组用电设备的 b 系数、功率因数正切值和设备功率；

　　　$(c_i P_X)_{max}$——各用电设备组中最大的一个有功附加负荷，kW；

　　　$\tan\varphi_X$——与 $(cP_X)_{max}$ 相对应的功率因数正切值。

例 4 – 6　试用二项系数法确定例 4 – 4 所述机加工车间 380 V 线路上的计算负荷。设其金属切削机床组有 10 kW 电动机 3 台，7.5 kW 电动机 5 台等，其余电动机均小于 7.5 kW。

解　先求各组的 bP_{Ni} 和 cP_X。

（1）金属切削机床组：

查表 4 – 4，取 $b_1 = 0.14$，$c_1 = 0.4$，$X = 5$，$\cos\varphi_1 = 0.5$，$\tan\varphi_1 = 1.73$，则

$$b_1 \sum P_{N1} = 0.14 \times 100 = 14 (kW)$$

$$c_1 P_{X1} = 0.4 \times (10 \times 3 + 7.5 \times 2) = 18 (kW)$$

（2）通风机组：

查表 4 – 4，取 $b_2 = 0.65$，$c_2 = 0.25$，$X = 5$，$\cos\varphi_2 = 0.8$，$\tan\varphi_2 = 0.75$，则

$$b_2 \sum P_{N2} = 0.65 \times 6 = 3.9 (kW)$$

$$c_2 P_{X2} = 0.25 \times 6 = 1.5 (kW)$$

（3）电阻炉（按定期装料）：

查表 4 – 4，取 $b_3 = 0.5$，$c_3 = 0.5$，$X = 1$，$\cos\varphi_3 = 1$，$\tan\varphi_3 = 0$，则

$$b_3 \sum P_{N3} = 0.5 \times 8 = 4 (kW)$$

$$c_3 P_{X3} = 0.5 \times 8 = 4 (kW)$$

因此，计算中取 $c_1 P_{X1}$ 为附加负荷，得

$$P_{ca} = (14 + 3.9 + 4) + 18 = 39.9(kW)$$

$$Q_{ca} = (14 \times 1.73 + 3.9 \times 0.75) + 18 \times 1.73 = 58.3(kvar)$$

$$S_{ca} = \sqrt{39.9^2 + 58.3^2} \approx 70.6(kVA)$$

$$I_{ca} = \frac{70.6}{\sqrt{3} \times 0.38} \approx 107.3(A)$$

（四）单位产品电耗法

当已知企业年生产量为 m，其单位产品电能消耗量为 a（表 4-5），则年电能需要量与计算负荷分别按以下两式确定，即

$$A = am \tag{4-25}$$

$$P_{ca} = \frac{A}{T_{max}} \tag{4-26}$$

式中　A——年电能需要量，kW·h；

　　　P_{ca}——计算负荷，kW；

　　　T_{max}——年最大负荷利用小时数（表 4-1），h。

表 4-5　单位产品电能消耗量

标准产品	产品单位		单位产品电能消耗量/（kW·h）	标准产品	产品单位		单位产品电能消耗量/（kW·h）
有色金属铸造	1	t	600～1 000	变压器	1	kVA	2.5
铸铁件	1	t	300	电动机	1	kW	14
锻钢件	1	t	30～80	量具刃具	1	t	6 300～8 500
拖拉机	1	台	5 000～8 000	工作母机	1	t	1 000
汽　车	1	辆	1 500～2 500	重型机床	1	t	1 600
轴　承	1	套	1～2.5～4	纱	1	t	40
电　表	1	只	7	橡胶制品	1	t	250～400
静电电容器	1	kvar	3	煤　炭	1	t	15～50

这种方法（二项式系数法）的缺点是无法确定企业内各级母线和各用电设备组的计算负荷，只能得到一个企业组的总结果，故只能用于供电方案设计。

三、企业负荷的确定与变压器选择

针对一个用电户或企业的负荷计算，首先要做负荷统计，并按电压高低、负荷性质及分布位置等条件进行分组，然后从低压用电设备组开始，逐级向低压母线、高压母线直到电源母线进行计算，在此过程中还需进行低压动力变压器和企业 35 kV 主变压器的选择计算及无功功率补偿计算，最后应算出企业年电能消耗量和单位产品电能消耗量等指标。

（一）功率损耗及电能损耗计算

电流通过导线和变压器时，会引起有功功率和无功功率的损耗，这部分功率损耗也需要由电力系统供给。因此，在确定企业的计算负荷时，应将这部分功率损耗加进去。

1. 供电线路的功率损耗

三相供电线路的三相有功功率损耗 ΔP 和三相无功功率损耗 ΔQ 可按下式计算

$$\begin{cases} \Delta P = 3I_{ca}^2 R \times 10^{-3} \\ \Delta Q = 3I_{ca}^2 X \times 10^{-3} \end{cases} \qquad (4-27)$$

式中　　R——线路每相电阻，$R = R_0 L$，Ω；

　　　　X——线路每相电抗，$X = X_0 L$，Ω；

　　　　L——线路计算长度，km；

　　　　R_0，X_0——线路单位长度的交流电阻和电抗，Ω/km。

式（4-27）中的 I_{ca} 用 P_{ca}、Q_{ca} 和 S_{ca} 来表示，可得三相有功功率损耗 ΔP 和无功功率损耗 ΔQ 为

$$\begin{cases} \Delta P = \dfrac{S_{ca}^2}{U_N^2} R \times 10^{-3} = \dfrac{P_{ca}^2 + Q_{ca}^2}{U_N^2} R \times 10^{-3} \\ \Delta Q = \dfrac{S_{ca}^2}{U_N^2} X \times 10^{-3} = \dfrac{P_{ca}^2 + Q_{ca}^2}{U_N^2} X \times 10^{-3} \end{cases} \qquad (4-28)$$

式中　　P_{ca}，Q_{ca}，S_{ca}——线路有功、无功和视在计算功率；

　　　　U_N——线路线电压，V。

例 4-7　试计算从电力系统的某地区变电站到一个企业总降压变电站的 35 kV 送电线路的有功功率损耗和无功功率损耗。已知该线路长度为 12 km，采用 LGJ-70 型钢芯铝绞线，其单位电阻和电抗分别为 $R_0 = 0.46\ \Omega/\text{km}$，$X_0 = 0.397\ \Omega/\text{km}$，输送计算负荷 $S_{ca} = 4\ 917$ kVA。

解　由式（4-28）得有功功率损耗为

$$\Delta P = \frac{S_{ca}^2}{U_N^2} R \times 10^{-3} = \frac{4\ 917^2}{35^2} \times 0.46 \times 12 \times 10^{-3} \approx 109\,(\text{kW})$$

无功功率损耗为

$$\Delta Q = \frac{S_{ca}^2}{U_N^2} X \times 10^{-3} = \frac{4\ 917^2}{35^2} \times 0.397 \times 12 \times 10^{-3} \approx 94\,(\text{kvar})$$

2. 变压器的功率损耗

1）有功功率损耗

变压器的有功功率损耗由两部分组成：一部分是空载损耗，又称铁损，是变压器主磁通在铁芯中产生的有功损耗，由于变压器主磁通仅与外施电压有关，当外施电压 U 和频率 f 恒定时，铁损是常数，与负荷大小无关；另一部分是短路损耗，又称铜损，是变压器负荷电流在一次线圈和二次线圈电阻中产生的有功损耗，其值与负荷电流的平方成正比。因此，双绕组变压器有功功率损耗 ΔP_T 可用下式计算，即

$$\Delta P_T = \Delta P_0 + \Delta P_K \left(\frac{S_{ca}}{S_{NT}} \right)^2 = \Delta P_0 + \beta^2 \Delta P_K \qquad (4-29)$$

式中　　ΔP_0——变压器空载有功功率损耗，kW；

　　　　ΔP_K——变压器的短路电流等于额定电流时的有功功率损耗，kW；

　　　　S_{ca}——视在功率计算负荷，kVA；

　　　　S_{NT}——变压器的额定容量，kVA。

　　　　β——变压器的负荷率，$\beta = S_{ca}/S_{NT}$。

2）无功功率损耗

同样，变压器的无功功率损耗也有两部分：一部分是变压器空载时，由产生主磁通的励磁电流造成的无功功率损耗；另一部分是由变压器负荷电流在一次绕组和二次绕组电抗上产生的无功功率损耗 ΔQ_T，即

$$\Delta Q_T = \Delta Q_0 + \Delta Q_K \left(\frac{S_{ca}}{S_{NT}} \right)^2$$

式中　ΔQ_0——变压器空载无功功率损耗，kvar；

$$\Delta Q_0 = \frac{I_0\%}{100} S_{NT}$$

$I_0\%$——变压器空载电流占额定电流 I_N 的百分数；

ΔQ_K——变压器额定短路无功功率损耗，kvar；

$$\Delta Q_K = \frac{U_K\%}{100} S_{NT}$$

$U_K\%$——变压器短路电压占额定电压的百分数。

故得

$$\Delta Q_T = S_{NT} \left(\frac{I_0\%}{100} + \frac{U_k\%}{100} \beta^2 \right) \tag{4-30}$$

ΔP_0、ΔP_k、$I_0\%$ 和 $U_k\%$ 均可以由变压器产品目录中查得。

在负荷计算中，变压器的有功功率损耗和无功功率损耗还可按下列简化公式近似计算。

对于 SJL_1 等型号电力变压器

$$\begin{cases} \Delta P_T = 0.02 S_{ca} \\ \Delta Q_T \approx 0.08 S_{ca} \end{cases} \tag{4-31}$$

对于 SL_7 等型号低损耗电力变压器

$$\begin{cases} \Delta P_T = 0.015 S_{ca} \\ \Delta Q_T \approx 0.06 S_{ca} \end{cases} \tag{4-32}$$

例 4-8　某车间装一台 $SJL_1 - 1\,000/10$ 型变压器，电压为 10/0.4 kV，$\Delta P_0 = 2.0$ kW，$\Delta P_K = 13.7$ kW，$I_0\% = 1.7$，$U_K\% = 4.5$。并已知变压器的计算负荷 $S_{ca} = 800$ kVA。试求该变压器的有功功率损耗和无功功率损耗。

解　变压器的有功功率损耗为

$$\Delta P_T = \Delta P_0 + \Delta P_K \left(\frac{S_{ca}}{S_N} \right)^2 = 2.0 + 13.7 \times \left(\frac{800}{1\,000} \right)^2 \approx 10.8 (kW)$$

变压器的无功功率损耗为

$$\Delta Q_T = \left(\frac{I_0\%}{100} + \frac{U_k\%}{100} \beta^2 \right) S_N = \left(\frac{1.7}{100} + \frac{4.5}{100} \times \frac{800^2}{1\,000^2} \right) \times 1\,000 = 45.8 (kvar)$$

3. 企业年电能损耗计算

企业每年所消耗的电能主要是用于企业生产和生活，即动力和照明。但企业供电系统中的设备（如线路和变压器）也要消耗一部分电能。

1）供电线路电能损耗

三相供电线路中有功功率损耗 ΔP 可以按下式计算，即

$$\Delta P = \frac{S_{ca}^2}{U_N^2}R \times 10^{-3} = \frac{P_{ca}^2 R}{U_N^2 \cos^2\varphi} \qquad (4-33)$$

式中　$\cos\varphi$——供电线路负荷功率因数。

式（4-33）中，如果企业一年内按 P_{ca} 持续运行一年，那么供电线路一年内的有功电能损耗 $\Delta A_{P_{ca}}$ 为

$$\Delta A_{P_{ca}} = \frac{R \times 10^{-3}}{U_N^2 \cos^2\varphi}P_{ca}^2 \times 8\,760 \qquad (4-34)$$

但实际上，企业的半小时平均负荷是变动的，一般都比 P_{ca} 低，因此，供电线路一年内实际损耗的有功电能 ΔA_P 应该为

$$\Delta A_P = \int_0^{8\,760} \Delta P \mathrm{d}t = \frac{R \times 10^{-3}}{U_N^2 \cos^2\varphi}\int_0^{8\,760} P^2 \mathrm{d}t \qquad (4-35)$$

由年负荷曲线可以画出 $P^2 = f(t)$ 曲线（图4-6），ΔA_P 正比于 $P^2 = f(t)$ 曲线下的面积。

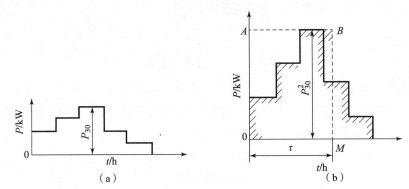

图 4-6　τ 的物理意义

它可以用一个面积相等的矩形 $P_{ca}^2\tau$ 来代替，即

$$\Delta A_P = \frac{R \times 10^{-3}}{U_N^2 \cos^2\varphi}\int_0^{8\,760} P^2 \mathrm{d}t = \frac{R \times 10^{-3}}{U_N^2 \cos^2\varphi}P_{ca}^2\tau \qquad (4-36)$$

式中　τ——最大负荷损耗小时，h。

最大负荷损耗小时的物理意义是：如果供电线路按年半小时最大负荷 P_{ca} 持续运行，则在 τ h 内损耗的电能恰好等于实际变化负荷在 8 760 h 内损耗的电能。

从式（4-36）不难得出

$$\tau = \int_0^{8\,760}\left(\frac{P}{P_{ca}}\right)^2\mathrm{d}t = \int_0^{8\,760}\beta^2\mathrm{d}t \qquad (4-37)$$

式中　β——线路的负荷系数，$\beta = P/P_{ca}$。

由式（4-37）可见，τ 与负荷曲线的形状有关，显然也与 T_{max} 有关，同时，它还与 $\cos\varphi$ 有关。τ 与 T_{max} 的关系如图4-7所示。依据图4-7，由 T_{max} 查得 τ 值后，便可由式（4-36）求得供电线路一年内实际损耗的有功电能。

2）变压器的电能损耗

变压器的有功电能损耗包括两个部分。一部分是变压器铁损 ΔP_o 引起的电能损耗，即空载有功电能损耗。它只与外施电压高低和频率有关，因此，这部分电能损耗是固定不变的。

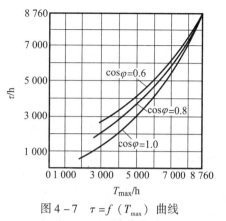

图 4-7　$\tau = f\left(T_{\max}\right)$ 曲线

$$\Delta A_{\mathrm{T1}} = \Delta P_{\mathrm{o}} \times 8\ 760 \tag{4-38}$$

另一部分是变压器铜损 ΔP_{Cu} 引起的电能损耗。这部分损耗与负荷电流的平方成正比，即与变压器负荷率 β 的平方成正比，因此这部分的全年电能损耗为

$$\Delta A_{\mathrm{T2}} = \Delta P_{\mathrm{Cu}}\beta^2\tau \tag{4-39}$$

故得变压器年有功电能损耗为

$$\Delta A_{\mathrm{T}} = \Delta A_{\mathrm{T1}} + \Delta A_{\mathrm{T2}} = \Delta P_0 \times 8\ 760 + \Delta P_{\mathrm{Cu}}\beta^2\tau \tag{4-40}$$

（二）企业计算负荷的确定

企业计算负荷可以按逐级计算法来确定。以图4-8企业供电系统示意图为例：企业的总计算负荷应该是 6~10 kV 高压配电线计算负荷之和乘以同时系数，再加上企业总降压变电站变压器的功率损耗。各高压配出线的计算负荷应该是车间低压各配出线的计算负荷之和乘以同时系数，再加上车间变电站变压器的功率损耗和高压配电线路的功率损耗。各低压配出线的计算负荷便是各用电设备组的计算负荷，再加上低压配出线上的功率损耗。不过，在企业内部，无论是高压线路还是低压线路都不长，线路功率损耗不大，因此，在计算负荷时往往可以忽略不计。用逐级计算方法确定企业计算负荷，可按以下步骤进行。

1. 求用电设备组的计算负荷

先将车间用电设备按工作制的不同分为若干组，求各用电设备组的设备容量；再视具体情况选用需用系数法或二项系数法确定备用用电设备组的计算负荷，见图4-8中的①点。

2. 求车间低压变压器侧的计算负荷

图4-8中的②点，将低压备用用电设备组计算负荷的总和乘以同时系数。用该计算负荷可选择所需车间变压器的容量及低压导线的截面。在求总和时应注意将各设备组的有功计算负荷与无功计算负荷分别相加，再乘以组间同时系数，视在计算功率

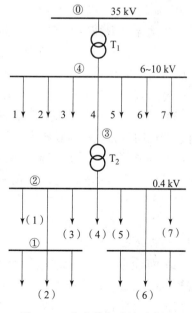

图 4-8　企业供电系统示意图

是不能相加的，以下各步也应同样处理。

3. 求车间变压器高压侧的计算负荷

变压器低压侧计算负荷加上该变压器的功率损耗便得变压器高压侧的计算负荷（图4-8中的③点）。该值可用于选择车间变电所高压侧进线导线的截面。

4. 总降压站6~10 kV侧的计算负荷

由总降压站各配出线计算负荷的总和乘以一个同时系数，再加上各高压配出线的功率损耗（如各高压配出线不长，其功率损耗可以忽略，图4-8中的④点）。该值可以用来选择总降压站主变压器的容量及台数。

5. 企业总计算负荷的确定

首先计算出主变压器的功率损耗，企业计算负荷便是总降压站6~10 kV侧的计算负荷与主变压器功率损耗之和（图4-8中的⑤点）。该值可以用来选择35~110 kV电源进线的截面。

前已述及，各级负荷计算的结果，不仅是为选择供电导线截面和变压器的容量提供依据，而且是选择高低压电气设备和继电保护整定的重要依据。对于企业无功功率补偿的设计计算，也是其基本的设计前提参数之一。

（三）供电变压器的选择

供电变压器是根据其使用环境条件、电压等级及计算负荷选择其型式和容量。变电所的容量是由其装设的主变压器容量所决定的。从供电可靠性出发，变压器台数越多越好；但变压器台数增加，开关电器等设备以及变电所的建设投资都要增大。所以，变压器台数与容量的确定，应全面考虑技术经济指标，合理决定。

1. 变压器台数选择的原则

1）确定车间变电站变压器台数的原则

（1）对于一般性生产车间，尽量装设一台变压器。

（2）如车间有一、二级负荷，必须有两个电源供电时，则应装设两台变压器，并且每台变压器均应能承受全部一、二级负荷的供电任务。但如相邻车间有联络线，当车间变电站发生故障，其一、二级负荷能通过联络线继续供电，则可只选一台变压器。

（3）当车间负荷昼夜变化较大时，或由公用变电站向几个负荷曲线相差悬殊的车间供电时，如选用一台变压器在技术经济上显然不合理，则装设两台变压器。

（4）特殊场合可选用多台变压器。如井下变电站，因考虑电网过大，接地电流增大，对人身及设备安全不利。为限制接地电流和人身触电电流，应选用多台小容量变压器。

2）确定企业总降压变电站变压器台数的原则

（1）当企业绝大多数负荷属三级负荷，其少量一、二级负荷或由邻近企业取得备用电源时，可以装设一台变压器。

（2）如企业的一、二级负荷较多，必须装设两台变压器。两台互为备用，并且当一台出现故障时，另一台应能承担全部一、二级负荷。

（3）特殊情况下可装设两台以上的变压器。例如，分期建设的大型企业，其变电站个数及变压器台数均可分期投建，从而台数可能较多。再如，对引起电网电压严重波动的设备

（如大到电弧炉、矿井电力电子传动的大型提升机）可装设专用变压器。

　　3）两台变压器互为备用的方式

　　在供电设计时，选择变压器的台数和容量，实质上就是确定其合理的备用容量的问题。对两台变压器来说，有以下两种备用方式。

　　（1）明备用。两台变压器，每台均按承担100%的计算负荷来选择，其中一台工作，另一台备用。

　　（2）暗备用。正常运行时，两台变压器同时投入工作，每台变压器承担50%的计算负荷，一般每台容量按计算负荷的70%～80%选择，故变压器正常运行时的负荷率为

$$\beta = (50/80)\% \sim (50/70)\% \approx 62.5\% \sim 71\%$$

基本上满足经济运行的要求。在故障情况下，不用考虑变压器过负载能力就能承担全部一、二级负荷的供电，这是一种比较合理的备用方式。

2. 变压器容量的选择

　　1）车间变电所变压器容量的选择

　　车间变电所变压器的总额定容量应等于或稍大于其计算容量，即

$$\sum S_{NT} \geqslant S_{ca}$$

　　2）企业35 kV总降压变电所主变压器容量的选择

　　一般大型企业常选用两台容量相同的变压器。每台变压器的容量为

$$S_{NT} \geqslant K_{gu} S'_{ca35}$$

式中　K_{gu}——事故时的负荷保证系数，根据企业一、二级负荷所占比例决定，一般可取为
　　　　　0.7～1；

　　　　S'_{ca35}——企业35 kV母线上无功补偿后的总视在计算负荷，kVA。

　　计算出S_{NT}的数值后，可查有关变压器产品样本或电力设计手册，选用额定容量$\geqslant S_{NT}$的变压器标准规格，35 kV电力变压器标准容量规格一般为4 000 kVA、5 000 kVA、6 300 kVA、8 000 kVA、10 000 kVA、12 500 kVA、16 000 kVA、20 000 kVA、25 000 kVA等。

（四）供电变压器的经济运行

　　使自身与电力系统的有功损耗最小而获得最佳经济效益的运行方式称为电力设备的经济运行。对于供电变压器，就是在多大的负荷率下运行最经济的问题。

1. 无功功率经济当量

　　电力系统的有功损耗，不仅与各用电设备的有功损耗有关，而且与它们的无功损耗有关。设备所损耗的无功功率也要由电力系统供给，这使得电网线路在输送一定的有功电流的同时，也要输送一定的无功电流，结果总的视在电流就增大了。而线路有功损耗是用视在电流根据式（4－27）来计算的，由于各设备无功损耗的存在，因此使电力系统的有功损耗增加了一定的数值。

　　为了计算设备无功损耗所引起电力系统有功损耗的增加量而定义的换算系数称为无功功率经济当量，用K_q表示。它表示当电力系统多输送1 kvar的无功功率时，将使电力系统中增加的有功功率损耗数值。

　　K_q的值与电力系统的容量、结构及计算点的具体位置等多种因素有关，对于工矿企业

变配电所，$K_q = 0.02 \sim 0.1$；对由发电机直配的负荷，$K_q = 0.02 \sim 0.04$；对经两级变压的负荷，$K_q = 0.05 \sim 0.07$；对经三级以上变压的负荷，$K_q = 0.08 \sim 0.1$。

2. 单台变压器的经济运行条件

变压器既有有功损耗，又有无功损耗，这些损耗都要引起电力系统有功损耗的增加；但由于变压器的有功损耗比无功损耗小，因此在考虑电力系统有功损耗增量时，可以忽略变压器有功损耗的影响。

要确定变压器经济运行的条件，可以采用数学分析中求极值的方法。将变压器本身的有功损耗再加上变压器的无功损耗在电力系统中引起的有功损耗增量，二者之和称为变压器有功损耗换算值；然后对电力系统单位容量负荷的有功损耗换算值求导数，并令导数为零，就可以得到变压器的经济负荷。

设某变压器的额定功率为 S_{NT}，实际负荷为 S_s，则其有功损耗换算值 ΔP 为

$$
\begin{aligned}
\Delta P &= \Delta P_T + K_q \Delta Q_T \\
&= \Delta P_0 + \beta^2 \Delta P_K + K_q \Delta Q_0 + K_q \beta^2 \Delta Q_K \\
&= \Delta P_0 + K_q \Delta Q_0 + \beta^2 (\Delta P_K + K_q \Delta Q_K)
\end{aligned}
\tag{4-41}
$$

式中　β——变压器的负荷率，$\beta = S_s / S_{NT}$。

要使变压器运行在经济负荷下，就必须满足负荷单位容量的有功损耗换算值 $\Delta P / S_s$ 为最小的条件。

令 $d(\Delta P / S_s) / dS_s = 0$，就可以得到变压器的经济负荷 S_{ecT} 为

$$
S_{ecT} = S_{NT} \sqrt{\frac{\Delta P_0 + K_q \Delta Q_0}{\Delta P_K + K_q \Delta Q_K}}
\tag{4-42}
$$

变压器的经济负荷与其额定容量之比称为变压器的经济负荷系数 K_{ecT}，即

$$
K_{ecT} = \sqrt{\frac{\Delta P_0 + K_q \Delta Q_0}{\Delta P_K + K_q \Delta Q_K}}
\tag{4-43}
$$

设某变电所有两台同型号、同容量的主变压器，变电所总负荷为 S_s。所谓两台变压器的经济运行方案，就是应确定在多大负荷时宜于一台运行，在多大负荷时宜于两台同时运行的方案。方案的依据是两台变压器经济运行的临界负荷（经济负荷临界值）。

当一台变压器运行时，它承担总负荷 S_s，故由式（4-41）得其有功损耗换算值为

$$
\Delta P_I = \Delta P_0 + K_q \Delta Q_0 + (\Delta P_K + K_q \Delta Q_K) \left(\frac{S_s}{S_{NT}} \right)^2
$$

两台变压器同时运行时，每台承担负荷约为 $S_s / 2$，而总的有功损耗换算值为此时一台换算值的 2 倍，即

$$
\begin{aligned}
\Delta P_{II} &= 2 \left[\Delta P_0 + K_q \Delta Q_0 + (\Delta P_K + K_q \Delta Q_K) \left(\frac{S_s / 2}{S_{NT}} \right)^2 \right] \\
&= 2 (\Delta P_0 + K_q \Delta Q_0) + \frac{1}{2} (\Delta P_K + K_q \Delta Q_K) \left(\frac{S_s}{S_{NT}} \right)^2
\end{aligned}
$$

据以上两式以 ΔP 和 S_s 为坐标可画出两条曲线，表示两种情况下有功损耗换算值对总负荷 S_s 的关系。两曲线的交点 a 所对应的负荷 S_{ec} 就称为两变压器经济运行的临界负荷，如图 4-9 所示。

当 $S_s = S' < S_{ec}$ 时，因 $\Delta P'_{\mathrm{I}} < \Delta P'_{\mathrm{II}}$，故宜于一台运行；当 $S_s = S'' > S_{ec}$ 时，因 $\Delta P''_{\mathrm{I}} > \Delta P''_{\mathrm{II}}$，故宜于两台同时运行。

当 $S_s = S_{ec}$ 时，则 $\Delta P_{\mathrm{I}} = \Delta P_{\mathrm{II}}$，即

$$\Delta P_0 + K_q\Delta Q_0 + (\Delta P_K + K_q\Delta Q_K)\left(\frac{S_s}{S_{NT}}\right)^2 = 2(\Delta P_0 + K_q\Delta Q_0) + \frac{1}{2}(\Delta P_K + K_q\Delta Q_K)\left(\frac{S_s}{S_{NT}}\right)^2$$

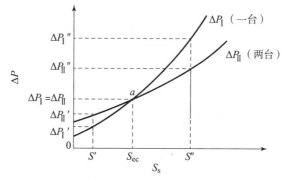

图 4-9　两台变压器经济运行的临界负荷

由此可求得两台变压器经济运行的临界负荷为

$$S_{ec} = S_{NT}\sqrt{2\frac{\Delta P_0 + K_q\Delta Q_0}{\Delta P_K + K_q\Delta Q_K}} \tag{4-44}$$

对于 n 台与 $(n-1)$ 台同型号、同容量的变压器经济运行的临界负荷，同样可以推导出其表达式为

$$S_{ec} = S_{NT}\sqrt{n(n-1)\frac{\Delta P_0 + K_q\Delta Q_0}{\Delta P_K + K_q\Delta Q_K}} \tag{4-45}$$

变压器的经济运行方案，除与变压器本身损耗有关外，还与两部电价制的收费方式有很大的关系。目前我国实行的两部电价制，实际上对用户有不同的收费方式，即固定电费按最高负荷收费和按变压器接用容量收费两种。对于后一种收费方法，实行变压器的经济运行方案就有较大的困难。因在这种情况下，供电设计上常选用两台变压器中一台运行、一台备用的运行方式，以减少固定电费支出。

学习任务二　功率因数的补偿

功率因数是用电户的一项重要电气指标。提高负荷的功率因数可以使发、变电设备和输电线路的供电能力得到充分的发挥，并能降低各级线路和供电变压器的功率损失与电压损失，因而具有重要的意义。目前用户高压配电网主要采用并联电力电容器组来提高负荷功率因数，即所谓集中补偿法，部分用户已采用自动投切电容补偿装置；低压电网，已推广应用功率因数自动补偿装置；对于大中型绕线式异步电动机，利用自励式进相机进行的单机就地补偿来提高功率因数，节电效果显著。

知识目标

1. 了解企业为什么要无功补偿；
2. 了解无功补偿的概念；
3. 熟悉无功补偿的原理；
4. 掌握无功补偿的计算方法。

技能目标

1. 认识电力电容器；
2. 掌握无功补偿的方法和方式；
3. 会计算无功补偿并能选择电容器的个数。

原理及背景资料

一、功率因数概述

（一）功率因数的定义

在交流电路中，有功功率与视在功率的比值称为功率因数，用 $\cos\varphi$ 表示。交流电路中由于存在电感和电容，故建立电感的磁场和电容的电场都需要电源多供给一部分不做机械功的电流，这部分电流叫作无功电流。无功电流的大小与有功负荷（即机械负荷）无关，相位与有功电流相差90°。

三相交流电路功率因数的数学表达式为

$$\cos\varphi = \frac{P}{S} = \frac{P}{\sqrt{P^2 + Q^2}} = \frac{P}{\sqrt{3}UI} \tag{4-46}$$

式中　P——有功功率，kW；

　　　Q——无功功率，kvar；

　　　S——视在功率，kVA；

　　　U——线电压有效值，V；

　　　I——线电流有效值，A。

随着电路的性质不同，$\cos\varphi$ 的数值在 0~1 变化，其大小取决于电路中电感、电容及有功负荷的大小。当 $\cos\varphi = 1$ 时，表示电源发出的视在功率全为有功功率，即 $S = P$，$Q = 0$；当 $\cos\varphi = 0$ 时，则 $P = 0$，表示电源发出的功率全为无功功率，即 $S = Q$。所以负荷的功率因数越接近1越好。

（二）企业供电系统的功率因数

1. 瞬时功率因数

瞬时功率因数由功率因数表（相位表）直接读出，或由功率表、电压表和电流表读得，并按式（4-46）求出，即

$$\cos\varphi = \frac{P}{\sqrt{3}UI}$$

式中　P——功率表读出的三相功率读数，kW；

　　　U——电压表读得的线电压读数，kV；

　　　I——电流表读得的电流读数，A。

瞬时功率因数只用来了解和分析工厂或设备在生产过程中无功功率的变化情况，以便采取适当的补偿措施。

2. 平均功率因数

平均功率因数指某一规定时间内功率因数的平均值，也称加权平均功率因数。平均功率因数按下式计算

$$\cos\varphi = \frac{A_P}{\sqrt{A_P^2 + A_Q^2}} = \frac{1}{\sqrt{1 + \left(\dfrac{A_Q}{A_P}\right)}} \qquad (4-47)$$

式中　A_P——某一时间内消耗的有功电能，kW·h；

　　　A_Q——某一时间内消耗的无功电能，kvar·h。

我国电业部门每月向企业收取电费，就规定电费要按每月平均功率因数的高低来调整。

（三）提高负荷功率因数的意义

由于一般企业采用了大量的感应电动机和变压器等用电设备，特别近年来大功率电力电子拖动设备的应用，企业供电系统除要供给有功功率外，还需要供给大量无功功率，使发电和输电设备的能力不能充分利用，并增加了输电线路的功率损耗和电压损失，故提高用户的功率因数有如下益处。

1. 提高电力系统的供电能力

在发电和输配电设备的安装容量一定时，提高用户的功率因数相应地减少了无功功率的供给，即在同样设备条件下，电力系统输出的有功功率可以增加。

2. 降低网络中的功率损耗

由输电线路的有功功率损耗计算公式 $\Delta P = \dfrac{RP^2}{\cos^2\varphi U_N^2} \times 10^{-3}$ 可知，当线路额定电压 U_N 和线路传输的有功功率 P 及线路电阻 R 恒定时，线路中的有功功率损耗与功率因数的平方成反比。

3. 减少网络中的电压损失，提高供电质量

由于用户功率因数的提高，使网络中的电流减少，因此网络的电压损失减少，网络末端用电设备的电压质量提高。

4. 降低电能成本

从发电厂发出的电能有一定的总成本，提高功率因数可减少网络和变压器中的电能损耗。在发电设备容量不变的情况下，供给用户的电能就相应增多，每度电的总成本就会降低。

（四）供电部门对用户功率因数的要求

我国电力部门对用户的功率因数有明确的规定，要求高压供电（6 kV 及以上）的工业及装有带负荷调整电压设备的用户，功率因数应为 0.9 以上；要求其他电力用户的功率因数

应为 0.85 以上；要求农业用户的功率因数为 0.80 以上。供电部门将根据用户执行的情况，在收取电费时分别作出奖罚处理。

一般重要的用电大户，在设计和实际运行中都将其总降压变电所 6 ~ 10 kV 母线上的功率因数执行为 0.95 以上，以保证加上变压器与电源线路的功率损耗后，仍能保证在上级变电所测得的平均功率因数大于 0.9。

二、提高功率因数的方法

提高功率因数的关键是：尽量减少电力系统中各个设备所需用的无功功率，特别是减少负荷从电网中取用的无功功率，使电网在输送有功功率时，少输送或不输送无功功率。

（一）正确选择电气设备

（1）选择气隙小、磁阻 R_a 小的电气设备。例如，选电动机时，若没有调速和启动条件的限制，应尽量选择鼠笼式电动机。

（2）同容量下选择磁路体积小的电气设备。例如，高速开启式电动机，在同容量下，体积小于低速封闭和隔爆型电动机。

（3）电动机、变压器的容量选择要合适，尽量避免轻载运行。

（4）对不需调速、持续运行的大容量电动机，如主扇、压风机等，有条件时尽量选用同步电动机。同步电动机过激磁运行时，可以提供容性无功，提高供电系统的功率因数。

（二）电气设备的合理运行

（1）消除严重轻载运行的电动机和变压器，对于负荷小于 40% 额定功率的感应电动机，在满足启动、工作稳定性等要求条件下，应以小容量电动机更换或将原为三角形接法的绕组改为星形接法，以降低激磁电压；对于变压器，当其平均负荷小于额定容量的 30% 时，应更换变压器或调整负荷。

（2）合理调度安排生产工艺流程，限制电气设备空载运行。

（3）提高维护检修质量，保证电动机的电磁特性符合标准。

（4）进行技术改造，降低总的无功消耗。例如，改造电磁开关使之无压运行，即电磁开关吸合后，电磁铁合闸电源切除仍能维持开关合闸状态，减少运行中的无功消耗；绕线式感应电动机同步化，使之提供容性无功功率；等等。

（三）人工补偿提高功率因数

人工补偿提高功率因数的做法是采用供应无功功率的设备来就地补偿用电设备所需要的无功功率，以减少线路中的无功输送。当用户在采用了各种"自身提高"措施后仍达不到规定的要求时，就要考虑增设人工补偿装置。人工补偿提高功率因数一般有以下四种方法。

1. 并联电力电容器组

利用电容器产生的无功功率与电感负载产生无功功率进行交换，从而减少了负载向电网吸取无功功率。并联电容器补偿法具有投资少、有功功率损耗小、运行维护方便、故障范围小、无振动与噪声、安装地点较为灵活等优点。电容补偿的缺点是只有有级调节而不能随负载无功功率需要量的变化进行连续平滑的自动调节。

2. 采用同步调相机

同步调相机实际上就是一个大容量的空载运行的同步电动机，其功率大都在 5 000 kW

以上，在过励磁时，它相当于一个无功发电机。其显著的优点是可以无级调节无功功率，但也有造价高、功率损耗大、需要专人进行维护等缺点，因而主要用于电力系统的大型枢纽变电所调整区域电网的功率因数。

3. 采用可控硅静止无功补偿器

这是一种性能比较优越的动态无功补偿装置，由移相电容器、饱和电抗器、可控硅励磁调节器及滤波器等组成。其特点是将可控的饱和电抗器与移相电容器进行并联，电容器可补偿设备产生的冲击无功功率的全部或大部分。当无冲击无功功率时，则利用由饱和电容器所构成的可调感性负载将电容器的过剩无功吸收，从而使功率因数保持在要求的水平上。滤波器可以吸收冲击负荷产生的高次谐波，保证电压质量。这种补偿方式的优点是动态补偿反应迅速、损耗小，特别适合对功率因数变化剧烈的大型负荷进行单独补偿，如用于矿山提升机的大功率可控硅整流装置供电的直流电动机拖动机组等。其缺点是投资较大，设备体积大，因而占地面积也较大。

4. 采用进相机改善功率因数

进相机也叫转子自励相位补偿机，是一种新型的感性无功功率补偿设备，只适用于对绕线式异步电动机进行单独补偿，电动机的容量一般为 95 ~ 1 000 kW。进相机的外形与电动机相似，没有定子及绕组，仅有与直流电动机相似的电枢转子，并由单独的、容量为 1.1 ~ 4.5 kW 的辅助异步电动机拖动。其补偿原理如下：工作时进相机与绕线式异步电动机的转子绕组串联运行，主电动机转子电流在进相机绕组上产生一个转速为 $n_2 = 3\ 000/p$ 的旋转磁场；进相机由辅助电动机拖动顺着该旋转磁场的方向旋转；当进相机转速大于 n_2 时，其电枢上产生相位超前于主电动机转子电流 90° 的感应电动势 E_{in} 又叠加到转子电动势 E_2 上，改变了转子电流的相位，从而改变了主电动机定子电流的相位。调整 E_{in} 可以使主电动机在 $\cos\varphi = 1$ 的条件下运行。

这种补偿方法的优点是投资少、补偿效果彻底，还可以降低主电动机的负荷电流，节电效果显著。其缺点是进相机本身是一旋转机构，还要由一辅助电动机拖动，故增加了维护和检修的负担，另外它只适宜负荷变动不大的大容量绕线转子式电动机，故应用范围受到一定的限制。

三、并联电力电容器组提高功率因数

（一）并联电力电容器组补偿的工作原理

在工厂企业中，大部分是电感性和电阻性的负载，因此总的电流 $\dot{I}$ 将滞后电压一个角度 φ。如果装设电容器，并与负载并联，则电容器的电流 $\dot{I}_C$ 将抵消一部分电感电流 $\dot{I}_L$，从而使无功电流由 $\dot{I}_L$ 减小到 $\dot{I}'_L$，总的电流由 $\dot{I}$ 减小到 $\dot{I}'$，功率因数则由 $\cos\varphi$ 提高到 $\cos\varphi'$，如图 4-10 所示。

从相量图可以看出，由于增装并联电容器，使功率因数角发生了变化，所以该并联电容器又称移相电容器。如果电容器容量选择得当，可使 φ 减小到 0 而 $\cos\varphi$ 提高到 1。这就是并联补偿的工作原理。

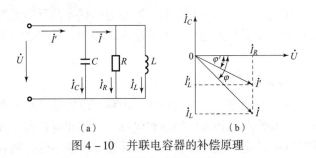

（a）　　　　　　　　　（b）

图 4 - 10　并联电容器的补偿原理

（a）接线图；（b）相量图

（二）无功补偿区的概念

在供电系统中采用并联电力电容器组或其他无功补偿装置来提高功率因数时，需要考虑补偿装置的装设地点，不同的装设地点，其无功补偿区及补偿效益有所不同。对于用户供电系统，电力电容器组的设置有高压集中补偿、低压成组补偿和分散就地补偿三种方式，它们的装设地点与补偿区的分布如图 4 - 11 所示。

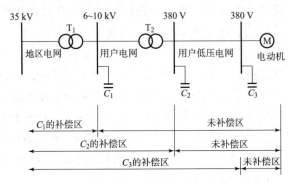

图 4 - 11　无功补偿区的装设地点与补偿区的分布

1. 高压集中补偿

这种方式是在地面变电所 6 ~ 10 kV 母线上集中装设移相电容器组，见图 4 - 11 中的 C_1。高压集中补偿一般设有专门的电容器室，并要求通风良好及配有可靠的放电设备。它只能补偿 6 ~ 10 kV 母线前（电源方向）所有向该母线供电的线路上的无功功率，而该母线后（负荷方向）的用户电网并没有得到无功补偿，因而经济效果较差（针对用户）。

高压集中补偿的初期投资较低，由于用户 6 ~ 10 kV 母线上无功功率变化比较平稳，因而便于运行管理和调节，而且利用率高，还可提高供电变压器的负载能力。它虽然对本企业的技术经济效益较差，但从全局上看改善了地区电网，甚至区域大电网的功率因数，所以至今仍是城市及大中型工矿企业的主要无功补偿方式。

2. 低压成组补偿

这种方式是将低压电容器组或无功功率自动补偿装置装设在车间动力变压器的低压母线上，见图 4 - 11 中的 C_2。它能补偿低压母线前的用户高压电网、地区电网和整个电力系统的无功功率，补偿区大于高压集中补偿，用户本身也可获得相当技术经济效益。低压成组补偿投资不大，通常安装在低压配电室内，其运行维护及管理也很方便，因而正在逐渐成为无功补偿中的重要成分。

3. 分散就地补偿

这种方式是将电容器组分别装设在各组用电设备或单独的大容量电动机处，见图4-11中的 C_3。它与用电设备的停、运一致，但不能与之共用一套控制设备。为了避免送电时的大电流冲击和切断电源时的过电压，要求电容器投运时迟于用电设备，而停运时先于用电设备，并应设有可靠的放电装置。

分散就地补偿从效果上看是比较理想的，除控制开关到用电设备的一小段负荷线外，其余一直到系统电源都是它的补偿区。但是，分散就地补偿总的投资较大，其原因有二：一是分散就地补偿多用于低压，而低压电容器的价格要比同等补偿容量的高压电容器高；二是要增加开关控制设备。此外，分散就地补偿也增加了管理上的不便，而且利用率较低，所以它仅适用于个别容量较大且位置单独的负荷。

对负荷较稳定的 6~10 kV 高压绕线式异步电动机最理想的分散就地补偿措施是在电动机处就地安装进相机，其补偿区从电动机起一直覆盖到电源，功率因数可补偿到 1，节电效果显著，一般数月就能收回增置设备的全部费用，是一种很有发展前途的补偿方式。

(三) 补偿电容器组的接线方式

在无功补偿中，10 kV 及以下线路的补偿电容器组常按三角形接线，主要原因如下：

(1) 三角形接线可以防止电容器容量不对称（如个别电容器的熔断器熔断）而出现的过电压，电容器对过电压是比较敏感的，若为星形接线，则由于中性点位移，使部分相欠电压而部分相过电压；更严重的是当发生单相接地时，其余两相将升为线电压（中性点不接地系统），电容器很容易被损坏。

(2) 三角形接线若发生一相断线，只是使各相的补偿容量有所减少，不致于严重不平衡。而星形接线若发生一相断线，就使该相失去补偿，严重影响电能质量。

(3) 采用三角形接线可以充分发挥电容器的补偿能力，电容器的补偿容量与加在其两端的电压有关，即

$$Q_c = UI = \frac{U^2}{X_C} = \omega C U^2 \tag{4-48}$$

电容器采用三角形接法时，每相电容都承受线电压，而采用星形接法时，每相电容都承受相电压，所以有

$$Q_{C.Y} = \omega C \left(\frac{U}{\sqrt{3}}\right)^2$$

$$= \omega C \frac{U^2}{3} = \frac{Q_{C.A}}{3} \tag{4-49}$$

式 (4-49) 表明，具有相同电容量的三个单相电容器组，采用三角形接法时的补偿容量是采用星形接法的 3 倍。因此，在电压相符的情况下，应尽量采用三角形接法。

四、高压集中补偿提高功率因数的计算

(一) 确定用户 6~10 kV 母线上的自然功率因数

在设计阶段，自然功率因数 $\cos\varphi_1$ 按下式确定：

$$\cos\varphi_1 = \frac{P_{ca.6}}{S_{ca.6}} \tag{4-50}$$

式中　$P_{ca.6}$——用户 6~10 kV 母线上的计算有功功率，kW；

　　　$S_{ca.6}$——用户 6~10 kV 母线上的计算视在功率，kVA。

在已正常生产的用户中，$\cos\varphi_1$ 按下式确定：

$$\cos\varphi_1 = \frac{A_p}{\sqrt{A_P^2 + A_Q^2}} \tag{4-51}$$

式中　A_P——用户月（年）的有功耗电量，kW·h；

　　　A_Q——用户月（年）的无功耗电量，kvar·h。

（二）计算使功率因数从 $\cos\varphi_1$ 提高到 $\cos\varphi_2$ 所需的补偿容量

$$Q_C = K_{1o} P_{ca} (\tan\varphi_1 - \tan\varphi_2) \tag{4-52}$$

式中　Q_C——所需电容器组的总补偿容量，kvar；

　　　K_{1o}——平均负荷系数，计算时取 0.7~0.85；

　　　P_{ca}——用户 6~10 kV 母线上的计算有功负荷，kW；

　　　$\tan\varphi_1$，$\tan\varphi_2$——补偿前、后功率因数的正切值。

（三）计算三相所需电容器的总台数 N 和每相电容器的台数 n

在三相系统中，当单个电容器的额定电压与电网电压相同时，电容器应按三角形接法；当低于电网电压时，应将若干单个电容器串联后接成三角形。图 4-12 所示为电容器接入电网的示意图。

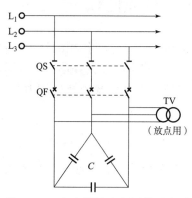

图 4-12　电容器接入电网的示意图

按三角形连接时，单相电容器总台数 N 为

$$N = \frac{Q_c}{q_c \left(\dfrac{U}{U_{N.C}} \right)^2} \tag{4-53}$$

每相电容器的台数 n 为

$$n = \frac{N}{3} \tag{4-54}$$

式中　Q_C——三相所需的总电容器容量，kvar（见表 4-6）；

　　　q_C——单台（柜）的电容器容量，kvar；

　　　U——电网工作电压（电容器安装处的实际电压），V；

　　　$U_{N.C}$——电容器的额定电压，V。

表 4 - 6　常用电力电容器技术数据

型　　号	额定电压/kV	标称容量/kvar	标称电容/μF	相数	质量
YY0.4 - 12 - 1	0.4	12	240	1	21
YY0.4 - 24 - 1	0.4	24	480	1	40
YY0.4 - 12 - 3	0.4	12	240	3	21
YY0.4 - 24 - 3	0.4	24	480	3	40
YY6.3 - 12 - 1	6.3	12	0.962	1	21
YY6.3 - 24 - 1	6.3	24	1.924	1	40
YY10.5 - 12 - 1	10.5	12	0.347	1	21
YY10.5 - 24 - 1	10.5	24	0.694	1	40

注：第一个字母 Y 表示电"容"器，第二个字母 Y 表示矿物"油"浸渍。

（四）选择实际台数

算出 N 值后，考虑高压为单相电容器，故实际取值应为 3 的倍数（6 ~ 10 kV 为单母线不分段），对于 6 ~ 10 kV 为单母线分段的变电所，由于电容器组应分两组安装在各段母线上，故每相电容器台数应取双数，所以以单相电容器的实际总台数 N' 应为 6 的整数倍。

例 4 - 9　某变电所 6 kV 母线月有功耗电量为 4×10^6 kW·h，月无功耗电量为 3×10^6 kvar·h，半小时有功最大负荷 $P_{30} = 1 \times 10^4$ kW，平均负荷率为 0.8。求将功率因数提高到 0.95 时所需电容器的容量及电容器的数目。

解　（1）按式（4 - 51）求全矿的自然功率因数 $\cos\varphi$ 为

$$\cos\varphi = \frac{A_P}{\sqrt{A_P^2 + A_Q^2}} = \frac{4 \times 10^6}{\sqrt{(4 \times 10^6)^2 + (3 \times 10^6)^2}} = 0.8$$

（2）计算所需电容器的容量：将功率因数由 0.8 提高到 0.95 时所需电容器的容量可由式（4 - 52）求得

$$Q_C = K_{lo}P_{30}(\tan\varphi_1 - \tan\varphi_2) = 0.8 \times 1 \times 10^4 \times (0.75 - 0.33) = 3\,360(\text{kvar})$$

式中，$\cos\varphi_1 = 0.8$，$\tan\varphi_1 = 0.75$，$\cos\varphi_2 = 0.95$，$\tan\varphi_2 = 0.33$。

按电网电压查表 4 - 6，选额定电压为 6.3 kV、额定容量为 12 kvar 的 YY6.3 - 12 - 1 型单相油浸移相电容器。

（3）确定电容器的总台数和每相电容器的台数：按三角形接线，所需电容器的总台数 N 为

$$N = \frac{Q_c}{qc\left(\dfrac{U}{U_{N.C}}\right)^2} = \frac{3\,360}{12 \times \left(\dfrac{6}{6.3}\right)^2} = 310 \text{（个）}$$

每相电容器的台数 n 为

$$n = \frac{N}{3} = \frac{310}{3} \approx 103.3 \text{（个）}$$

（4）选择实际台数：考虑大型用户变电所 6 kV 均为单母线分段，故取实际每相电容器数为 $n' = 104$ 个，则实际电容器的台数取为 $N' = 312$ 个。

在工程实际中，常将多台电容器按相按组并按三角接法装在一起，构成所谓电容器柜，

如 GR - 1C 系列高压电容器柜，其技术参数见表 4 - 7。选用电容器柜时，式（4 - 53）中的 q_c 就是单柜的补偿容量。

表 4 - 7　高压电容器柜及放电柜

型号规格	电压/kV	每柜容量/kvar	接法	质量/t	外型尺寸/m×m×m 宽×厚×高
GR - 1C - 07	6，10	12×18=216	△	0.7	1.0×1.2×2.8
GR - 1C - 08	6，10	15×18=270	△	0.7	1.0×1.2×2.8
GR - 1C - 03	6，10	（放电柜）		0.7	0.8×1.2×2.8

GR - 1 系列电容器柜用于工矿企业 3 ~ 10 kV 变配电所，作为改善电网功率因数的户内成套装置，有电容器柜、测量及放电柜两种柜型组成。

GR - 1C 型为横差保护型，即当柜内某一电容器发生过流时，依靠接成横差线路的电流互感器驱动主电路开关跳闸。其中，一次方案为 07 的内装 BW10.5 - 18 型电容器 12 个，08 型装 15 个，补偿容量分别为 216 kvar 和 270 kvar；一次方案 03 的为放电柜，内装 JDZ - 10/100 V 电压互感器两台，电压表、转换开关各一个，信号灯三个。

学习任务三　短路电流计算

研究供电系统的短路并计算各种情况下的短路电流，对供电系统的拟定、运行方式的比较、电气设备的选择及继电保护整定都有重要意义。本任务研究短路故障暂态过程、短路电流计算和短路电流的力、热效应等内容。

知识目标

1. 了解短路电流的有关概念；
2. 熟悉短路电流的种类；
3. 掌握短路电流的计算方法；
4. 熟悉短路电流的效应；
5. 掌握电气设备的选择和校验。

技能目标

1. 认识短路电流的危害；
2. 会用有名制法和标幺制法计算短路电流；
3. 根据短路电流计算结果会选择电气设备。

原理及背景资料

一、短路的基本概念

在供电系统中，可能发生的主要短路种类有四种：三相短路、两相短路、两相接地短路和单相接地短路，见表 4 - 8。

表 4 - 8 短路的种类

短路种类	示意图	代表符号	性 质
三相短路		$K^{(3)}$	三相同时在一点短接，属于对称短路故障
两相短路		$K^{(2)}$	两相同时在一点短接，属于不对称短路故障
两相接地短路		$K^{(1,1)}$	在中性点直接接地系统中，两相在不同地点与地短接，属于不对称短路故障
单相接地短路		$K^{(1)}$	在中性点直接接地系统中，一相与地短接，属于不对称短路故障

1. 短路的定义

三相短路是指供电系统中三相导体间的短路，用 $K^{(3)}$ 表示；两相短路是指供电系统中任意两相导体间的短路，用 $K^{(2)}$ 表示；两相接地短路是指中性点直接接地系统中，任意两相在不同地点发生单相接地而产生的短路，用 $K^{(1,1)}$ 表示；单相接地短路是指供电系统中任意一相导体经大地与中性点或中性线发生的短路，用 $K^{(1)}$ 表示。

在供电系统中，出现单相短路故障的概率最大，但由于三相短路所产生的短路电流最大，危害最严重，因而短路电流计算的重点是三相短路电流的计算。

2. 短路的原因

产生短路故障的主要原因是电气设备的载流部分绝缘损坏所致。绝缘损坏是由于绝缘老化、过电压或机械损伤等原因造成的。其他如运行人员带负荷拉、合隔离开关或者检修后未拆除接地线就送电等误操作而引起的短路。此外，鸟兽在裸露的导体上跨越以及风雪等自然现象也能引起短路。

3. 短路的危害

发生短路时，因短路回路的总阻抗非常小，故短路电流可能达到很大的数值。强大的短路电流所产生的热和电动力效应会使电气设备受到破坏；短路点的电弧可能烧毁电气设备；短路点附近的电压显著降低，使供电受到严重影响或被迫中断；若在发电厂附近发生短路，还可能使全电力系统运行解列，引起严重后果。此外，接地短路故障所造成的零序电流，会在邻近的通信线路内产生感应电动势，干扰通信，也可能危及人身和设备的安全。

4. 计算短路电流的目的

短路产生的后果极为严重，为了限制短路的危害和缩小故障影响的范围，在供电系统的设计和运行中，必须进行短路电流计算，以解决下列技术问题。

（1）选择电气设备和载流导体，必须用短路电流校验其热稳定性和机械强度。

（2）设置和整定继电保护装置，使之能正确地切除短路故障。

（3）确定限流措施，当短路电流过大造成设备选择困难或不够经济时，可采取限制短路电流的措施。

（4）确定合理的主接线方案和主要运行方式等。

二、无限大容量电源供电系统三相短路分析

本节分析无限大容量电源供电系统中发生三相短路时短路电流的变化规律，以及有关短路参数的物理意义和计算方法。

（一）无限大容量电源供电系统和有限大容量电源供电系统概念

所谓无限大容量电源供电系统是指电源的内阻抗为零，在短路过程中电源的端电压恒定不变，短路电流周期分量恒定不变。事实上，真正无限大容量电源供电系统是不存在的，通常将电源内阻抗小于短路回路总阻抗10%的电源看作无限大容量电源供电系统。一般工矿企业供电系统的短路点离电源的电气距离足够远，满足以上条件，可作为无限大容量电源供电系统进行短路电流计算和分析。

所谓有限大容量电源供电系统是指电源的内阻抗不能忽略，且是变化的，在短路过程中电源的端电压是衰减的，短路电流的周期分量幅值是衰减的。通常将电源内阻抗大于短路回路总阻抗10%的供电系统称为有限大容量电源供电系统。

有限大容量电源供电系统短路电流的周期分量幅值衰减的根本原因是：由于短路回路阻抗突然减小和同步发电机定子电流激增，使发电机内部产生电磁暂态过程，即发电机的端电压幅值和同步电抗大小出现变化过程，由其产生的短路电流的周期分量是变化的。所以，有限容量电源供电系统的短路电流周期分量的幅值是变化的，历经从次暂态短路电流（I''）→暂态短路电流（I'）→稳态短路电流（I_∞）的衰减变化过程。

（二）无限大容量电源供电系统三相短路的暂态过程

当突然发生短路时，供电系统总是由原来的工作状态经过一个暂态过程，然后进入短路稳定状态。供电网路中的电流也由正常负荷电流突然增大，经过暂态过程达到新的稳定值。

图4-13所示为无限大容量电源供电系统发生三相短路的三相电路图。R、L为短路点前的线路电阻和电感，R_lo、L_lo为负载的电阻和电感。

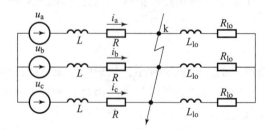

图4-13　无限大容量电源供电系统发生三相短路图

1. 正常运行

由于三相电路对称，只取一相讨论。设电源相电压为

$$U_{\mathrm{h}} = U_{\mathrm{hm}}\sin(\omega t + \theta) \tag{4-55}$$

正常运行时的电流为

$$i = I_{\mathrm{hm}}\sin(\omega t + \theta - \varphi) \tag{4-56}$$

式中　U_{hm}——相电压幅值，kV；

I_{hm}——短路前电流幅值，kA；$I_{\mathrm{hm}} = U_{\mathrm{hm}} / \sqrt{(R + R_{\mathrm{lo}})^2 + (\omega L + \omega L_{\mathrm{lo}})^2}$；

φ——短路前阻抗角，$\varphi = \arctan[(\omega L + \omega L_{\mathrm{lo}}) / (R + R_{\mathrm{lo}})]$。

2. 短路暂态过程分析

当图 4-13 的 k 点发生三相短路时，电路被分为两个独立的回路。短路点的右侧是负载回路被短接回路，失去电源，其电流由原来的数值衰减到零；短路点的左侧是一个与电源相连的短路回路，由于回路阻抗突然减少，电流要由原来的负荷电流增大为短路电流 i_{k}，但电路内存在电感，电流不能发生突变，从而产生一个非周期分量电流，因非周期分量电流没有外加电压的维持，要不断衰减，当非周期分量衰减到零后，短路的暂态过程结束，此时短路进入稳定短路状态，短路电流达到稳态短路电流。短路电流 i_{k} 应满足微分方程

$$L\frac{\mathrm{d}i_{\mathrm{k}}}{\mathrm{d}t} + Ri_{\mathrm{k}} = \sin(\omega t + \theta) \tag{4-57}$$

方程（4-57）为一阶非齐次常系数微分方程，其解为

$$i_{\mathrm{k}} = i_{\mathrm{pc}} + i_{\mathrm{ap}} \tag{4-58}$$

即

$$i_{\mathrm{k}} = I_{\mathrm{pm}}\sin(\omega t + \theta - \varphi_{\mathrm{k}}) + i_{\mathrm{ap.0}}\mathrm{e}^{L} \tag{4-59}$$

式中　i_{pe}——微分方程的特解，是短路后的稳态短路电流值，称周期分量；

i_{ap}——微分方程的齐次方程的解，称非周期分量；

I_{pm}——周期分量幅值，$I_{\mathrm{pm}} = U_{\mathrm{km}} / \sqrt{R^2 + (\omega L)^2}$；

φ_{k}——短路回路的阻抗角，$\varphi_{\mathrm{k}} = \arctan(\omega L / R)$；

$i_{\mathrm{ap.0}}$——非周期分量的初始值。

$i_{\mathrm{ap.0}}$ 由初始条件决定。电感电路中的电流不能突变，即在短路发生前的一瞬间，电路中的电流值（负载电流，以 i_{0-} 表示）必须与短路后一瞬间的电流值（以 i_{0+} 表示）相等，如将短路发生的时刻定为时间起点，将 $t=0$ 代入式（4-56）和式（4-59），求得短路前和短路后的电流为

$$i_{0-} = I_{\mathrm{m}}\sin(\theta - \varphi) \tag{4-60}$$

$$i_{0+} = I_{\mathrm{pm}}\sin(\theta - \varphi_{\mathrm{k}}) + i_{\mathrm{ap.0}} \tag{4-61}$$

因 $i_{0-} = i_{0+}$，则得

$$i_{\mathrm{ap.0}} = I_{\mathrm{m}}\sin(\theta - \varphi) - I_{\mathrm{pm}}\sin(\theta - \varphi_{\mathrm{k}}) \tag{4-62}$$

从而得短路的全电流表达式为

$$i_{\mathrm{k}} = I_{\mathrm{pm}}\sin(\omega t + \theta - \varphi_{\mathrm{k}}) + [I_{\mathrm{m}}\sin(\theta - \varphi) - I_{\mathrm{pm}}\sin(\theta - \varphi_{\mathrm{k}})]\mathrm{e}^{-\frac{t}{T_{\mathrm{k}}}} \tag{4-63}$$

式中　T_{k}——短路回路的时间常数，$T_{\mathrm{k}} = L/R$。

式（4-63）所对应短路电流的波形如图 4-14 所示。

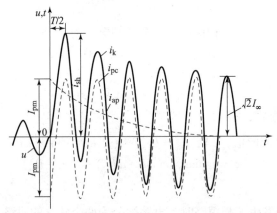

图 4 – 14 无限大容量电源供电系统三相短路时短路电流的波形

式 (4 – 63) 和图 4 – 14 都是表明一相 (如 a 相) 的短路电流情况, 其他两相只是在相位上相差 120°。

3. 最大三相短路电流

最大三相短路电流是指最大短路电流瞬时值。由式 (4 – 63) 可知, 短路电流瞬时值的最大条件也就是短路电流非周期分量初始值最大的条件。

短路电流各分量之间的关系也可用相量图表示, 如图 4 – 15 所示, 图中表示 $t = 0$ 时各相量的位置。各相量对纵轴的投影是它的瞬时值。短路前电流相量 I_m 对纵轴的投影为 $I_m \sin (\theta - \varphi)$, 短路后周期分量电流 i_{pm} 的投影为 $I_{pm} = I_m \sin (\theta - \varphi_k)$。非周期分量电流的初始值 $i_{ap.0}$ 等于短路瞬间相量差 $(I_m - I_{pm})$ 在纵轴上的投影。当相量差 $(I_m - I_{pm})$ 与纵轴成平行状态时, 其在纵轴上的投影最大, $i_{ap.0}$ 的值最大。

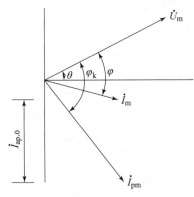

图 4 – 15 某相短路电流各分量之间的关系的相量图

由此可见, 短路电流非周期初始值 $i_{ap.0}$ 最大, 既与短路前的负载情况有关, 又与短路发生时刻 (θ 角)、短路后回路性质有关。因此, 当供电回路为空载状态 $I_m = 0$ 或 $\cos\varphi = 1$ 时, I_m 与横轴重合; 电源电压过零 (电源电压与横轴重合) 时短路, 而且短路回路为纯电感性质, 短路电流非周期初始值 $i_{ap.0}$ 最大。

综上所述, 产生最大三相短路电流的具体条件如下:

(1) 短路前供电回路空载或 $\cos\varphi = 1$。

（2）短路瞬间电压过零，即 $t = 0$ 时，$\theta = 0$ 或 180 °。

（3）短路回路阻抗为纯电抗性质，即 $\varphi_k = 90$ °。

将 $I_m = 0$，$\theta = 0$，$\varphi_k = 90$ °代入式（4 - 63），得最大的短路电流瞬时值表达式为

$$i_k = -I_{pm}\cos\omega t + I_{pm}e^{T_k} \tag{4-64}$$

发生三相短路时，因不同相之间有 120°相角差，各相短路电流周期分量初始值不相同，所以各相的非周期分量电流大小并不相等。初始值为最大情况，只能在其中的某一相中出现，因此，三相短路的全电流的波形是不对称的，如图 4 - 16 所示。

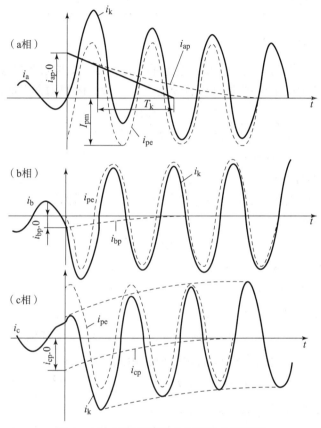

图 4 - 16　三相短路时各相短路电流波形

三相短路时，三相短路电流只有其中一相电流最大。短路电流计算是按产生最大短路电流的条件进行考虑的。

（三）三相短路的有关物理量

1. 短路电流周期分量有效值

由 $I_{pm} = U_m / \sqrt{R_k^2 + (\omega L_k)^2}$，可求得短路电流周期分量有效值为 $I_{pe} - I_{pm}/\sqrt{2}$。为简化计算，取电源电压为电网平均额定电压 U_{av}，则短路电流周期分量的有效值为

$$I_{pc} = \frac{U_{av}}{\sqrt{3}Z_k} \tag{4-65}$$

式中　U_{av}——电网额定平均电压，即各级线路始末两端额定电压的平均值，$U_{av} = 1.05U_N$，

其数值如表 4 - 9 所示;

  U_N——电网的额定电压;

  Z_k——短路回路总电抗, $Z_k = \sqrt{R_k^2 + (\omega L_k)^2}$。

表 4 - 9   电网电压的平均额定电压值和基准电压   kV

额定电压/U_N	0.23	0.38	0.66	3	6	10	35	110
平均额定电压 U_{av}	0.23	0.40	0.69	3.15	6.3	10.5	37	115
基准电压 U_d	0.23	0.40	0.69	3.15	6.3	10.5	37	115

  2. 短路全电流有效值

  因短路电流含有非周期分量, 短路全电流不是正弦波。短路过程中短路全电流的有效值 I_t, 是指以该时间 t 为中心的一个周期内, 短路全电流瞬时值的均方根值, 即

$$I_t = \sqrt{\frac{1}{T} \int_{t-\frac{T}{2}}^{t+\frac{T}{2}} i_k^2 \mathrm{d}t} = \sqrt{\frac{1}{T} \int_{t-\frac{T}{2}}^{t+\frac{T}{2}} (i_{pe.t} + i_{ap.t})^2 \mathrm{d}t} \quad (4-66)$$

式中 $i_{pe.t}$——周期分量在时刻 t 的瞬时值;

    $i_{ap.t}$——非周期分量在时刻 t 的瞬时值。

  非周期分量随时间而衰减, 由图 4 - 14 可见。为了简化计算, 假设其在一个周期内数值不变, 取其中心值 (时刻 t 的值) 计算, 由式 (4 - 66) 可得短路全电流的有效值 I_t 为

$$I_t = \sqrt{I_{pe.t}^2 + I_{ap.t}^2} \quad (4-67)$$

式中 $I_{pe.t}$——周期分量在时刻 t 的有效值;

    $I_{ap.t}$——非周期分量在时刻 t 的有效值; 且 $I_{ap.t} = i_{ap.t}$。

  3. 短路冲击电流和冲击电流有效值

  短路冲击电流 i_{sh} 是指短路全电流的最大瞬时值, 由图 3 - 2 可见, 短路全电流最大瞬时值出现在短路后的前半个周期, 即 $t = 0.01$ s 时, 由式 (4 - 64) 得

$$i_{sh} = -I_{pm}\cos(\omega \times 0.01) + I_{pm}e^{-\frac{0.01}{T_k}} = I_{pm}\left(1 + e^{-\frac{0.01}{T_k}}\right) = \sqrt{2}K_{sh}I_{pc} \quad (4-68)$$

式中 K_{sh}——短路电流冲击系数, $K_{sh} = 1 + e^{-\frac{0.01}{T_k}}$。

  对于纯电阻性电路, $K_{sh} = 1$; 对于纯电感性电路, $K_{sh} = 2$。因此, $1 \leqslant K_{sh} \leqslant 2$。

  短路冲击电流的有效值 I_{sh} 是指短路后第一个周期的短路全电流有效值。

  由式 (4 - 67) 得

$$I_{sh} = \sqrt{I_{pe(0.01)}^2 + I_{ap(0.01)}^2} \quad (4-69)$$

或

$$I_{sh} = \sqrt{1 + 2(K_{sh} - 1)^2 I_{pe}} \quad (4-70)$$

  为了计算方便, 在工矿企业的高压供电系统中发生三相短路时, 因电抗较大, 一般可取 $K_{sh} = 1.8$, 则

$$i_{sh} = 2.55 I_{pe} \quad (4-71)$$

$$I_{sh} = 1.52 I_{pe} \quad (4-72)$$

  在低压系统发生三相短路时, 因电阻较大, 可取 $K_{sh} = 1.3$, 因此

$$i_{sh} = 1.84 I_{pe} \qquad\qquad (4-73)$$

$$I_{sh} = 1.09 I_{pe} \qquad\qquad (4-74)$$

4. 稳态短路电流有效值

稳态短路电流有效值是指短路电流非周期分量衰减完毕后的短路电流有效值，用 I_∞ 表示。在无限大容量系统中发生三相短路时，短路电流的周期分量有效值保持不变，故有 $I_{pe} = I_\infty$。在短路电流计算中，通常用 I_k 表示周期分量的有效值，以下简称短路电流，即

$$I_k = I_{pe} = I_\infty = \frac{U_{av}}{Z_k} \qquad\qquad (4-75)$$

5. 三相短路容量

在短路电流计算时，常遇到短路容量的概念，其定义为短路点所在线路的平均额定电压与短路电流周期分量所构成的三相视在功率，即

$$S_k = \sqrt{3} U_{av} I_k \qquad\qquad (4-76)$$

式中　S_k——三相短路容量，MVA；

$\quad\quad U_{av}$——短路点所在线路的平均额定电压，kV；

$\quad\quad I_k$——短路电流，kA。

在选择开关设备时，有时可用三相短路容量来校验其开断能力。

三、无限大容量电源供电系统的三相短路电流计算

无限大容量电源供电系统发生三相短路时，只要求出短路电流周期分量有效值，就可计算有关短路的所有物理量。而短路电流周期分量可由电源电压及短路回路的等值阻抗按欧姆定律计算。短路电流的计算方法主要采用有名制法和标幺制法。

（一）有名制法

在企业供电系统中发生三相短路时，若短路回路的阻抗为 R_k、X_k，则三相短路电流周期分量的有效值为

$$I_k^{(3)} = \frac{U_{av}}{\sqrt{3}\,\sqrt{R_k^2 + X_k^2}} \qquad\qquad (4-77)$$

式中　U_{av}——短路点所在线路的平均额定电压，kV；

$\quad\quad R_k，X_k$——短路点以前的总电阻和总电抗，均已归算到短路点所在处电压等级，Ω。

对于高压供电系统，因回路中各元件的电抗占主要成分，短路回路的电阻可忽略不计，则式（4-77）变为

$$I_k^{(3)} = \frac{U_{av}}{\sqrt{3} X_k} \qquad\qquad (4-78)$$

1. 系统电源电抗 X_s

无限大容量电源供电系统的内电抗分为两种情况：一种是当不知道系统电源的短路容量时认为系统电抗等于零；另一种情况是如果知道系统电源在母线上的短路容量或供电系统出口断器器的断流容量，则系统电源的电抗计算如下。

1）已知电源母线上的短路容量 S_k 和线路的额定平均电压 U_{av}

系统电源的电抗为

$$X_s = \frac{U_{av}^2}{S_k} \qquad (4-79)$$

2）已知供电系统高压出线断路器的断流容量 S_{Nbr}

将断流容量看作系统短路容量，系统电源电抗为

$$X_s = \frac{U_{av}^2}{S_k} = \frac{U_{av}^2}{S_{Nbr}} \qquad (4-80)$$

2. 变压器电抗 X_T

由变压器的短路电压百分数 $U_k\%$ 的定义可知

$$U_\% = Z_T \frac{\sqrt{3}I_{T.N}}{U_{T.N}} \times 100\% = Z_T \frac{S_{T.N}}{U_{T.N}^2} \times 100 \qquad (4-81)$$

式中　Z_T——变压器的阻抗，Ω；

　　　$S_{T.N}$——变压器的额定容量，VA；

　　　$U_{T.N}$——变压器的额定电压，V；

　　　$I_{T.N}$——变压器的额定电流，A。

如果忽略变压器电阻以及取 $U_{T.N} = U_{av}$，则变压器的电抗 $X_T = Z_T$，有

$$X_T = \frac{U_k\%}{100} \frac{U_\omega^2}{S_{T.N}} \qquad (4-82)$$

式（4-82）中用线路平均额定电压 U_{av} 代换变压器的额定电压，是因为变压器的阻抗应折算到短路点所在处，以便计算短路电流。

若需要考虑变压器的电阻 R_T 时，可根据变压器的短路损耗 ΔP_k 按下式计算

$$R_T = \Delta P_k \frac{U_{T.N}^2}{S_{T.N}^2} \qquad (4-83)$$

再由式（4-81）算出变压器的阻抗 Z_T，由下式计算变压器的电抗 X_T 为

$$X_T = \sqrt{Z_T^2 - R_T^2} \qquad (4-84)$$

3. 电抗器的电抗 X_L

电抗器是限制短路电流的空心电感线圈，只有当短路电流过大造成开关设备选择困难或不经济时，才在线路首端串接限流电抗器。电抗器的电抗值是以其额定值的百分数形式给出的，可按下式求得其欧姆值为

$$X_L = X_L\% \frac{U_{L.N}}{\sqrt{3}I_{L.N}} \qquad (4-85)$$

式中　$X_L\%$——电抗器的电抗百分数；

　　　$U_{L.N}$——电抗器的额定电压，kV；

　　　$I_{L.N}$——电抗器的额定电流，kA。

有时电抗器的额定电压与安装地点线路的额定平均电压相差很大，如额定电压为 10 kV 的电抗器，可用在 6 kV 的线路上。因此，计算时一般不用线路的额定平均电压代换它的额定电压。

4. 线路的电抗 X_l

线路的电抗 X_l 可按下式求得

$$X_1 = x_0 l \tag{4 - 86}$$

式中　l——导线的长度，km；

　　　x_0——线路单位长度的电抗值，Ω/km，其随导线间的几何均距、线径及材料而变，可以按下式计算

$$x_0 \approx 0.144\ 5 \lg \frac{2D}{d} + 0.015\ 7 \tag{4 - 87}$$

式中　d——导体直径，mm；

　　　D——各导体间的几何均距，mm。

　　三相导线间的几何均距可按下式计算

$$D = \sqrt[3]{D_{12} D_{23} D_{31}} \tag{4 - 88}$$

式中　D_{12}，D_{23}，D_{31}——各相导线间的距离，mm。

　　方案设计中做近似计算时，线路的单位长度电抗值 x_0 可由表 4 - 10 查得。

表 4 - 10　线路单位长度的电抗值 x_0　　　　　　　　　　　$\Omega \cdot \text{km}^{-1}$

线路名称	x_0
35 ~ 220 kV 架空线路	0.40
3 ~ 10 kV 架空线路	0.38
0.38/0.22 kV 架空线路	0.36
35 kV 电缆线路	0.12
3 ~ 10 kV 电缆线路	0.08
1 kV 以下电缆线路	0.06

　　对于电缆线路，其电阻比电抗大。所以在计算电缆电网，尤其是计算低压电缆电网的短路电流时，短路回路电阻不能忽略，线路的电阻 R_l 可按下式计算：

$$R_l = r_0 l \tag{4 - 89}$$

式中　l——线路的长度，m；

　　　r_0——线路单位长度的电阻，查手册中得相应截面导线的单位长度电阻，Ω。

　　线路的电阻 R_l 也可按下式计算：

$$R_l = \frac{l}{\gamma S} \tag{4 - 90}$$

式中　l——线路的长度，m；

　　　S——导线的截面积，mm^2；

　　　γ——电导率，$\text{m}/(\Omega \cdot \text{mm}^2)$。

　　在计算电缆线路最小两相短路电流时，需考虑电缆在短路前因负荷电流而使温度升高，造成电导率下降以及因多股绞线使电阻增大等因素。故在这种情况下，电缆的电阻应按最高工作温度下的电导率计算，其值见表 4 - 11。

表 4 – 11　电缆的电导率　　　　　　　　　　　　　　　m · Ω^{-1} · mm^{-2}

电缆名称	20 ℃	65 ℃	80 ℃
铜芯软电缆	53	42	
铜芯铠装电缆		48	44.3
铝芯铠装电缆	32	28	

在短路回路中若有变压器存在，应将不同电压下的各元件阻抗都归算到同一电压下（短路点的电压），才能做出等效电路，计算其总阻抗。

例 4 – 10　图 4 – 17 所示为企业供电系统，A 是电源母线，通过两路架空线 l_1 向设有两台主变压器 T 的终端变电所 35 kV 母线 B 供电。6 kV 侧母线 C 通过串有电抗器 L 的两条电缆 l_2 向一分厂变电所 D 供电。整个系统并联运行。有关参数见图注。试求 k_1、k_2、k_3 点的短路电流。

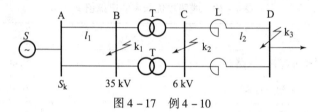

图 4 – 17　例 4 – 10

$S_s = 560$ MVA；$l_1 = 20$ km，$x_{01} = 0.4$ Ω/km；T：$2 \times 5\ 600$ kVA/35 kV，$U_k\% = 7.5$；

　　L：$U_{LN} = 6$ kV，$I_{LN} = 200$ A，$X_L\% = 3$；$l_2 = 0.5$ km，$x_{02} = 0.08$ Ω/km

解　（1）各元件的电抗：

电源的电抗

$$X_s = \frac{U_{av}^2}{S_s} = \frac{37^2}{560} \approx 2.44\,(\Omega)$$

架空线 l_1 的电抗

$$X_{l1} = x_{01}l_1 = 0.4 \times 20 = 80\,(\Omega)$$

变压器的电抗

$$X_T = U_k\% \frac{U_{av}^2}{S_{T.N}} = 7.5\% \times \frac{37^2}{5.6} \approx 18.3\,(\Omega)$$

电抗器的电抗

$$X_L = X_L\% \frac{U_{LN}}{\sqrt{3}I_{LN}} = 3\% \times \frac{6\ 000}{\sqrt{3} \times 200} \approx 0.52\,(\Omega)$$

电缆 l_2 的电抗

$$X_{l2} = x_{02}l_2 = 0.08 \times 0.5 = 0.04\,(\Omega)$$

电缆电阻忽略不计。

（2）各短路点的总电抗：

k_1 点短路时，短路回路的总阻抗为

$$X_{k1} = X_s + \frac{X_{l1}}{2} = 2.44 + \frac{8}{2} = 6.44\,(\Omega)$$

k_2点短路时，短路点电压下短路回路的总阻抗为

$$X_{k2} = \left(X_{k1} + \frac{X_T}{2}\right)\left(\frac{6.3}{37}\right)^2 = \left(6.44 + \frac{18.3}{2}\right) \times \left(\frac{6.3}{37}\right)^2 \approx 0.452(\Omega)$$

k_3点短路时，短路点电压下短路回路的总阻抗为

$$X_{k3} = X_{k2} + \left(\frac{X_L}{2} + \frac{X_{l2}}{2}\right) = 0.452 + \left(\frac{0.52}{2} + \frac{0.04}{2}\right) = 0.732(\Omega)$$

（3）各短路点的短路电流：

k_1点

$$I_{k1}^{(3)} = \frac{U_{av}}{\sqrt{3}X_1} = -\frac{37}{\sqrt{3} \times 6.44} \approx 3.32(kA)$$

$$i_{sh1} = 2.55I'' = 2.55 \times 3.32 \approx 8.47(kA)$$

$$I_{sh1} = 1.52I'' = 1.52 \times 3.32 \approx 5.05(kA)$$

$$S_{k1} = \sqrt{3}U_{av}I_{k1} = \sqrt{3} \times 37 \times 3.32 \approx 213(MVA)$$

k_2点

$$I_{k2}^{(3)} = \frac{6\,300}{\sqrt{3} \times 0.453} \approx 8.05(kA)$$

$$i_{sh2} = 2.55 \times 8.05 \approx 20.5(kA)$$

$$I_{sh2} = 1.52 \times 8.05 \approx 12.2(kA)$$

$$S_{k2} = \sqrt{2} \times 6.3 \times 8.05 \approx 87.8(MVA)$$

k_3点

$$I_{k3}^{(3)} = \frac{6.3}{\sqrt{3} \times 0.732} \approx 4.97(kA)$$

$$i_{sh3} = 2.55 \times 4.97 \approx 12.7(kA)$$

$$I_{sh3} = 1.52 \times 4.97 \approx 7.55(kA)$$

$$S_{k3} = \sqrt{3} \times 6.3 \times 4.97 \approx 54.2(MVA)$$

（二）标么制法

计算具有多个电压等级供电系统的短路电流时，若采用有名制法计算，必须将所有元件的阻抗都归算到同一电压下才能求出短路回路的总阻抗，从而计算出短路电流，计算过程烦琐并易出错，这种情况采用标么制法较为简便。

1. 标么制

用相对值表示元件的物理量，称为标么制。标么值是指任意一个物理量的有名值与基准值的比值，即

$$标么值 = \frac{物理量的有名值}{物理量的基准值} \tag{4-91}$$

标么值是一个相对值，没有单位。在标么制中，容量、电压、电流、阻抗（电抗）的标么值分别为

$$S_d^* = \frac{S}{S_d}, U_d^* = \frac{U}{U_d}, I_d^* = \frac{I}{I_d}, X_d^* = \frac{X}{X_d} \tag{4-92}$$

基准容量 S_d、基准电压 U_d、基准电流 I_d 和基准阻抗 X_d^* 也符合功率方程 $S_d = \sqrt{3}U_dI_d$ 和电压方程 $U_d = \sqrt{3}I_dX_k$。因此，四个基准值中只有两个是独立的，通常选定基准容量和基准

电压为给定值，再按下式分别求出基准电流和基准电抗

$$I_{\mathrm{d}} = \frac{S_{\mathrm{d}}}{\sqrt{3}\,U_{\mathrm{d}}} \tag{4-93}$$

$$X_{\mathrm{d}} = \frac{U_{\mathrm{d}}^2}{S_{\mathrm{d}}} \tag{4-94}$$

基准值的选取是任意的，但是为了计算方便，通常取 100 MVA 为基准容量，取线路平均额定电压为基准电压，即 $S_{\mathrm{d}} = 100$ MVA，$U_{\mathrm{d}} = U_{\mathrm{av}} = 1.05\,U_{\mathrm{N}}$。线路的额定电压和基准电压对照值见表 3-2。

在标么制计算中，取各级基准电压都等于对应电压级下的平均额定电压，所以各级电压的标么值等于 1，即 $U = U_{\mathrm{av}}$ 和 $U_{\mathrm{d}} = U_{\mathrm{av}}$，$U^* = 1$。因此，多电压等级供电系统中不同电压级的标么电压都等于 1，所有变压器变比的标么值为 1，所以短路回路总标么电抗可直接由各元件标么电抗相加求出，避免了多级电压系统中电抗的换算。这就是标么制法计算简单、结果清晰的特点。

用图 4-18 所示的多级电压的供电系统示意图可以对这一特点做进一步的分析。短路故障发生在 l_4 线路上，选基准容量为 S_{d}，各级的基准电压分别为 $U_{\mathrm{d1}} = U_{\mathrm{av1}}$，$U_{\mathrm{d2}} = U_{\mathrm{av2}}$，$U_{\mathrm{d3}} = U_{\mathrm{av3}}$，$U_{\mathrm{d4}} = U_{\mathrm{av4}}$，则线路 l_1 的电抗 X_{l_1} 归算到短路点所在电压等级的电抗 $X_{l_1}^*$ 为

$$X_{l_1}^* = X_{l_1} \cdot \left(\frac{U_{\mathrm{av2}}}{U_{\mathrm{av1}}}\right)^2 \cdot \left(\frac{U_{\mathrm{av3}}}{U_{\mathrm{av2}}}\right)^2 \cdot \left(\frac{U_{\mathrm{av4}}}{U_{\mathrm{av3}}}\right)^2$$

l_1 的标么电抗值为

$$X_{l_1}^* = X_{l_1}^* / Z_{\mathrm{d}} = X_{l_1} \cdot \left(\frac{U_{\mathrm{av2}}}{U_{\mathrm{av1}}}\right)^2 \cdot \left(\frac{U_{\mathrm{av3}}}{U_{\mathrm{av2}}}\right)^2 \cdot \left(\frac{U_{\mathrm{av4}}}{U_{\mathrm{av3}}}\right)^2 \cdot \left(\frac{S_{\mathrm{d}}}{U_{\mathrm{av4}}^2}\right) = X_{l_1} \cdot \left(\frac{Sd}{U_{\mathrm{av1}}^2}\right)$$

即

$$X_{l_1}^* = X_{l_1} \cdot \left(\frac{S_{\mathrm{d}}}{U_{\mathrm{av1}}^2}\right)$$

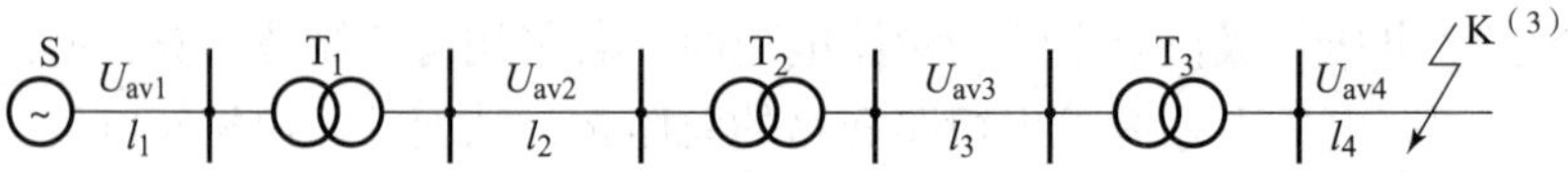

图 4-18　多级电压的供电系统示意图

2. 短路回路总标么电抗计算

采用标么值计算短路电流时，首先需要计算短路回路中各个电气元件的标么电抗，然后求出短路回路的总标么电抗。

1）各元件的标么电抗

取 $U_{\mathrm{d}} = U_{\mathrm{av}}$，$S_{\mathrm{d}}$ 为基准容量。

（1）线路的标么电抗。若线路长度为 l（km），单位长度的电抗为 x_0（Ω/km），则线路的电抗 $X_l = x_0 l$。此时线路的标么电抗为

$$X_l^* = \frac{X_l}{Z_{\mathrm{d}}} = x_0 l \frac{S_{\mathrm{d}}}{U_{\mathrm{av}}^2} \tag{4-95}$$

即

$$X_l^* = x_0 l \frac{S_d}{U_{av}^2} \qquad (4-96)$$

（2）变压器电抗的标么值。若变压器的额定容量为 S_{TN}，阻抗电压百分数为 $U_k\%$，则忽略变压器绕组电阻 R 的电抗标么值为

$$X_T^* = \frac{X_T}{Z_d} = \frac{\left(\dfrac{U_k\%}{100} \cdot \dfrac{U_{av}^2}{S_{T.N}}\right)}{\dfrac{U_d^2}{S_d}} = \frac{U_k\%}{100} \cdot \frac{S_d}{S_{T.N}} \qquad (4-97)$$

即

$$X_T^* = \frac{U_k\%}{100} \cdot \frac{S_d}{S_{T.N}} \qquad (4-98)$$

（3）电抗器的标么电抗。若已知电抗器的额定电压、额定电流和电抗百分数，则其电抗标么值为

$$X_L^* = X_L\% \frac{I_d U_{L.N}}{I_{L.N} U_d} \qquad (4-99)$$

式中　U_d——电抗器安装处的基准电压，kV。

（4）系统的标么电抗。一般工矿企业的供电系统可看作无限大容量系统，其系统阻抗可以作为零对待。但若供电部门提供供电系统的电抗参数或相应的条件，应计其供电系统电源的电抗，并看作无限大容量电源供电系统，这样计算的短路电流更为精确。系统标么电抗有以下三种求法。

① 若已知供电系统的系统电抗有名值 X_s，则系统的标么电抗为

$$X_s^* = X_s \frac{S_d}{U_{av}^2} \qquad (4-100)$$

② 若已知供电系统出口处的短路容量 S_k，则系统的电抗有名值为

$$X_k = \frac{U_{av}^2}{S_k} \qquad (4-101)$$

进而求得系统的标么电抗为

$$X_k^* = X_k \frac{S_d}{U_d^2} = \frac{U_d^2}{S_k} \cdot \frac{S_d}{U_d^2} \qquad (4-102)$$

即

$$X_k^* = \frac{S_d}{S_k} \qquad (4-103)$$

③ 若只知供电系统高压出口线断路器的断流容量 S_{Nbr}，可将供电系统出口断路器的断流容量看作系统的短路容量，求系统标么电抗，即

$$X_s^* = X_s \frac{S_d}{U_{av}^2} = \frac{U_d^2}{S_{Nbr}} \cdot \frac{S_d}{U_d^2} \qquad (4-104)$$

即

$$X_s^* = \frac{S_d}{S_{Nbr}} \qquad (4-105)$$

2）短路回路的总标么电抗

各元件电抗标么值计算出后,可据供电系统单线图绘制等效电路图,再计算短路回路的总标么阻抗 X_Σ^*。单一电源供电支路总标么电抗由各元件标么电抗直接相加求出,即

$$X_\Sigma^* = X_1^* + X_2^* + X_3^* + \cdots \tag{4-106}$$

在计算低压系统短路时往往需计及电阻的影响,短路回路的总标么阻抗由短路回路总标么电阻 R_Σ^* 和总标么电抗 X_Σ^* 决定,即

$$Z_\Sigma^* = \sqrt{R_\Sigma^{*2} + X_\Sigma^{*2}} \tag{4-107}$$

3. 三相短路电流计算

无限大容量系统发生三相短路时,短路电流周期分量的幅值和有效值保持不变,短路电流的有关物理量 I_{sh}、i_{sh}、I_∞ 和 S_k 都与短路电流的周期分量有关。因此,只要算出短路电流周期分量的有效值,短路电流的其他各量按公式很容易求得。

1)三相短路电流周期分量的有效值

首先,要求出三相短路电流周期分量的标么值。根据欧姆定律的标么值形式,由电源支路短路回路的总标么阻抗 X_Σ^* 可计算短路电流周期分量的标么值 I_k^* 为

$$I_k^* = \frac{U^*}{X_\Sigma^*} \tag{4-108}$$

因在标么制中,$U = U_{av}$ 和 $U = U_{av}$,故 $U^* = 1$,则有

$$I_k^* = \frac{1}{X_\Sigma^*} \tag{4-109}$$

式(4-109)表示,短路电流周期分量有效值的标么值等于短路回路总标么电抗的倒数。

然后,三相短路电流周期分量的有效值可由标么值定义按下式计算

$$I_k = I_k^* I_d \tag{4-110}$$

在实际计算中,先求短路回路的总标么电抗,再求出短路电流周期分量有效值的标么值(简称短路电流标么值),再按式(4-110)计算短路电流的有效值。

2)短路冲击电流

由式(4-71)~式(4-74)可得短路冲击电流的峰值和有效值。

在高压供电系统中为

$$I_{sh} = 1.52 I_k \tag{4-111}$$

在低压供电系统中为

$$I_{sh} = 1.09 I_k \tag{4-112}$$

3)三相短路容量

由式(4-76)可得三相短路容量的计算如下

$$S_k = \sqrt{3} U_{av} I_k = \sqrt{3} U_d I_d I_k^* = S_d I_k^* = S_d \frac{1}{X_k^*} = S_d S_k^* \tag{4-113}$$

$$S_k = S_d I_k^* = S_d S_k^* = \frac{S_d}{X_k^*} \tag{4-114}$$

式(4-114)表示,三相短路容量在数值上等于基准容量与三相短路电流标么值乘积或等于基准容量与三相短路容量标么值的乘积,三相短路容量标么值等于三相短路电流的标

么值。

4. 工程设计时利用标幺制法计算短路电流的步骤

（1）根据短路电流计算的要求，根据供电系统图选定短路计算点。

（2）画出计算短路电流的等效电路图；每个元件用一个电抗表示，电源用一个小圆表示，并标出短路点，同时标出元件的字母符号。

（3）选取基准容量和基准电压，计算各级基准电流。

（4）据等效电路计算元件的标幺电抗。

（5）计算各短路点的总标幺电抗与短路参数。

例 4 – 11　仍用例 4 – 10 的供电系统，试用标幺制法计算各点的短路电流与短路容量。

解　基准值的选择，取 $S_d = 100$ MVA，$U_{d1} = 37$ kV，$U_{d2} = 6.3$ kV，则

$$I_{d1} = 1.56 \text{ kA}, I_{d2} = 9.16 \text{ kA}$$

电源的标幺电抗为

$$X_s^* = \frac{S_d}{S_k} = \frac{100}{560} \approx 0.179$$

架空线 l_1 的标幺电抗为

$$X_{l1}^* = x_0 l \frac{S_d}{U_{d1}^2} = 0.4 \times 20 \times \frac{100}{37^2} \approx 0.584$$

变压器的标幺电抗为

$$X_{l1}^* = x_0 l \frac{S_d}{U_{d1}^2} = 0.4 \times 20 \times \frac{100}{37^2} \approx 0.584$$

电抗器的标幺电抗为

$$X_L^* = X_L\% \frac{I_{d2}}{I_{N.T}} = 0.03 \times \frac{9.16}{0.2} \approx 1.37$$

电缆的标幺电抗为

$$X_{l2}^* = x_0 l_2 \frac{S_d}{U_{d2}^2} = 0.08 \times 0.5 \times \frac{100}{6.3^2} \approx 0.101 (\Omega)$$

等效电路如图 4 – 19 所示，图中元件上部的分数，分子表示该元件的编号，分母表示各元件的标幺电抗。

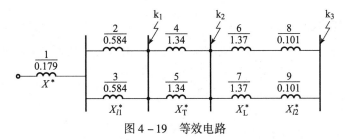

图 4 – 19　等效电路

k_1 点短路时短路电流

$$I_{k1}^* = \frac{1}{X_{\Sigma}^*} = \frac{1}{X_x^* + \frac{X_{l1}^*}{2}} = \frac{1}{0.179 + \frac{0.584}{2}} \approx 2.12$$

$$I_{k1}^{(3)} = I_{k1}^* I_{d1} = 2.12 \times 1.56 \approx 3.31 (kA)$$

$$i_{sh1} = 2.55 \times 3.31 \approx 8.44 (kA)$$

$$I_{sh1} = 1.52 \times 3.31 \approx 5.03 (kA)$$

$$S_{k1} = 100 \times 2.12 = 212 (MVA)$$

k_2 点短路时短路电流

$$I_{k2}^* = \frac{1}{X_s^* + \frac{X_{l1}^*}{2} + \frac{X_T^*}{2}} = \frac{1}{0.179 + \frac{0.584}{2} + \frac{1.34}{2}} \approx 0.876$$

$$I_{k2}^{(3)} = I_{k2}^* I_{d2} = 0.876 \times 9.16 \approx 8.02 (kA)$$

$$i_{ch7} = 2.55 \times 8.02 \approx 20.5 (kA)$$

$$I_{sh2} = 1.52 \times 8.02 \approx 12.2 (kA)$$

$$S_{k2} = 100 \times 0.876 - 87.6 (MVA)$$

k_3 点短路时短路电流

$$I_{k3}^* = \frac{1}{X_s^* + \frac{X_{l1}^*}{2} + \frac{X_{l2}^*}{2} + \frac{X_T^*}{2} + \frac{X_L^*}{2}} = \frac{1}{0.179 + \frac{0.584}{2} + \frac{0.101}{2} + \frac{1.34}{2} + \frac{1.37}{2}} \approx 0.533$$

$$I_{k3}^{(3)} = 0.533 \times 9.16 \approx 4.88 (kA)$$

$$i_{sh3} = 2.55 \times 4.88 \approx 12.4 (kA)$$

$$I_{sh3} = 1.52 \times 4.88 \approx 7.42 (kA)$$

$$S_{k3} = 100 \times 0.533 = 53.3 (MVA)$$

四、两相和单相短路电流的计算

对于工矿企业的供电系统，除了需要计算三相短路电流，还需要计算两相和单相短路电流，用于继电保护灵敏度的校验。对于两相和单相短路这种不对称的故障，一般要采用对称分量法来进行分析和计算，但对于无限大容量系统的两相短路电流和单相短路电流，可采用实用计算方法。

（一）两相短路电流的计算

对于图 4 – 20 所示的无限大容量供电系统发生两相短路，其短路电流可由下式求得

$$I_k^{(2)} = \frac{U_{av}}{2X_k} = \frac{U_d}{2X_k} \qquad\qquad (4-115)$$

式中 X_k——短路回路的一相电抗值。

将式（4 – 115）和式（4 – 78）相比，可得两相短路电流与三相短路电流的关系，并同样适用于冲击短路电流，即

$$I_k^{(2)} = \frac{\sqrt{3}}{2} I_k^{(3)} \qquad (4-116)$$

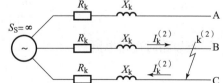

图 4 – 20　无限大容量供电系统发生两相短路

$$i_{sh}^{(2)} = \frac{\sqrt{3}}{2}i_{sh}^{(3)} \qquad\qquad (4-117)$$

$$I_{sh}^{(2)} = \frac{\sqrt{3}}{2}I_{sh}^{(3)} \qquad\qquad (4-118)$$

因此，无限大容量系统中发生短路时，两相短路电流较三相短路电流小。对于工矿企业供电系统，最小运行方式下线路末端的两相短路电流（简称最小两相短路电流）常用来校验继电保护装置的灵敏度。

（二）单相短路电流的计算

在工程计算中，大接地电流系统或低压三相四线制系统发生单相短路时，单相短路电流可用下式进行计算

$$I_k^{(1)} = \frac{U_{av}}{\sqrt{3}X_{p-0}} = \frac{U_d}{\sqrt{3}X_{p-0}} \qquad\qquad (4-119)$$

式中　　U_{av}——短路点的平均额定电压；

　　　　U_d——短路点所在电压等级的基准电压；

　　　　X_{p-0}——单相短路回路中，相线与大地或中线的总电抗。

因 X_{p-0} 比线路短路电抗值 X_k 大，所以在无限大容量电源供电系统或远离发电机发生单相短路时，单相短路电流较三相短路的电流小。

五、大功率电动机对短路电流的影响

供电系统的负荷主要是异步电动机和同步电动机，当系统突然发生三相短路时，由于电网电压急剧下降，当运行的电动机距短路点较近时，使正在运行的电动机的反电势大于电网电压，电动机变为发电运行状态，成为一个附加电源，向短路点馈送电流。

（一）同步电动机

同步电动机的运行状态分过激磁和欠激磁。在过激磁状态下，当短路时，其次暂态电动势 E'' 大于外加电压，不论短路点在何处，都可作为发电机看待。对于欠激磁的同步电动机，只有在短路点很近、电压降低相当多时，才能变为发电机，向短路点供给短路电流。一般在同一地点装机总容量大于 1 000 kW 时，才作为附加电源考虑。

同步电动机所供给的短路电流计算方法与同步发电机相同，但是同步电动机的次暂态电抗与同步发电机不同，计算时应单独进行。次暂态电抗值可选用表 4-12 中的平均数值。

表 4-12　X'' 和 E'' 的平均值（额定情况下的标么值）

电机类别	X''	E''
汽轮发电机	0.125	1.08
水轮发电机（有阻尼绕组）	0.2	1.13
水轮发电机（无阻尼绕组）	0.27	1.18
同步电动机	0.2	1.10
同步补偿机	0.2	1.20
异步电动机	0.2	0.90

由于同步电动机一般是凸极式的，其结构与有阻尼绕组的水轮发电机相似；若是带有强励磁者，则与发电机的自动电压调整器相似。因此，在计算同步电动机提供的短路电流周期分量标幺值时，可查相应的水轮机计算曲线。对于同步补偿机，因其结构与汽轮发电机相似，可查后者的相关计算曲线。

由于同步电动机的时间常数 T_M 与制作计算曲线时所采用的标准发电机的时间常数 T_G 相差很大，故不能用实际短路时间 t 查曲线，而应当采用换算时间 t'，可按下式求得

$$t' = t \frac{T_G}{T_M} \qquad (4-120)$$

制作计算曲线时，发电机的标准时间常数 T_G，对汽轮机取 7 s，水轮机取 5 s；对于同步电动机，当定子开路时，激磁绕组的时间常数平均值约为 $T_M = 2.5$ s，故有

$$t' = t \frac{5}{2.5} = 2t \qquad (4-121)$$

（二）异步电动机

异步电动机的定子结构和同步机的定子是一样的，转子（以鼠笼式为例）的结构与同步机的阻尼绕组相似。因此，它对三相突然短路的反应好像是一个没有励磁绕组的同步机。由于它的电阻相对于电抗较大，其短路电流的衰减与同步机次暂态电流的衰减一样迅速，故异步电动机的反电动势也称次暂态电动势 E''，而将它的等值内电抗称为次暂态电抗。图 4-21 所示为异步电动机的等值电路及相量图。

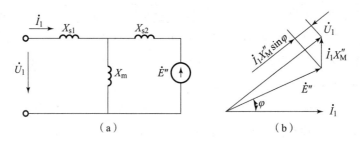

图 4-21　异步电动机的等值电路及相量图

(a) 等值电路；(b) 相量图

异步电动机的次暂态电动势可由下式近似计算

$$\dot{E}'' = \dot{U}_1 - \dot{I}_1 X''_M \sin \varphi \qquad (4-122)$$

式中　U_1，I_1，φ——短路前异步电动机的定子电压、定子电流及其相角。

次暂态电抗可由下式计算

$$X''_M = X_1 + \frac{X_2 X_m}{X_2 + X_m} \qquad (4-123)$$

式中　X_1——定子漏抗；

　　　X_2——转子漏抗；

　　　X_m——定子与转子间的互感抗。

由等值电路图可看出，次暂态电抗 X'' 就是电动机启动瞬时，转子不动，$E'' = 0$ 时，电动机的等值电抗。可由启动时的电压和电流决定，以标幺值表示为

$$X_M^{n*} = \frac{U^*}{I_{st}^*} = \frac{1}{I_{st}^*} \qquad (4-124)$$

式中　U^*——定子额定电压的标么值，其值为 1；

　　　I_{st}^*——启动电流的标么值，一般按 5 计算。

所以一般可取异步电动机次暂态电抗的标么值为 $X_M''^* \approx \frac{1}{5} = 0.2$。

将式（4-122）化为标么值形式，将 $X_M''^* \approx 0.2$ 代入，在额定状态下异步电动机的功率因数为 $0.85 \sim 0.87$，其 $\sin\varphi \approx 0.5$，则得次暂态电动势的标么值为 $E'' = 0.9$。

异步电动机在端头处短路时，端电压等于零，它所供给的起始次暂态电流为 E''^* / X''^*。由于没有单独的激磁绕组，其反电动势将迅速衰减，衰减时间常数为百分之几秒；故它所供给的周期分量电流也将迅速衰减，它所产生的非周期分量电流也衰减得很快。因此，只是在计算短路冲击电流时，才需要考虑异步电动机的影响。

电动机所供给的冲击电流 i_{sh}，可用下式计算

$$i_{sh} = K_{sh}\sqrt{2}I''^* I_{M.N} = \sqrt{2}K_{sh}\frac{E''^*}{X''^*}I_{M.N} \qquad (4-125)$$

式中　$I_{M.N}$——电动机的额定电流；

　　　K_{sh}——电动机的反馈电流冲击系数，对于高压电动机取 $K_{sh} = 1.4 \sim 1.6$，对于低压电动机取 $K_{sh} = 1$，准确数据可查图 4-22。

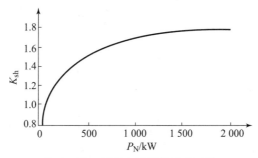

图 4-22　异步电动机的冲击系数

在计入异步电动机影响后的短路电流冲击值为

$$i_{sh.\Sigma} = i_{sh.G} + i_{sh.M} \qquad (4-126)$$

例 4-12　在无限大容量电源供电系统的某大型企业变电所 6 kV 母线上，装有三组异步电动机，如图 4-23 所示。$P_{M_1.N} = 1\,000$ kW，$I_{M_1.N} = 114.5$ A，经 1 km 架空线路接于母线。$P_{M_2.N} = P_{M_3.N} = 800$ kW，$I_{M_2.N} = 90.5$ A；$S_{T.N} = 5\,600$ kVA，$U_k\% = 7.5$。试求 k 点短路时的冲击电流。

解　取 $S_d = S_{T.N} = 5.6$ MVA，则有

$$I_d = \frac{5.6}{\sqrt{3} \times 6.3} \approx 0.513\,(\text{kA})$$

变压器的电抗为

$$X_T^* = \frac{7.5}{100} \times \frac{5.6}{5.6} = 0.075$$

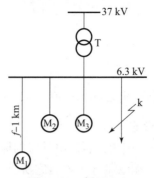

图 4 – 23　例 4 – 12

k 点的短路电流为

$$I_{\text{k}}^{(3)} = \frac{I_{\text{d}}}{X_{\text{T}}^*} = \frac{0.513}{0.075} = 6.84\,(\text{kA})$$

计入异步电动机 M_1 的影响，设 $\cos\varphi = 0.8$，X''_{M_1} 查表 4 – 12 可得，其基准标幺电抗值为

$$X''^*_{M_1} = X''_{M_1}\frac{S_{\text{d}}}{S_{M_1.N}} = 0.2 \times \frac{5.6}{\dfrac{1\,000}{0.8} \times 10^{-3}} \approx 0.9$$

1 km 架空线的电抗标幺值为

$$X_1^* = 0.4 \times 1 \times \frac{5.6}{6.3^2} \approx 0.056$$

M_1 电动机至短路点 k 的总电抗标幺值为

$$X_{\text{k1}}^* = X''^*_{M_1} + X_1^* = 0.956$$

M_1 电动机供给短路点 k 的短路电流冲击值为

$$i_{\text{sh.}M_1} = \sqrt{2}\frac{E''^*}{X_{\text{k1}}^*}K_{\text{sh}}I_{\text{d}} = \sqrt{2} \times \frac{0.9}{0.956} \times 1.6 \times 0.514 \approx 1.09\,(\text{kA})$$

M_2 和 M_3 电动机向短路点 k 供给的短路电流冲击值为

$$i_{\text{sh.}M_{2,3}} = 2\frac{\sqrt{2}E''^*}{X_{M_2}^*}K_{\text{sh}}I_{\text{N.}M_2} = 2 \times \frac{\sqrt{2} \times 0.9}{0.2} \times 1.6 \times 0.090\,5 \approx 1.84\,(\text{kA})$$

短路点 k 的总短路电流冲击值为

$$i_{\text{sh}\Sigma} = 2.55I_{\text{k}}^{(3)} + i_{\text{sh.}M_1} + i_{\text{sh.}M_{2,3}} = 2.55 \times 6.84 + 1.09 + 1.84 \approx 20.37\,(\text{kA})$$

六、短路电流的电动力效应及热效应

短路电流通过导体和电气设备时，产生很大的电动力和大量的热，称为短路电流的电动力效应和热效应。电气设备和导体应在一定的条件下经受住短路电流力与热的作用，不至于被损坏或产生永久性变形。为了正确选择电气设备和载流导体，保证电气设备可靠工作，必须用短路电流的电动力效应和热效应对电气设备进行校验。

（一）短路电流的电动力效率

1. 两平行载流导体间的电动力

对于两根无限细长平行直导线，当通过电流分别为 i_1 和 i_2 时（如图 4 – 24 所示），其相

互间的作用力可用毕奥—沙瓦定律计算，即

$$F = \frac{2i_1 i_2 l}{a} \times 10^{-7} \tag{4-127}$$

式中　i_1，i_2——两导体中的电流瞬时值，A；

　　　l——导体的两相邻支持点间的距离，m；

　　　a——两平行导体轴线间的距离，m。

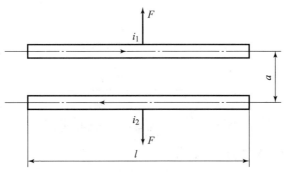

图 4-24　两平行导体间的作用力

当考虑导体截面尺寸时，需乘以"形状系数"加以修正，即

$$F = 2K_s i_1 i_2 \frac{l}{a} \times 10^{-7} \tag{4-128}$$

式中　K_s——导体形状系数，对于矩形导体可查图 4-25 中的曲线求得。

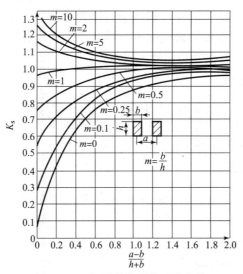

图 4-25　矩形导体形状系数曲线

形状系数曲线是 $\frac{a-b}{h+b}$ 和 $\frac{b}{h}$ 函数，图中表明：当 $\frac{b}{h} < 1$ 时，$K_s < 1$；当 $\frac{b}{h}$ 时，$K_s > 1$。当 $\frac{a-b}{h+b}$ 增大时，K_s 趋近于 1；当 $\frac{a-b}{h+b} \geq 2$ 时，$K_s = 1$，即不用考虑截面形状对电动力的影响，直接按式（4-127）计算两母线间的电动力。

2. 三相平行导体间的短路电动力

在供电系统中，三相导体布置在同一平面内，三相短路电流分别为 i_A、i_B、i_C，每两导体间由磁场作用产生电动力，如图 4-26 所示。经分析可知，中间相导体 B 相受到的电动力最大。

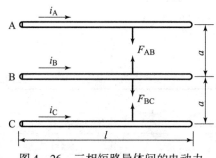

图 4-26　三相短路导体间的电动力

三相短路时产生的最大电动力 F_{Bm} 为

$$F_{Bm} = 1.73 K_s i_{sh}^2 \frac{l}{a} \times 10^{-7}(N) \qquad (4-129)$$

式中　K_s——形状系数；

　　　i_{sh}——三相短路电流冲击值，A。

对于成套电气设备，因其相邻支持点的距离 l、导线间的中心距 a、形状系数 K_s 均为定值，故最大电动力只与电流大小有关。因此，成套设备的动稳定性常用设备极限通过电流或动稳定电流 i_{es} 表示。当成套设备的允许极限通过电流峰值（或最大值）$i_{es} > i_{sh}$ 时，或极限通过电流有效值 $I_{es} > I_{sh}$ 时，设备的机械强度就能承受冲击电流的电动力，即电气设备的抗力强度合格；否则不合格，应按动稳定性要求重选。

（二）短路电流的热效应

短路电流通过导体时，发热量大，时间短（一般不超过几秒），其热量来不及散入周围介质中去，可认为电阻损耗的热量全部用于导体温度的升高。导体最高发热温度 θ_m 与导体短路前的温度 θ、短路电流大小及短路时间的长短有关。在短路时间 t_k 内，短路电流在导体内产生的热量 Q_k 可用下式求得

$$Q_k = \int_0^{t_k} i_k^2 R_{av} dt \qquad (4-130)$$

式中　i_k——短路全电流；

　　　R_{av}——导体的平均电阻；

　　　t_k——短路电流持续的时间。

短路全电流的幅值和有效值随时间而变化，这就使热平衡方程的计算十分困难和复杂。为了简化计算，一般采用等效方法计算，即用稳态短路电流来计算实际短路电流产生的热量。由于稳态短路电流不同于短路全电流，需要有一个等效时间，称为假想时间 t_i，在此时间内，稳态短路电流所产生的热量等于短路全电流 $I_{k(t)}$ 在实际短路持续时间内所产生的热量，如图 4-27 所示。其短路电流产生的热量可按下式计算

$$Q_t = \int_0^{t_k} R_{av} I_{k(t)}^2 dt = R_{av} I_\infty^2 t_i \qquad (4-131)$$

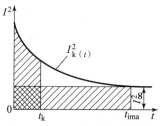

图 4 – 27　短路发热假想时间

由于短路全电流是由周期分量和非周期分量组成的，为了与这两个分量的发热量相对应，假想时间 t_i 也应分成两部分，即

$$t_i = t_{i.pe} + t_{i.ap} \tag{4-132}$$

式中　　$t_{i.pe}$——短路电流周期分量的假想时间；

　　　　$t_{i.ap}$——短路电流非周期分量的假想时间。

在无限大容量电源供电系统中，短路电流的周期分量恒等于稳态短路电流，则短路电流周期分量的假想时间 $t_{i.pe}$ 就是短路电流的持续时间 t_k，它等于继电保护动作时间 t_{op} 和断路器分闸时间 t_{br} 之和，即

$$t_k = t_{op} + t_{br} \tag{4-133}$$

断路器的分闸时间 t_{br} 包括断路器的固有分闸时间和燃弧时间，可由产品样本中查到。

在无限大容量电源供电系统中发生短路时，由于 $i_{av} = \sqrt{2} I_\infty e^{-\frac{t}{T_k}}$，非周期分量假想时间的求法如下：

$$\int_0^{t_k} R_{av} I_{ap}^2 \mathrm{d}t = R_{av} I_\infty^2 t_{i.ap}$$

$$\int_0^{t_k} R_{av} I_{ap}^2 \mathrm{d}t = R_{av} I_\infty^2 \left(1 - e^{-\frac{2t}{T_k}}\right) = R_{av} I_\infty^2 t_{i.ap}$$

即

$$t_{i.ap} = T_a \left(1 - e^{\frac{2t}{T_a}}\right)$$

由于时间常数 T_k 通常很小，约为 0.05 s，则非周期分量的假想时间为

$$t_{i.ap} \approx 0.05 \tag{4-134}$$

当 $t_k > 1$ s 时，非周期分量已衰减完毕，短路全电流对应的假想时间 t_i 就等于短路电流周期分量的假想时间，即

$$t_i = t_{i.pe} = t_k \tag{4-135}$$

式（4 – 135）说明在无限大容量电源供电系统发生短路时，当短路时间大于 1 s 时，假想时间就是短路持续时间。

短路电流产生的全部热量用于升高导体温度，且使导体达到极限温度，此时

$$Q_k = I_\infty^2 R_{av} t_i = I_\infty^2 \frac{l}{\gamma S_{min}} t_i = S_{min} l K \tag{4-136}$$

故得

$$S_{min}^2 = \frac{I_\infty^2}{K\gamma} t_i \tag{4-137}$$

即

$$S_{min} = I_\infty \frac{\sqrt{t_i}}{C} \qquad (4-138)$$

式中　Q_k——短路电流在该导体内产生的总热量，W·s；

　　　I_∞——三相短路的稳定电流，A；

　　　L——导体的长度，m；

　　　γ——导体的平均电导率，m/（Ω·mm²）；

　　　K——截面为 1 mm²、长度为 1 m 的导体，温度升至最高允许温度所需的热量，（W·s）/（mm²·m）；

　　　S_{min}——导体热稳定最小截面，mm²；

　　　C——导体热稳定系数，C 值见表 4-13。

表 4-13　导体热稳定系数 C 值

母线材料	最高容许温度/℃	C 值 $A\sqrt{S}/\text{mm}^2$
铜	300	171
铝	200	87

将计算出的最小热稳定截面与选用的导体截面比较，当所选标准截面 $S \geq S_{min}$ 时，热稳定即合格。

对成套设备，因导体材料及截面 S 均已确定，达到允许极限温度所需要的热量，只与电流及其通过的时间有关。故产品样本中会给出该设备的 t_{ts} 秒内的热稳定电流，因此，设备的热稳定性可按下式校验

$$\begin{cases} I_{ts}^2 t \geq I_\infty^2 t_i \\[2mm] I \geq I_\infty \sqrt{\dfrac{t_i}{t_{ts}}} \end{cases} \qquad (4-139)$$

式中　I_{ts}——设备在 t_{ts} 内能承受的热稳定电流，可由产品样本中查得，kA；

　　　t_{ts}——设备热稳定电流所对应的时间，可由产品样本中查得，s；

　　　t_i——短路电流作用的假想时间，s；

　　　I_∞——稳态短路电流，kA。

七、短路电流设计的计算实例

例 4-13　根据给定的原始资料：某煤矿地面变电所 35 kV 采用全桥接线，6 kV 采用单母分段接线；主变压器型号为 SF₇-10000，35/6.3 kV 型，$U_k\% = 7.5$；地面低压变压器型号为 S₉-800，6/0.4 kV 型，$U_k\% = 4.5$；35 kV 电源进线为双回路架空线路，线路长度为 6.5 km；系统电抗在最大运行方式时为 $X_{s.\,min}^* = 0.12$，在最小运行方式时为 $X_{s.\,max}^* = 0.22$。进行短路电流计算。要求计算出有关短路点最大运行方式下的三相短路电流、短路电流冲击值以及最小运行方式下的两相短路电流。

地面变电所 6 kV 母线上的线路长度及线路类型见表 4-14。

表 4 – 14 地面变电所 6 kV 母线上的线路长度及线路类型

序号	设备名称	电压/kV	线路长度/km	线路类型
1	主井提升	6	0.28	C
2	副井提升	6	0.2	C
3	扇风机 1	6	1.5	K
4	扇风机 2	6	1.5	K
5	压风机	6	0.36	C
6	地面低压	0.4	0.05	C
7	机修厂	0.4	0.2	C
8	洗煤厂	0.4	0.46	K
9	工人村	0.4	2	K
10	支农	0.4	2.7	K
11	井下 6 kV 母线	6	0.65	C

注：C——电缆线路；K——架空线路。

解题思路 根据短路计算的目的，首先要选定合理的短路计算点，并根据此绘制等效短路计算图。对于工矿企业 35/（6～10）kV 供电系统，一般为无限大容量电源供电系统，正常运行方式常为全分列方式或一路使用、一路备用方式，电路相对简单，故可在等效短路计算图中直接进行阻抗的串、并联运算，以求得各短路点的等效总阻抗，进而求得各短路参数。本题可按以下四步求解。

（1）选取短路计算点并绘制等效计算图。

（2）选择计算各基准值。

（3）计算各元件的标幺电抗。

（4）计算各短路点的短路参数。

解 1. 选取短路计算点并绘制等效计算图

一般选取各线路始、末端作为短路计算点，线路始端的最大三相短路电流常用来校验电气设备的动、热稳定性，并作为上一级继电保护的整定参数之一，线路末端的最小两相短路电流常用来校验相关继电保护的灵敏度。故本题可选 35 kV 母线、6 kV 母线和 6 kV 线路末端。

由于本题 35/6 kV 变电所正常运行方式为全分列方式，故任意点的短路电流由系统电源通过本回路提供，且各短路点的最大、最小短路电流仅与系统的运行方式有关，故可画得图 4 – 28 所示的等效短路计算图。

2. 选择计算各基准值

选基准容量 $S_d = 100$ MVA，基准电压 $U_{d1} = 37$ kV，$U_{d2} = 6.3$ kV，$U_{d3} = 0.4$ kV，则可求得各级基准电流为

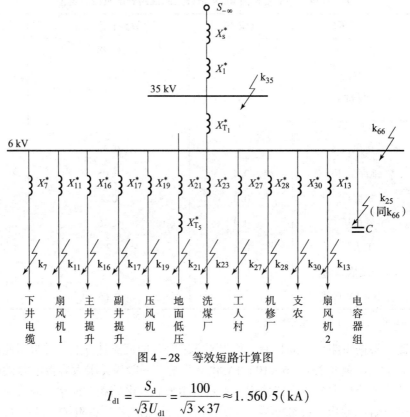

图 4 - 28　等效短路计算图

$$I_{d1} = \frac{S_d}{\sqrt{3}U_{d1}} = \frac{100}{\sqrt{3}\times 37} \approx 1.560\ 5(kA)$$

$$I_{d2} = \frac{S_d}{\sqrt{3}U_{d2}} = \frac{100}{\sqrt{3}\times 6.3} \approx 9.164\ 6(kA)$$

$$I_{d3} = \frac{S_d}{\sqrt{3}U_{d3}} = \frac{100}{\sqrt{3}\times 0.4} \approx 144.341\ 8(kA)$$

3. 计算各元件的标么电抗

1）电源的电抗

$$X_{s.max}^* = 0.22 ; X_{s.min}^* = 0.12$$

2）变压器的电抗

主变压器的电抗

$$X_{T_1}^* = U_K\% \frac{S_d}{S_{N\cdot T_1}} = 0.075 \times \frac{100}{10} = 0.75$$

地面低压变压器的电抗

$$X_{T_5}^* = U_k\% \times \frac{S_d}{S_{N\cdot T_2}} = 0.045 \times \frac{100}{0.8} = 5.625$$

3）线路的电抗

35 kV 架空线的电抗

$$X_l^* = lX_0 \frac{S_d}{U_{d1}^2} = 6.5 \times 0.4 \times \frac{100}{37^2} = 0.189\ 9$$

下井电缆的电抗

$$X_7^* = IX_0 \frac{S_d}{U_{d1}^2} = 0.65 \times 0.08 \times \frac{100}{6.3^2} = 0.131$$

扇风机 1 馈电线路的电抗

$$X_{11}^* = IX_0 \frac{S_d}{U_{d1}^2} = 1.5 \times 0.4 \times \frac{100}{6.3^2} = 1.5117$$

扇风机 2 馈电线路的电抗

$$X_{13}^* = 1.5 \times 1.0078 \approx 1.5117$$

主井提升馈电线路的电抗

$$X_{16}^* = 0.28 \times 0.20156 \approx 0.05644$$

副井提升馈电线路的电抗

$$X_{17}^* = 0.2 \times 0.20156 \approx 0.0403$$

压风机馈电线路的电抗

$$X_{19}^* = 0.36 \times 0.20156 \approx 0.0726$$

地面低压馈电线路的电抗

$$X_{21}^* = 0.05 \times 0.20156 \approx 0.0101$$

洗煤厂馈电线路的电抗

$$X_{23}^* = 0.46 \times 1.0078 \approx 0.4636$$

工人村馈电线路的电抗

$$X_{27}^* = 2 \times 1.0078 \approx 2.0156$$

机修厂馈电线路的电抗

$$X_{28}^* = 0.2 \times 0.20156 \approx 0.0403$$

支农馈电线路的电抗

$$X_{30}^* = 2.7 \times 1.0078 \approx 2.7211$$

4. 计算各短路点的短路参数

1）k_{35} 点短路电流计算

（1）最大运行方式下的三相短路电流

$$X_{35.m}^* = X_{s.min}^* + X_l^* = 0.12 + 0.1899 = 0.3099$$

$$I_{35.m}^* = \frac{1}{X_{35}^*} = \frac{1}{0.3099} = 3.2268$$

$$I_{35.m}^{(3)} = I_{35.m}^* I_{d1} = 3.2268 \times 1.5605 \approx 5.05(kA)$$

$$i_{sh.35} = 2.55 I_{35.m}^{(3)} = 2.55 \times 5.05 \approx 12.88(kA)$$

$$I_{sh.35} = 1.52 I_{35.m}^{(3)} = 1.52 \times 5.05 \approx 7.68(kA)$$

$$S_{35} = I_{35.m}^* S_d = 3.2268 \times 100 = 322.68(MVA)$$

（2）最小运行方式下的两相短路电流

$$X_{35.n}^* = X_{s.max}^* + X_l^* = 0.22 + 0.1899 = 0.4099$$

$$I_{35.n}^* = \frac{1}{X_{35.n}^*} = \frac{1}{0.4099} = 2.4396$$

$$I_{35.\,n}^{(3)} = I_{35.\,n}^* I_{d1} = 2.439\,6 \times 1.560\,5 \approx 4.03\,(\text{kA})$$

$$I_{35.\,n}^{(2)} = 0.866\,I_{35.\,n}^{(3)} = 0.866 \times 4.03 \approx 3.49\,(\text{kA})$$

2) k_{66} 点短路电流计算

(1) 最大运行方式下的三相短路电流

$$X_{66.\,m}^* = X_{35.\,m}^* + X_{T1}^* = 0.309\,9 + 0.75 = 1.059\,9$$

$$I_{66.\,m}^* = \frac{1}{X_{66}^*} = \frac{1}{1.059\,9} = 0.943\,5$$

$$I_{66.\,m}^{(3)} = I_{66.\,m}^* I_{d2} = 0.943\,5 \times 9.164\,6 \approx 8.65\,(\text{kA})$$

$$i_{\text{sh.}\,66} = 2.55\,I_{66.\,m}^{(3)} = 2.55 \times 8.65 \approx 22.06\,(\text{kA})$$

$$I_{\text{sh.}\,66} = 1.52\,I_{66.\,m}^{(3)} = 1.52 \times 8.65 \approx 13.15\,(\text{kA})$$

$$S_{66} = I_{66m}^* S_d = 0.943\,5 \times 100 = 94.35\,(\text{MVA})$$

(2) 最小运行方式下的两相短路电流

$$X_{66.\,n}^* = X_{35.\,n}^* + X_{T1}^* = 0.409\,9 + 0.75 = 1.159\,9$$

$$I_{66.\,n}^* = \frac{1}{X_{66.\,n}^*} = \frac{1}{1.159\,9} = 0.862\,1$$

$$I_{66.\,n}^{(3)} = I_{66.\,n}^* I_{d2} = 0.862\,1 \times 9.164\,6 \approx 7.90\,(\text{kA})$$

$$I_{66.\,n}^{(2)} = 0.866\,I_{66.\,n}^{(3)} = 0.866 \times 7.90 \approx 6.84\,(\text{kA})$$

3) k_{21} 点短路电流计算（折算到 6 kV 侧）

(1) 最大运行方式下的三相短路电流

$$X_{21.\,m}^* = X_{66.\,m}^* + X_{21}^* + X_{T5}^* = 1.059\,9 + 0.010\,1 + 5.625 = 6.695$$

$$I_{21.\,m}^* = \frac{1}{X_{21.\,m}^*} = \frac{1}{6.695} = 0.149\,4$$

6 kV 侧的短路电流参数

$$I_{21.\,m}^{(3)} = I_{21.\,m}^* I_{d3} = 0.149\,4 \times 9.164\,6 \approx 1.37\,(\text{kA})$$

$$i_{\text{sh.}\,21} = 2.55\,I_{21.\,m}^{(3)} = 2.55 \times 1.37 = 3.49\,(\text{kA})$$

$$I_{\text{sh.}\,21} = 1.52\,I_{21.\,m}^{(3)} = 1.52 \times 1.37 \approx 2.08\,(\text{kA})$$

$$S_{21} = I_{21.\,m}^* S_d = 0.149\,4 \times 100 = 14.94\,(\text{MVA})$$

(2) 最小运行方式下的两相短路电流

$$X_{21.\,n}^* = X_{66.\,n}^* + X_{21}^* + X_{T_5}^* = 1.159\,9 + 0.010\,1 + 5.625 = 6.795$$

$$I_{21.\,n}^* = \frac{1}{X_{21.\,n}^*} = \frac{1}{6.795} = 0.147\,2$$

6 kV 侧的最小两相短路电流为

$$I_{21.\,n}^{(3)} = I_{21.\,n}^* I_{d2} = 0.147\,2 \times 9.164\,6 \approx 1.35\,(\text{kA})$$

$$I_{21.\,n}^{(2)} = 0.866\,I_{21.\,n}^{(3)} = 0.866 \times 1.35 \approx 1.17\,(\text{kA})$$

4) 井下母线短路容量计算（k_7 点）

井下 6 kV 母线距井上 35 kV 变电所的最小距离是：副井距 35 kV 变电站距离 + 井深 + 距井下中央变电所的距离，即 $l_7 = 0.2 + 0.36 + 0.09 = 0.65$（km），其电抗标么值为

$$X_{l_7}^* = X_0\,l_7\,\frac{S_d}{U_{d2}^2} = 0.08 \times 0.65 \times \frac{100}{6.3^2} = 0.131$$

最大运行方式下井下母线短路的标么电抗为

$$X_{\Sigma}^{*} = X_{\text{s. min}}^{*} + X_{l1}^{*} + X_{T}^{*} + X_{l7}^{*} = 0.12 + 0.189\,9 + 0.75 + 0.131 = 1.190\,9$$

井下母线最大短路容量为

$$S_{k7} = \frac{1}{X_{\Sigma}^{*}} S_d = \frac{1}{1.190\,9} \times 100 = 83.97(\text{MVA})$$

该值小于井下 6 kV 母线上允许短路容量 100 MVA，故不需要在地面加装限流电抗器。其他短路点的计算与以上各点类似。各短路点的参数计算结果见表 4-15。

表 4-15 各短路点的参数计算结果

短路点	最大运行方式下的短路参数				最小运行方式下的短路参数	
	$I_k^{(3)}/\text{kA}$	$i_{sh}^{(3)}/\text{kA}$	$I_{sh}^{(3)}/\text{kA}$	$S_k^{(3)}/\text{MVA}$	$I_k^{(3)}/\text{kA}$	$I_k^{(2)}/\text{kA}$
k_{35}	5.04	12.85	7.66	322.68	3.81	3.30
k_{66}	8.65	22.06	13.15	94.35	7.90	6.84
k_{25}	8.65	22.06	13.15	94.35	7.90	6.84
k_7	7.77	19.81	11.81	83.97	7.10	6.15
k_{11}	3.56	9.08	5.41	38.89	3.43	2.97
k_{13}	3.56	9.08	5.41	38.89	3.43	2.97
k_{16}	8.21	20.94	12.48	89.58	7.54	6.53
k_{17}	8.33	21.24	12.66	90.89	7.64	6.61
k_{19}	8.09	20.63	12.30	88.30	7.44	6.44
k_{21}	1.37	3.49	2.08	14.94	1.35	1.17
k_{23}	6.02	15.35	9.15	65.64	5.65	4.89
k_{27}	2.98	7.60	4.53	32.52	2.89	2.50
k_{28}	8.33	21.24	12.66	90.89	7.64	6.61
k_{30}	2.42	6.17	3.68	26.45	2.37	2.05

学习任务四 技 能 实 训

以 XX 学院为例计算负荷

一、实训目的

（1）了解 ×× 学院供配电系统。

（2）了解 ×× 学院负荷性质。

（3）熟悉 ×× 学院用电设备。

（4）掌握 ×× 学院用电设备的计算负荷。

（5）掌握××学院变压器的选择。

二、实训准备与实施

（1）2人一组，戴好安全帽、手套，穿好绝缘鞋等。

（2）在学院内找到所有用电设备，并一一列举出来。

（3）找到总变压器并熟悉其铭牌。

（4）在教室利用8学时进行负荷计算和变压器选择。

（5）将计算结果和变压器铭牌进行比较，看是否符合要求。

三、实训考核

（1）是否全面列举学院用电设备。

（2）是否按要求做好安全保护。

（3）负荷计算方法和结果是否正确。

（4）变压器选择是否正确。

（5）完成实训报告并上交资料。

学校供配电系统负荷计算

班　　级：＿＿＿＿＿＿＿＿＿＿＿＿＿

姓　　名：＿＿＿＿＿＿＿＿＿＿＿＿＿

学　　号：＿＿＿＿＿＿＿＿＿＿＿＿＿

指导教师：＿＿＿＿＿＿＿＿＿＿＿＿＿

目　　录

表 4-16　某学院用电设备及相关参数

建筑名称	负荷性质	数量	总容量 P_e/kW	需用系数 K_d	$\cos\varphi$	$\tan\varphi$	计算负荷			
							P_{30}/kW	Q_{30}/kvar	S_{30}/kVA	I_{30}/A
东西教学楼	荧光灯/只	288×2	11.52×2	0.8	0.55	1.52				
	白炽灯/只	44×2	1.76×2	0.95	1.0	0				
	投影机/台	24×2	4.8×2	0.6	0.8	0.75				
	空调/台	24×2	48×2	0.7	0.8	0.75				
	消防电	36	40.72	0.5	0.8	0.75				
	合　计		172.88							
综合实训楼（包括1#，2#实训楼，机房，会议室，医务室）	荧光灯/只	194	7.76	0.8	0.55	1.52				
	白炽灯/只	44	1.76	0.95	1.0	0				
	空调/台	30	60	0.7	0.8	0.75				
	计算机/台	320	96	0.3	0.8	0.75				
	实验器材	16	20	0.8	1.0	0				
	消防电		20.30	0.5	0.8	0.75				
	合　计		205.82							
办公楼	荧光灯/只	320	12.8	0.85	0.55	1.52				
	白炽灯/只	80	1.2	0.95	1.0	0				
	计算机/台	160	48	0.3	0.8	0.75				
	空调/台	80	160	0.7	0.8	0.75				
	消防电	20	40.4	0.5	0.8	0.75				
	合　计		262.4							
1#~7#宿舍楼	荧光灯/只	100×4	4×4	0.6	0.55	1.52				
	白炽灯/只	98×4	1.47×4	0.95	1.0	0				

建筑名称	负荷性质	数量	总容量 P_e/kW	需用系数 K_d	$\cos\varphi$	$\tan\varphi$	计算负荷			
							P_{30}/kW	Q_{30}/kvar	S_{30}/kVA	I_{30}/A
1#~7#宿舍楼	电风扇/台	100×4	10×4	0.5	0.75	0.88				
	消防电	18×4	20.36×4	0.5	0.8	0.75				
	合　计		143.32							
餐厅	荧光灯/只	40	1.6	0.6	0.55	1.52				
	电视/台	8	1.6	0.5	0.75	0.88				
	电风扇/台	20	2	0.5	0.75	0.88				
	电磁炉/台	40	80	0.85	1.0	0				
	电冰箱/台	40	16	0.6	0.7	1.02				
	消防栓/个	10	20.2	0.5	0.8	0.75				
	合　计		121.4							
图书馆	荧光灯/只	60	2.4	0.6	0.55	1.52				
	白炽灯/只	8	0.32	0.95	1.0	0				
	空调/台	6	12	0.7	0.8	0.75				
	计算机/台	6	1.8	0.3	0.8	0.75				
	消防栓/个	4	20.08	0.5	0.8	0.75				
	合　计		36.6							
体育中心	白炽灯/只	40	1.6	0.95	1.0	0				
	音响/套	10	1	0.5	0.75	0.88				
	消防栓/个	4	20.08	0.5	0.8	0.75				
	合计		22.86							

续表

建筑名称	负荷性质	数量	总容量 P_e/kW	需用系数 K_d	$\cos\varphi$	$\tan\varphi$	计算负荷 P_{30}/kW	Q_{30}/kvar	S_{30}/kVA	I_{30}/A
保卫室	荧光灯/只	2	0.08	0.5	0.55	1.52				
	空调/台	1	2	0.7	0.8	0.75				
	计算机/台	1	0.3	0.3	0.8	0.75				
	消防栓/个	2	20.04	0.5	0.8	0.75				
	合　计		22.42							
校园内路灯	白炽灯/只	150	6	0.95	1.0	0				
	合　计		6							
操场	白炽灯/只	12	0.72	0.95	1.0	0				
	音响/套	10	1	0.5	0.75	0.88				
	合　计		1.72							
	总合计		994.94		0.81					
乘以 $K\Sigma p=0.9$， $K\Sigma q=0.95$										

 思考练习

1. 企业用电设备按工作制分哪几类？各有什么特点？

2. 什么叫负荷持续率？它表征哪类设备的工作特性？

3. 什么叫负荷曲线？什么叫年最大负荷和年最大负荷利用小时？

4. 什么叫计算负荷？正确确定计算负荷有什么意义？

5. 确定计算负荷的需用系数法和二项系数法各有什么特点？各适用哪些场合？

6. 什么叫最大负荷损耗小时？它与最大负荷利用小时的区别在哪里？两者又有什么联系？

7. 什么叫平均功率因数和瞬时功率因数？各有什么用途？

8. 进行无功补偿，提高功率因数对电力系统有哪些好处？对企业本身又有哪些好处？

9. 电力变压器的有功功率损耗包括哪两部分？如何确定？与负荷各有什么关系？

10. 有一进行大批生产的机械加工车间，其金属切削机床的电动机容量共 800 kW，通风机容量共 56 kW，供电电压为 380 V，试分别确定各组用电设备和车间的计算负荷 P_{ca}、Q_{ca}、S_{ca} 和 I_{ca}。

11. 有一机修厂车间，拥有冷加工机床 52 台，共 200 kW；行车 1 台，5.1 kW（$\varepsilon = 15\%$）；通风机 4 台，共 5 kW；点焊机 3 台；共 10.5 kW（$\varepsilon = 65\%$）。车间采用三相四线制供电。试确定车间的计算负荷 P_{ca}、Q_{ca}、S_{ca} 和 I_{ca}。

12. 有一 380 V 的三相线路，供电给 35 台小批生产的冷加工机床电动机有：7.5 kW 1 台，4 kW 3 台，3 kW 12 台。试分别用需用系数法和二项系数法确定计算负荷 P_{ca}、Q_{ca}、S_{ca} 和 I_{ca}。比较两种方法的计算结果，并说明两种方法各适用什么场合？

13. 有一条长 4 km 的高压线路供电给某 10 kV 变电所的两台分列运行的电力变压器。高压线路采用 LJ – 70 铝绞线。已知：$R_0 = 0.46\ \Omega/km$，$X_0 = 0.358\ \Omega/km$。两台电力变压器均为 $S_9 – 1600$，10/0.4 kV 型，承担的总计算负荷为 2 000 kW，$\cos\varphi = 0.86$，T_{max} 取 4 500 h。试分别计算此高压线路和电力变压器的功率损耗和年电能损耗。

14. 某厂的有功计算负荷为 2 400 kW，功率因数为 0.65，计划在变电所 10 kV 母线（单母线不分段）上采用集中补偿，使功率因数提高到 0.9，试计算所需电容器的总容量和补偿后的视在计算容量。

15. 无限大与有限电源容量系统有何区别？对于短路暂态过程有何不同？

16. 有人说，三相电路中三相的短路电流非周期分量之和等于零，并且三相短路全电流之和也为零，这个结论是否正确？为什么？

17. 在什么条件下，发生三相短路冲击电流值最大？若 A 相出现最大冲击短路电流，B、C 相的最大瞬时短路电流是多少？

18. 什么是变压器的短路电压百分数？为什么它与变压器的短路阻抗百分数相同？

19. 三相短路电流周期分量假想时间的物理意义是什么？

20. 在标幺制法计算短路回路中各元件的标幺电抗时，必须选取一个统一的基准容量，其大小可以任意选定，而其基准电压必须采用该元件所在线路的平均电压，不得任意选取，原因何在？

21. 在某一供电线路内，安装一台 $X_L\% = 5\%$（$I_{L.N} = 150$ A；$U_{L.N} = 6$ kV）的电抗器，

现将这一电抗器用 $I_{L.N} = 300$ A 的电抗器代替并保持电抗值不变，问替换的电抗器的 $X_L\%$ 应该是多少？（①$U_{L.N} = 6$ kV；②$U_{L.N} = 10$ kV。）

22. 某一供电系统，母线电压为 10.5 kV 保持不变，有 n 条电缆出线并联到某一点，要求在该点的短路电流冲击值不大于 30 kA。问 n 最大是多少？每条出线均串有电抗器限流，其参数如下：

电抗器：$U_{L.N} = 10$ kV，$I_{L.N} = 200$ A，$X_L\% = 4$；

电缆：$l = 1\,500$ m，$x_0 = 0.08$ Ω/km，$r_0 = 0.37$ Ω/km。

23. 某供电系统如图 4-29 所示，电源容量为无限大。求 k_1、k_2、k_3 点的短路电流、冲击电流和短路容量。

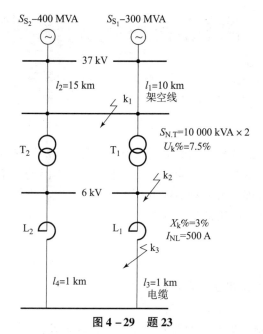

图 4-29　题 23

24. 某企业供电系统图如图 4-30 所示。主变压器并联运行。电源 S 为无限大容量，其余数据见图中所示。求 k 点发生三相短路的电流 $I_k^{(3)}$、i_{sh} 和短路容量 S_∞。

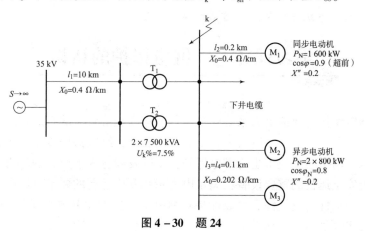

图 4-30　题 24

学习情境五

供配电系统的保护

在供配电系统中，大量各种类型的电气设备通过电气线路紧密地连接在一起。其覆盖地域辽阔、运行环境复杂，以及各种人为因素的影响，电气故障的发生不可避免。供配电系统中的任何一处发生事故，都有可能对供配电系统的运行产生重大影响，这就使得如何来保护供配电系统成了首要且必须解决的重要课题。

🔄 学习目标

1. 了解继电保护的工作原理、要求及认识继电保护装置；
2. 了解继电保护装置的任务及要求；
3. 了解常用的保护继电器及保护装置的分类及接线方式；
4. 了解电网的电流保护和电网的距离保护；
5. 了解电力变压器保护的分类及实现方法；
6. 了解低压配电系统保护的主要方式和实现方法。

学习任务一　继电保护的认识

电力系统继电保护是保证电力系统安全运行、提高经济效益的有效技术。近年来，电网规模不断扩大，为了适应电力系统安全稳定运行的要求，继电保护技术也在迅速地发展。同时，计算机技术、网络通信技术也为继电保护技术的发展注入了更新的活力。继电保护装置是保证电力系统安全运行的重要设备，满足电力系统安全运行的要求是继电保护发展的基本动力。选择性、速动性、灵敏性和可靠性是对继电保护的四项基本要求。为达到这个目标，继电保护专业技术人员借助各种先进的科学技术手段做出了不懈的努力。经过近百年的发展，在继电保护原理完善的同时，构成继电保护装置的元件、材料等也发生了巨大的变革。

继电保护装置经历了机电式、整流式、晶体管式、集成电路式、微处理机式等不同的发展阶段。从 20 世纪 90 年代开始我国继电保护技术已步入微机保护的时代。

学习目标

1. 掌握继电保护的基本工作原理及要求；
2. 掌握继电保护装置的组成；
3. 掌握各种类型常用继电保护装置的分类及工作方式。

子任务一　继电保护的原理及要求

子任务目标

1. 掌握继电保护的基本工作原理；
2. 掌握继电保护的基本要求。

一、继电保护的基本原理

电力系统发生故障后，工频电气量变化的主要特征有以下几点。

（1）电流增大。短路时故障点与电源之间的电气设备和输电线路上的电流将由负荷电流增大至远远超过负荷电流。

（2）电压降低。当发生相间短路和接地短路故障时，系统各点的相间电压或相电压值下降，且越靠近短路点，电压越低。

（3）电流与电压之间的相位角改变。正常运行时电流与电压间的相位角是负荷的功率因数角，一般约为 20°，三相短路时，电流与电压之间的相位角是由线路的阻抗角决定的，一般为 60°~85°，而在保护反方向三相短路时，电流与电压之间的相位角则是 180° + （60°~85°）。

（4）测量阻抗发生的变化。测量阻抗即测量点（保护安装处）的电压与电流之比值。正常运行时，测量阻抗为负荷阻抗；金属性短路时，测量阻抗转变为线路阻抗，故障后测量阻抗显著减小，而阻抗角增大。

不对称短路时，出现相序分量，如两相及单相接地短路时，出现负序电流和负序电压分量；单相接地时，出现负序和零序电流与电压分量。这些分量在正常运行时是不出现的。

利用短路故障时电气量的变化，便可构成各种原理的继电保护。

此外，除了上述反应工频电气量的保护外，还有反应非工频电气量的保护，如瓦斯保护。

1. 利用基本电气参数的区别

1）过电流保护

反映电流的增大而动作，如图 5 – 1 所示。

2）低电压保护

反映于电压的降低而动作，如图 5 – 1 所示。

3）距离保护（或低阻抗保护）

反映短路点到保护安装地之间的距离（或测量阻抗的减小）而动作，如图 5 – 1 所示。

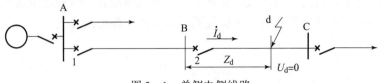

图 5-1 单侧电侧线路

2. 利用内部故障和外部故障时被保护组件两侧电流相位（或功率方向）的差别

图 5-2 所示为双侧电源网络。规定电流的正方向是从母线流向线路。正常运行和线路 AB 外部故障时，A-B 两侧电流的大小相等，相位相差 180°；当线路 AB 内部短路时，A-B 两侧的电流一般大小不相等，相位相等，从而可以利用两侧电流相位或功率方向的差别构成各种差动原理的保护（内部故障时保护动作），如纵联差动保护、相差高频保护、方向高频保护等。

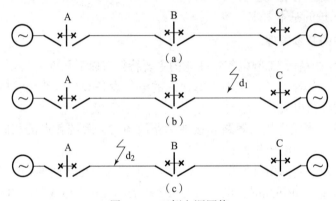

图 5-2 双侧电源网络
(a) 正常运行情况；(b) 线路 AB 外部短路情况；(c) 线路 AB 内部短路情况

3. 对称分量是否出现

电气组件在正常运行（或发生对称短路）时，负序分量和零序分量为零；在发生不对称短路时，一般负序和零序都较大。因此，根据这些分量是否存在可以构成零序保护或负序保护。此种保护装置都具有良好的选择性和灵敏性。

4. 反映非电气量的保护

反映变压器油箱内部故障时所产生的气体而构成瓦斯保护，反映电动机绕组的温度升高而构成过负荷保护等。

二、继电保护的基本要求

供电系统对继电保护必须满足选择性、速动性、灵敏性和可靠性四个基本要求，即通常所说的"四性"。这些要求之间，有的相辅相成，有的相互制约，需要对不同的使用条件分别进行协调。对于作用于继电器跳闸的继电保护，应同时满足四个基本要求，而对于作用于信号以及只反映不正常的运行情况的继电保护装置，这四个基本要求中有些可以降低。

1. 选择性

选择性就是当电力系统中的设备或线路发生短路时，其继电保护仅将故障的设备或线路从电力系统中切除，当故障设备或线路的保护或断路器拒动时，应由相邻设备或线路的保护将故障切除。继电保护有选择性动作示意图，如图 5 - 3 所示。

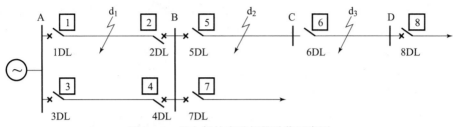

图 5 - 3　继电保护有选择性动作示意图

2. 速动性

速动性是指继电保护装置应能尽快地切除故障，以减少设备及用户在大电流、低电压运行的时间，降低设备的损坏程度，提高系统并列运行的稳定性。

一般必须快速切除的故障如下：

（1）使发电厂或重要用户的母线电压低于有效值（一般为 70% 的额定电压）。

（2）大容量的发电机、变压器和电动机内部故障。

（3）中、低压线路导线截面过小，为避免过热不允许延时切除的故障。

（4）可能危及人身安全、对通信系统造成强烈干扰的故障。

故障切除时间包括保护装置和断路器动作时间，一般快速保护的动作时间为 0.04 ~ 0.08 s，最快的可达 0.01 ~ 0.04 s；一般断路器的跳闸时间为 0.06 ~ 0.15 s，最快的可达 0.02 ~ 0.06 s。

对于反应不正常运行情况的继电保护装置，一般不要求快速动作，而应按照选择性的条件，带延时的发出信号。

3. 灵敏性

灵敏性是指电气设备或线路在被保护范围内发生短路故障或不正常运行情况时保护装置的反应能力。

能满足灵敏性要求的继电保护，在规定的范围内发生故障时，不论短路点的位置和短路的类型如何，以及短路点是否有过渡电阻，都能正确反应动作，即要求不但在系统最大运行方式下三相短路时能可靠动作，而且在系统最小运行方式下经过较大的过渡电阻两相或单相短路故障时也能可靠动作。

系统最大运行方式：被保护线路末端短路时，系统等效阻抗最小，通过保护装置的短路电流为最大的运行方式。

系统最小运行方式：在同样短路故障情况下，系统等效阻抗最大，通过保护装置的短路电流为最小的运行方式。

保护装置的灵敏性是用灵敏系数来衡量的。

4. 可靠性

可靠性包括安全性和信赖性，是对继电保护最根本的要求。

1）安全性

要求继电保护在不需要它动作时可靠不动作，即不发生误动。

2）信赖性

要求继电保护在规定的保护范围内发生了应该动作的故障时可靠动作，即不拒动。继电保护的误动作和拒动作都会给电力系统带来严重危害。即使对于相同的电力元件，随着电网的发展，保护不误动和不拒动对系统的影响也会发生变化。

以上四个基本要求是设计、配置和维护继电保护的依据，又是分析评价继电保护的基础。这四个基本要求之间是相互联系的，但往往又存在着矛盾。因此，在实际工作中，要根据电网的结构和用户的性质，辩证地进行统一。

子任务二　继电保护装置的组成及任务

子任务目标

1. 掌握继电保护的组成结构；
2. 掌握常用保护继电器的原理及分类。

继电保护的种类较多，但一般是由测量部分、逻辑部分和执行部分组成的。其原理框图如图 5－4 所示。测量部分从被保护对象输入有关信号，再与给定的整定值相比较，决定是否动作。根据测量部分各输出量的大小、性质、出现的顺序或它们的组合，使保护装置按一定的逻辑关系工作，最后确定保护应有的动作行为，由执行部分立即或延时发出警报信号或跳闸信号。

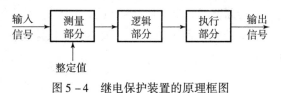

图 5－4　继电保护装置的原理框图

（1）测量部分。测量部分是测量被保护组件工作状态（正常工作、非正常工作或故障状态）的一个或几个物理量，并和已给的整定值进行比较，从而判断保护是否应该启动。

（2）逻辑部分。逻辑部分的作用是根据测量部分各输出量的大小、性质、出现的顺序或它们的组合，使保护装置按一定的逻辑程序工作，最后传到执行部分。

（3）执行部分。执行部分的作用是根据逻辑部分传送的信号，最后完成保护装置所担负的任务，如发出信号、跳闸或不动作等。

一、继电保护装置的任务

继电保护装置是指能反映电力系统中电气设备或线路发生故障或不正常运行状态，并能作用于断路器跳闸和发出信号的一种自动装置。

继电保护装置的作用如下：

（1）当被保护线路或设备发生故障时，继电保护装置能借助断路器自动地、迅速地、有选择地将故障部分断开，保护非故障部分继续运行。

（2）当被保护设备或线路出现不正常运行状态时，继电保护装置能够发出信号，提醒工作人员及时采取措施。

（3）能与供配电系统的自动装置（如自动重合闸装置、备用电源自动投入装置等）配合，提高供电系统的运行可靠性。

二、常用保护继电器的认识

继电器是一种电控制器件，是当输入量（激励量）的变化达到规定要求时，在电气输出电路中使被控量发生预定的阶跃变化的一种电器。继电器是继电保护装置的基本元件，是一种传递信号的电器，用来接通或断开控制或保护电路，在电路中起着自动调节、安全保护、转换电路等作用。

继电器的分类方式很多，按其应用分，有控制继电器和保护继电器两大类。控制继电器用于控制回路，保护继电器用于保护回路。保护继电器按其组成元件分，又有机电型和晶体管型两大类。机电型又分为电磁式继电器和感应式继电器。

按其反映的数量变化分，有过量继电器和欠量继电器。

按其反映的物理量分，有电流继电器、电压继电器、气体继电器等。

按其在保护装置中的功能分，有启动继电器、时间继电器、信号继电器等。

按其与一次电路的联系分，有一次式继电器和二次式继电器。

下面主要介绍电磁式继电器和感应式电流继电器两种。

（一）电磁式继电器

电磁式继电器主要由电磁铁、可动衔铁、线圈、接点、反作用弹簧等元件组成。当在继电器的线圈中通入电流时，它经由铁芯、空气隙和衔铁构成的闭合磁路产生电磁力矩，当其足以克服弹簧的反作用力矩时，衔铁被吸向电磁铁，带动常开触点闭合，称为继电器动作，这就是电磁式继电器的基本工作原理。

电磁式继电器由于结构简单、工作可靠，被制成各种用途的继电器，如电流继电器、中间继电器、时间继电器和信号继电器等。

1. 电磁式电流继电器

电磁式电流继电器在过电流保护装置中作为测量和启动元件，当电流超过某一整定值时继电器动作。工矿企业供电系统中常用 DL-10 系列电磁式电流继电器作为过电流保护装置的启动元件，其结构如图 5-5 所示。

当继电器线圈 3 中通入电流时，在铁芯 1 处产生磁通，该磁通使钢舌片 2 磁化，并产生电磁力矩。作用于钢舌片 2 的电磁力矩，使钢舌片沿磁阻减小的方向（图中为顺时针方向）转动，同时反作用弹簧 5 被旋紧，弹簧的反作用力矩增大。当线圈中的电流达到一定数值时，电磁力矩将克服弹簧的阻力矩与摩擦阻力矩，将钢舌片 2 吸向磁极，带动转轴 4 顺时针转动，使常开触点闭合，常闭触电断开，此时称继电器动作或启动。能够使继电器动作的最小电流，称为继电器的动作电流，用 I_{op} 表示。

继电器动作后，当流入继电器线圈的电流减小到一定值时，钢舌片在弹簧作用下返回，使动、静触点分离，此时称继电器返回。能够使动作状态下的继电器返回的最大电流称为返回电流，用 I_{re} 表示。继电器的返回电流与动作电流的比值称为继电器的返回系数，用 K_{re} 表示，即

$$K_{re} = \frac{I_{re}}{I_{op}} \qquad (5-1)$$

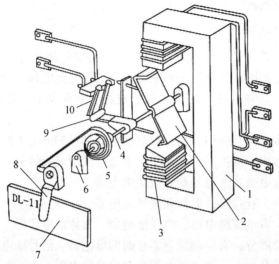

图 5 – 5 DL – 10 系列电磁式电流继电器的结构

1—铁芯；2—钢舌片；3—线圈；4—转轴；5—反作用弹簧；6—轴承；

7—标度盘；8—调节转杆；9—动触点；10—静触点

由于此时摩擦力矩起阻碍继电器返回的作用，因此电流继电器的返回系数恒小于 1。在保证接触点良好的条件下，返回系数越大，说明继电器质量越好。DL 系列电磁式电流继电器的返回系数较高，一般在 0.8 以上。

电磁式电流继电器的动作电流有两种调节方法：一种是平滑调节，即通过调节转杆来实现。当逆时针转动调节转杆时，弹簧被扭紧，反力矩增大，继电器动作所需电流也增大；反之，当顺时针转动转杆时，继电器动作电流减小。另一种是级进调节，即改变线圈的连接方式实现。当两线圈并联时，线圈串联匝数减少一半，因为继电器所需动作匝数是一定的，因此动作电流将增大一倍；反之，当线圈串联时，动作电流将减少一半。

电磁式电流继电器动作较快，其动作时间为 0.01 ~ 0.05 s。电磁式电流继电器的接点容量较小，不能直接作用于断路器跳闸，必须通过其他继电器转换。

DL – 10 系列电磁式电流继电器只要通入继电器的电流超过某一预先整定的数值，它就能动作，动作时限是固定的，与外电压无关，这种特性称作定时限特性，如图 5 – 6 所示。

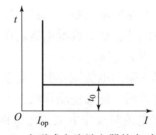

图 5 – 6 电磁式电流继电器的定时限特性

2. 电磁式中间继电器

电磁式中间继电器是在继电保护中作为辅助继电器，以弥补主继电器触点数量和触点容量的不足。工矿企业常用的 DZ－10 系列电磁式中间继电器的内部结构如图 5－7 所示。当线圈 1 通电时，衔铁 4 被吸引向铁芯 2，使其常闭触点 5、6 断开，常开触点 5、7 闭合；当线圈断电时，衔铁 4 在弹簧 3 的作用下返回。

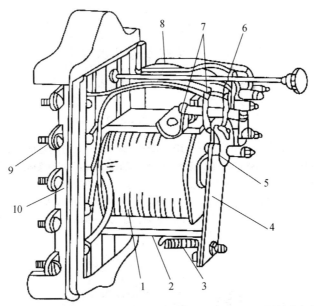

图 5－7　工矿企业常用的 DZ－10 系列电磁式中间继电器的内部结构
1—线圈；2—铁芯；3—弹簧；4—衔铁；5—动触点；6，7—静触点；
8—连接线；9—接线端子；10—底座

电磁式中间继电器种类较多，有电压式、电流式；有瞬时动作的，也有延时动作的，其瞬时动作的电磁式中间继电器，其动作时间为 $0.05 \sim 0.06$ s。

电磁式中间继电器的特点是触点多，容量大，可直接接通断路的跳闸回路，且其线圈允许长时间通电运行。

3. 电磁式时间继电器

电磁式时间继电器在继电器保护中作为时限（延时）元件，用来建立必要的动作时限。其特点是线圈通电后，触点延时动作，用来按照一定的次序和时间间隔接通或断开被控制的回路。

工矿企业中常用的 DS－110（120）系列电磁式时间继电器的内部结构如图 5－8 所示。当线圈 1 通电时，衔铁 3 被吸入，带动瞬时动触点 8 分离，与瞬时静触头 5、6 闭合。压杆 9 由于衔铁的吸入被放松，使扇形齿轮 12 在拉引弹簧 17 的作用下顺时针转动，启动了钟表机构。钟表机构带动延时主动触点 14，逆时针转向延时主静触点 15，经一段延时后，延时主动触点 14 与主静触点 15 闭合，继电器动作。调整延时主静触点 15 的位置来调整延时主动触点 14 到其之间的行程，从而调整继电器的延时时间。调整的时间在刻度盘 16 上标出。线圈断电后，在返回弹簧 4 的作用下，衔铁 3 将压杆 9 顶起，使继电器返回。由于返回时钟表机构不起作用，所以继电器的返回是瞬时的。

4. 电磁式信号继电器

在继电保护与自动装置中，信号继电器用作动作指示，以便判别故障性质或提醒工作人员注意。工矿企业常用的 DX – 11 系列电磁式信号继电器的内部结构如图 5 – 9 所示。

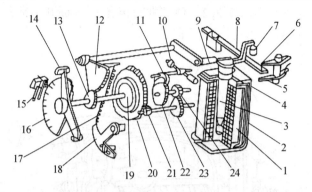

图 5 – 8 工矿企业中常用的 DS—110（120）系列电磁式时间继电器的内部结构
1—线圈；2—铁芯；3—衔铁；4—返回弹簧；5，6—瞬时静触点；7—绝缘标；8—瞬时动触点；
9—压杆；10—平衡锤；11—摆动卡板；12—扇形齿轮；13—传动齿轮；14—延时主动触点；
15—延时主静触点；16—刻度盘；17—拉引弹簧；18—弹簧拉力调节器；19—摩擦离合器；
20—主齿轮；21—小齿轮；22—擎轮；23，24—钟表机构传动齿轮

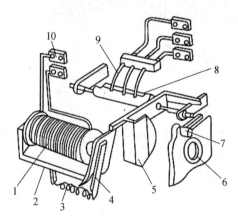

图 5 – 9 工矿企业常用的 DX – 11 系列电磁式信号继电器的内部结构
1—线圈；2—铁芯；3—弹簧；4—衔铁；5—信号牌；6—玻璃孔窗；
7—复位弹簧；8—动触点；9—静触点；10—接线端子

正常时，继电器的信号牌 5 在衔铁 4 上面。当线圈 1 通电时，衔铁 4 被吸向铁芯 2，使信号牌 5 落下，同时带动转轴旋转 90°，使固定在转轴上的动触点 8 与静触点 9 接通，从而接通了灯光与音响信号回路。要使信号复归，可旋转复位弹簧 7，断开信号回路。

（二）感应式电流继电器

感应式电流继电器的动作机构主要由部分套有铜制短路环的主电磁铁、瞬动衔铁和可动铝盘等元件组成。

当电磁铁线圈电流在一定范围内时，铝盘因两个不同相位交变磁通所产生的涡流而转动，经延时带动触点系统动作，由于电流越大，铝盘转动越快，故其动作具有反时限特性。

当线圈内电流达到一定数值时，主电磁铁直接吸持瞬动衔铁，使继电器不经延时带动触点系统动作，故继电器也具有瞬动特性。

图 5 – 10 所示为典型的 GL – 10 型过电流继电器的动作时限特性。图中曲线 1 对应于定时限部分的动作时限为 2 s，速断电流倍数为 8 的动作时限特性曲线；曲线 2 对应于定时限部分的动作时限为 4 s，速断电流倍数大于 10（瞬动电流整定旋钮拧到最大位置）的动作时限特性曲线。

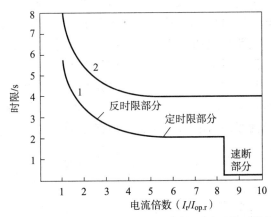

图 5 – 10　典型的 GL – 10 型过电流继电器时动作时限特性

继电器动作电流的整定用改变线圈抽头的方法实现；调整瞬动衔铁气隙大小，可改变瞬动电流倍数，调整范围为 2 ~ 8 倍。该型继电器触点容量较大，能实现直接跳闸。

学习任务二　电网的继电保护

按 GB/T 50062—2008《电力装置的继电保护和自动装置设计规范》规定，对 3 ~ 66 kV 的电力线路应装设相同的短路保护、单相接地保护和过负荷保护。

由于一般工厂的高压线路不是很长，容量不是很大，因此其继电保护装置通常比较简单。

作为线路的相间短路保护，主要采用带时限的过电流保护和瞬时动作的电流速断保护。但过电流保护的动作时限不大于 0.7 s 时，按 GB/T 50062—2008 规定，可不再装设电流速断保护。相间短路保护应动作于断路器的跳闸机构，使断路器跳闸，切除短路故障部分。

学习目标

1. 掌握线路过电流保护的工作原理及适用范围；
2. 掌握电流速断保护的工作原理及适用范围。

输电线路或电气设备发生短路故障时，其重要的特征是电流突然增大和电压下降。过电流保护就是利用电流增大的特点构成的保护装置。这种过电流保护一般分为定时限过流保护与反时限过流保护、无时限电流速断保护与有时限电流速断保护、三段式电流保护和电流电压连锁保护等。

一、时限过流保护

（一）工作原理

在单侧电源辐射式电网中，过电流保护装置均设在每一段线路的电源侧，如图 5 – 11（a）所示。每一套保护装置除保护本线段内的相间短路外，还要对下一段线路起后备保护作用（称为远后备），如图 5 – 11（b）所示。过流保护按所用继电器的时限特性不同，分为定时限和反时限两种，电路接线如图 5 – 12 所示。在线路的远端（如图中 k 点）发生短路故障时，短路电流从电源流过保护装置 1、3、5 所在的线段，并使各保护装置均启动。但根据保护的选择性要求，只应由保护装置 1 动作，切除故障，其他保护装置在故障切除后均应返回。所以应对保护装置 1、3、5 规定不同的动作时间，从用户到电源方向逐级增加，构成阶梯形时限特性，相邻两级的时限级差为 Δt，则有 $t_5 > t_3 > t_1$。

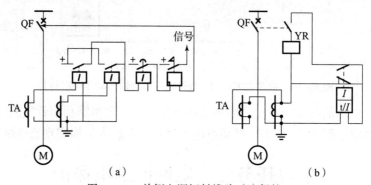

图 5 – 11　单侧电源辐射线路过流保护

（a）单侧电源辐射式线路；（b）过流保护的时限配合

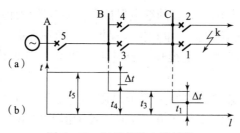

图 5 – 12　过流保护电路接线

（a）定时限保护；（b）反时限保护

时限级差 Δt 的大小，根据断路器的固有跳闸时间和时间元件的动作误差，一般对定时限保护取 $\Delta t = 0.5$ s，反时限保护取 $\Delta t = 0.7$ s。

（二）整定计算

1. 动作电流的计算

过流保护装置的动作电流应按以下两个条件进行整定。

（1）应能躲过正常最大工作电流 $I_{L.\,max}$，其中包括考虑电动机启动和自启动等因素造成的影响，这时保护装置不应动作，即满足

$$I_{op} \geqslant I_{L \cdot max} \tag{5 – 2}$$

式中　I_{op}——保护装置的动作电流；

$I_{\text{L.max}}$——线路最大工作电流，可用电动机自启动系数 K_{oL} 表示，即

$$I_{\text{L.max}} = K_{\text{oL}} I_{\text{ca}} \tag{5-3}$$

式中　I_{ca}——线路最大计算负荷电流；

　　　K_{oL}——由试验或实际运行经验确定，可取 $1.5 \sim 3$。

（2）对于还要起后备保护作用的继电器，在外部短路被切除后，已启动的继电器应能可靠地返回，故应考虑短路被切除后系统电压将恢复，一些电动机会自启动，将有很大负荷电流流过继电器。因此，应保证电流继电器的返回电流 I_{re} 大于线路最大工作电流，即

$$I_{\text{re}} > I_{\text{L.max}} \tag{5-4}$$

或表示为

$$I_{\text{re}} = K_{\text{co}} I_{\text{L.max}} = K_{\text{co}} K_{\text{oL}} I_{\text{ca}} \tag{5-5}$$

式中　K_{co}——可靠系数，考虑继电器动作电流的误差及最大工作电流计算上的不准确而取的系数，一般取为 $1.15 \sim 1.25$。

由继电器的返回系数定义可知，$K_{\text{re}} = I_{\text{re}}/I_{\text{op}}$，则保护装置的动作电流为

$$I_{\text{op}} = \frac{I_{\text{re}}}{K_{\text{re}}} = \frac{K_{\text{co}} K_{\text{oL}}}{K_{\text{re}}} I_{\text{ca}} \tag{5-6}$$

如果保护装置的接线系数为 K_{wc}，电流互感器的变比为 K_{TA}，则得继电器的动作电流 $I_{\text{op.r}}$ 为

$$I_{\text{op.r}} = \frac{K_{\text{co}} K_{\text{oL}} K_{\text{wc}}}{K_{\text{re}} K_{\text{TA}}} I_{\text{ca}} \tag{5-7}$$

继电器的返回系数 K_{re}，对 DL 型继电器取 0.85，GL 型继电器取 0.8，晶体管型继电器取 $0.85 \sim 0.9$。

2. 灵敏系数校验

按躲过最大工作电流整定的过流保护装置，还必须校验在短路故障时保护装置的灵敏系数，即在它的保护区内发生短路时，能否可靠地动作。根据灵敏系数的定义，有

$$K_{\text{s}} = \frac{I_{\text{k.min}}^{(2)}}{I_{\text{op}}} \tag{5-8}$$

式中　$I_{\text{k.min}}^{(2)}$——被保护线段末端的最小两相短路电流；

　　　I_{op}——保护装置的整定电流。

灵敏系数也可用继电器的动作电流 $I_{\text{op.r}}$ 进行计算，这时需将短路电流换算到继电器回路，即

$$K_{\text{S}} = \frac{K_{\text{wc}} I_{\text{k.min}}^{(2)}}{K_{\text{TA}} I_{\text{op.r}}} \tag{5-9}$$

在计算灵敏系数时，最小短路电流的计算应在系统可能出现的最小运行方式下，取被保护线段末端的两相短路电流作为最小短路电流。

灵敏系数的最小允许值，对于主保护区要求 $K_{\text{s}} \geqslant 1.5$；作为后备保护时要求 $K_{\text{s}} > 1.2$。

当计算的灵敏系数不满足要求时，必须采取措施提高灵敏系数，如改变接线方式、降低继电器动作电流等。若仍达不到灵敏系数要求，应改变保护方案。

（三）动作时限的配合

1. 定时限保护的配合

为了保证动作的选择性，过流保护的动作时间沿线路的纵向按阶梯原则整定。对于定时限过流保护，各级之间的时限配合见图 5 - 12。时限整定一般从距电源最远的保护开始，如设变电所 C 的出线保护中，以保护 1 的动作时限最大为 t_1，则变电所 B 的保护 3 动作时限 t_3 应比 t_1 大一个时间级差 Δt，即 $t_3 = t_1 + \Delta t$。同样，变电所 A 的保护 5 应比变电所 B 中时限最大者（如设 $t_4 > t_3$）大一个 Δt，即 $t_5 = t_4 + \Delta t$。

2. 反时限保护的配合

反时限保护的动作时间与故障电流的大小成反比。因此，在保护范围内的不同地点短路时，由于短路电流不同，保护具有不同的动作时间。在靠近电源端短路时，电流较大，动作时间较短，如图 5 - 13 所示。

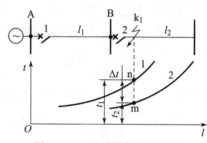

图 5 - 13　反时限保护的配合

为此，多级反时限过流保护动作时限的配合应首先选择配合点，使之在配合点上两级保护的时限级差为 Δt。

如图 5 - 13 中线路，保护装置 1 和 2 均为反时限，配合点应选在 l_2 的始端 k_1 点。因为此点短路时，流过保护 1 和 2 的短路电流最大，两级保护动作时间之差最小，在此点上如能满足配合要求 $t_1 = t_2 + \Delta t$，则其他各点的时限级差均能满足选择性要求。

当保护 2 在配合点 k_1 的动作时间 t_2 确定后（图 5 - 13 中 m 点），根据反时限级差要求（$\Delta t = 0.7$ s），即可确定保护 1 的动作时间 t_1（图中 n 点）。对感应型电流继电器，已知其动作电流及 k_1 点短路电流 I_{k1} 下的动作时间 t_1，即可确定出与其相应的一条时限特性曲线，然后找出其 10 倍动作电流下对应的时间，来整定继电器的动作时间刻度。

3. 定时限与反时限的配合

如图 5 - 14 所示线路，保护 1 为定时限，保护 2 为反时限，现决定两级保护之间的时限配合。配合点应选择在保护 1 作为后备保护范围末端的 k 点。由图中可以看出，在 k 点为保护 1 与 2 重叠保护的范围，存在时限配合问题。如设保护 1 的动作时限为 t_1，则保护 2 在配合点 k 的动作时间 t_2 应满足 $t_1 - t_2 = \Delta t$（0.7 s）。只要在 k 点时限配合，其他各点必然能配合，如图中 k' 点短路，保护 1 和 2 的时间差为 $\Delta t' > \Delta t$ 必然满足选择性要求。

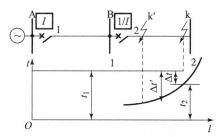

图 5 - 14　定时限与反时限保护配合

二、电流速断保护

过电流保护的选择性是靠纵向动作时限阶梯原则来保证的。因此，越靠近电源端，保护的动作时间越长，不能快速地切除靠近电源处发生的严重故障。为了克服这个缺点，可加装无时限或有时限电流速断保护。

（一）无时限电流速断保护

电流保护的整定值，如果按躲过保护区外部的最大短路电流原则来整定，即将保护范围限制在被保护线路的一定区段之内，就可以完全依靠提高动作电流的整定值获得选择性。因此，可以做成无时限的瞬动保护，叫电流速断保护。

图 5 - 15 中线路 l_1 与 l_2 的保护均为电流速断保护。图中给出在线路不同地点短路时，短路电流 I_k 与距离 l 的关系曲线。曲线 1 是在系统最大运行方式下三相短路电流的曲线；曲线 2 是在系统最小运行方式下两相短路电流的曲线。

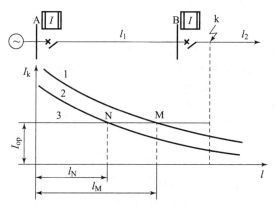

图 5 - 15　单侧电源线路上无时限电流速断保护

电流速断保护的动作电流可按下式计算

$$I_{op.qb} = K_{co} I_{k.max}^{(3)} \tag{5 - 10}$$

继电器的动作电流为

$$I_{op.qb.r} = K_{co} K_{wc} \frac{I_{k.max}^{(3)}}{K_{TA}} \tag{5 - 11}$$

式中　$I_{k.max}^{(3)}$——被保护线路末端的最大三相短路电流；

　　K_{co}——可靠系数，一般取 1.2 ~ 1.3，当采用感应式继电器时取 1.4 ~ 1.5；

　　K_{wc}——接线系数；

　　K_{TA}——电流互感器的变比。

速断保护的动作电流 $I_{op.qb}$ 在图 5 – 15 中为直线 3，它与曲线 1 和 2 分别相交在 M 和 N 点。可以看出，电流速断不能保护线路全长，它的最大保护范围是 l_M，最小保护范围是 l_N。

电流速断保护的灵敏度，通常用保护区长度与被保护线路全长的百分比表示，一般应不小于 15% ~ 20%。

由图 5 – 15 可以看出，最小保护区的长度可由最小运行方式下两相短路电流（曲线 2）与保护动作电流（直线 3）的交点 N 求得，即

$$I_{op.qb} = \frac{\sqrt{3}}{2} \frac{U_{av.p}}{X_{s.max} + x_0 l_N}$$

解得

$$I_N = \frac{1}{x_0} \left(\frac{\sqrt{3} U_{av.p}}{2 I_{op.qb}} - X_{s.max} \right) \tag{5 – 12}$$

式中　$U_{av.p}$——保护安装处的平均相电压，V；

　　　$X_{s.max}$——最小运行方式下归算到保护安装处的系统电抗，Ω；

　　　x_0——线路每千米电抗，Ω/km；

　　　l_N——保护区的最小长度，km。

对于线路变压器组的保护，如图 5 – 16 所示，无论是变压器或是线路发生故障时，供电都要中断。所以变压器故障时允许线路速断保护无选择地动作，即无时限速断保护范围可以伸长到被保护线路以外的变压器内部。这时线路的速断保护，按躲过变压器二次出口处（k_1点）短路时的最大短路电流来整定，即

$$I_{op.qb} = K_{co} I_{k.max}^{(3)} \tag{5 – 13}$$

式中　K_{co}——可靠系数，由于变压器计算电抗的误差较大，K_{co} 一般取 1.3 ~ 1.4；

　　　$I_{k.max}^{(3)}$——变压器二次母线 k_1 点短路时，流经保护装置的最大三相短路电流。

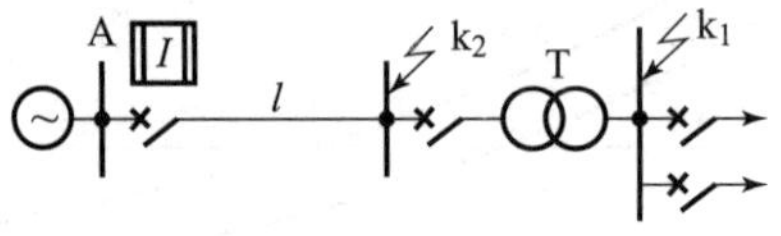

图 5 – 16　线路变压器组的保护

这种情况下电流速断保护的灵敏系数按被保护线路末端 k_2 点最小两相短路电流校验，并要求 $K_s \geqslant 1.5$，即

$$K_s = \frac{I_{k.min}^{(2)}}{I_{op.qb}} \tag{5 – 14}$$

电流速断的不完全星形接线原理如图 5 – 17 所示。图中采用了带延时 0.06 ~ 0.08 s 动作的中间继电器 3，其作用是利用它的触点接通断路器跳闸线圈，因为电流继电器触点容量小的缘故。

另外，当线路上装有管型避雷器时，利用中间继电器的延时，增加保护的固有动作时间，以避免在管型避雷器放电时引起电流速断保护误动作。这是因为在大气过电压时，可能使两相以上的管型避雷器同时放电，造成暂时性的接地短路。因此，利用中间继电器的延时，可躲过避雷器的放电时间。

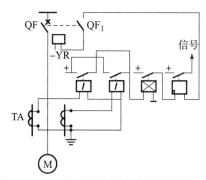

图 5 - 17　电流速断的不完全星形接线原理

　　由上述讨论可知，无时限电流速断保护接线简单、动作迅速可靠；其主要缺点是不能保护线路全长，并且保护范围直接受系统运行方式变化的影响。当系统运行方式变化很大，或者被保护线路长度很短时，速断保护就可能没有保护范围。

（二）有时限电流速断

　　由于无时限电流速断保护不能保护线路全长，因此可增加一段带时限的电流速断保护，用以保护无时限电流速断保护不到的那段线路上的故障，并作为无时限电流速断保护的后备保护。

　　在无时限电流速断保护的基础上增加适当的延时（一般为 0.5 ~ 1 s），便构成时限电流速断，其接线与图 5 - 17 相似，不同的是用时间继电器取代中间继电器。

　　有时限速断与无时限速断保护的整定配合可用图 5 - 18 说明，图中 I 和 II 分别表示无时限和时限速断的符号。曲线 1 为流过保护装置的最大短路电流。为了保证动作的选择性，变电所 A 的时限速断要与变电所 B 的无时限速断相配合，并使前者的保护区小于后者，即满足下列关系式

$$I_{\text{op. sq. b}} = K_{\text{co}} I_{\text{op. qb}} \tag{5-15}$$

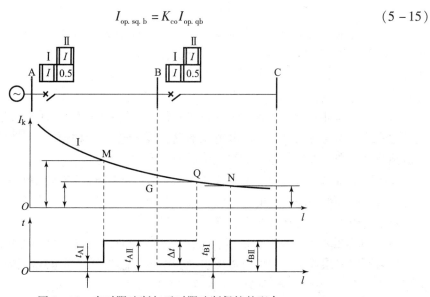

图 5 - 18　有时限速断与无时限速断保护的配合

式中 K_{co}——可靠系数，一般取 $1.1 \sim 1.2$；

  $I_{op.sq.b}$——变电所 A 的时限电流速断的动作电流；

  $I_{op.qb}$——变电所 B 的无时限电流速断的动作电流。

由图 5 – 18 可以看出，按式（5 – 15）整定后，两种速断保护具有一定的重叠保护区（图中的 GQ 段），但是由于时限速断的动作时间比无时限速断大一个时限级差 Δt（一般取 $0.5\,\text{s}$），从而保证动作具有选择性。

时限电流速断可作为输电线路相间故障的主保护。保护装置的灵敏系数，按最小运行方式下仍能可靠地保护线路全长进行校验，即按下式计算

$$K_s = \frac{I_{k.min}^{(2)}}{I_{op.sq.b}} \qquad (5 - 16)$$

式中 $I_{k.min}^{(2)}$——在最小运行方式下，被保护线路末端的两相短路电流；

  $I_{op.sq.b}$——时限电流速断的动作电流。

灵敏系数不应低于 $1.25 \sim 1.5$。

学习任务三　电力变压器的保护

学习目标

1. 了解电力变压器继电保护的类型及适用范围；
2. 掌握变压器瓦斯保护的原理及构成；
3. 掌握变压器过电流保护的原理及构成；
4. 掌握变压器电流速断保护的原理及构成。

变压器是供电系统中的重要设备，它运行较为可靠，故障机会较少。但在运行中，仍可能发生内部故障、外部故障及不正常运行状态。这对工矿企业的正常供电和安全运行将带来严重的影响，同时会造成很大的经济损失。因此，必须根据变压器的容量大小及重要程度装设专用的保护装置。

变压器的内部故障主要有绕组的相间短路、绕组匝间短路和单相接地短路等。内部故障是很危险的，因为短路电流产生的电弧不仅会破坏绝缘，烧坏铁芯，还可能使绝缘材料和变压器油受热而产生大量气体，引起变压器油箱爆炸。

变压器常见的外部故障是引出线和绝缘套管的相间短路或接地短路等。变压器的不正常运行状态有由外部短路引起的过电流、过负荷及油面过低和温度升高等。

对于变压器的正常运行状态，变压器应设置以下保护装置。

（1）对容量不大的小型变压器，保护应力求简化。首先，可考虑用熔断器保护；其次，可考虑采用定时限或反时限的过流保护，其整定方法与单端供电线路情况相同。当动作时限大于 $0.7\,\text{s}$ 时，可装设速断保护。容量在 $800\,\text{kVA}$ 及以上的油浸变压器和容量为 $400\,\text{kVA}$ 及以上的室内油浸式变压器，还须装设瓦斯保护。对有可能过负荷的变压器，应装设过负荷保护，过负荷保护作用于信号。

（2）对容量较大的变压器，应装设过流保护、瓦斯保护和电流速断保护，同时装设过负荷保护。如果单台运行的变压器容量在 10 000 kVA 及以上或两台并列运行的变压器容量在6 300 kVA 及以上时，必须装设差动保护。

一、变压器的瓦斯保护

瓦斯保护主要用作变压器油箱内部故障的主保护以及油面过低保护。变压器的内部故障，如匝间或层间短路、单相接地短路等，有时故障电流较小，可能不会使反应电流的保护动作。对于油浸变压器，油箱内部故障时，由于短路电流和电弧的作用，变压器油和其他绝缘物会因受热而分解出气体，这些气体上升到最上部的油枕。故障越严重，产气越多，并形成强烈的气流。能反应此气体变化的保护装置，称为瓦斯保护。瓦斯保护是利用安装于油箱和油枕间管道中的机械式瓦斯继电器来实现的。

瓦斯保护接线如图 5 - 19 所示。图中的中间继电器 4 是出口元件，它是带有电流自保线圈的中间继电器，这是考虑到重瓦斯时，油流速度不稳定而采用的。切换片 5 是为了在变压器换油或进行瓦斯继电器试验时，防止误动作而设，可利用切换片 5 使重瓦斯保护临时只作用于信号回路。

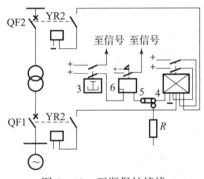

图 5 - 19　瓦斯保护接线

瓦斯保护的主要优点是动作快，灵敏度高，稳定可靠，接线简单，能反应变压器油箱内部的各种类型故障，特别是短路匝数很少的匝间短路，其他保护可能不动作，对这种故障，瓦斯保护具有特别重要的意义，所以瓦斯保护是变压器内部故障的主要保护之一。根据有关规定，800 kVA 以上的油浸变压器，均应装设瓦斯保护。

二、变压器的电流速断保护

瓦斯保护不能反映变压器外部故障，尤其是套管的故障。因而，对于较小容量的变压器（如 5 600 kVA 以下），特别是车间配电用变压器（容量一般不超过 1 000 kVA），广泛采用电流速断保护作为电源侧绕组、套管及引出线故障的主保护。再用时限过电流保护装置，保护变压器的全部，并作为外部短路所引起的过电流及变压器内部故障的后备保护。

图 5 -20 所示为变压器电流速断保护单相原理接线，电流互感器装于电源侧。电源侧为中性点直接接地系统时，保护采用完全星形接线方式；电源侧为中性点不接地或经消弧线圈接地的系统时，则采用两相式不完全星形接线。

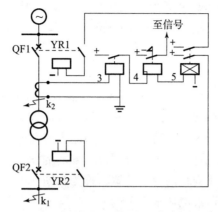

图 5-20　变压器电流速断保护单相原理接线

速断保护的动作电流，按躲过变压器外部故障（如 k_1 点）的最大短路电流整定，

$$I_{\text{op.qb}} = K_{\text{co}} I_{\text{k.max}}^{(3)} \qquad (5-17)$$

式中　$I_{\text{k.max}}^{(3)}$——变压器二次侧母线最大三相短路电流；

　　　K_{co}——可靠系数，取 $1.2 \sim 1.3$。

变压器电流速断保护的动作电流，还应躲过励磁涌流。根据实际经验及实验数据，保护装置的一次侧动作电流必须大于 $(3 \sim 5) I_{\text{N.T}}$。$I_{\text{N.T}}$ 是保护安装侧变压器的额定电流。

变压器电流速断保护的灵敏系数

$$K_{\text{s}} = \frac{I_{\text{k.min}}^{(2)}}{I_{\text{op.qb}}} \qquad (5-18)$$

式中　$I_{\text{k.min}}^{(2)}$——保护装置安装处（如 k_2 点）最小运行方式时的两相短路电流。

电流速断保护接线简单、动作迅速，但作为变压器内部故障保护存在以下缺点。

（1）当系统容量不大时，保护区很短，灵敏度达不到要求。

（2）在无电源的一侧，套管引出线的故障不能保护，要依靠过电流保护，这样切除故障时间长，对系统安全运行影响较大。

（3）对于并列运行的变压器，负荷侧故障时，如无母联保护，过流保护将无选择性地切除所有变压器。

所以，对并联运行变压器，容量大于 6 300 kVA 和单独运行容量大于 10 000 kVA 的变压器，不采用电流速断，而采用差动保护。对于 2 000 ~ 6 300 kVA 的变压器，当电流速断保护灵敏度小于 2 时，也可采用差动保护。

三、变压器的差动保护

（一）保护原理及不平衡电流

差动保护主要用作变压器内部绕组、绝缘套管及引出线相间短路的主保护。

变压器的差动保护原理与电网纵差保护相同，其接线如图 5-21 示。在正常运行和外部故障时，流入继电器的电流为两侧电流之差，即 $I_{\text{r}} = I_{\text{I}_1} - I_{\text{II}_2} \approx 0$，其值很小，继电器不动作。当变压器内部发生故障时，若仅 I 侧有电源，则 $\dot{I}_{\text{r}} = \dot{I}_{12}$，其值为短路电流，继电器动作，使两侧断路器跳闸。由于差动保护无须与其他保护配合，因此可瞬动切除故障。

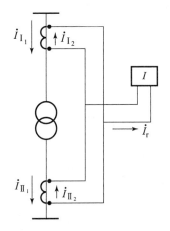

图 5 – 21　变压器的差动保护原理

由于诸多因素的影响，在正常运行和发生外部故障时，在继电器中会流过不平衡电流，影响差动保护的灵敏度。一般有以下三种影响因素。

1. 电流互感器的影响

由于变压器两侧的电压不同，装设的电流互感器型式便不同。它们的特性必然不一样，因此引起不平衡电流。还由于选择的电流互感器变比不同，也将产生不平衡电流。例如，图 5 – 21 中，变压器的变比为 K_T，为使两侧互感器的二次电流相等，应满足

$$I_{I2} = \frac{I_{I1}}{K_{TA\,I}} = I_{II2} = \frac{I_{II1}}{K_{TA\,II}} \qquad (5-19)$$

由此得

$$\frac{K_{TA\,II}}{K_{TA\,I}} = \frac{I_{II1}}{I_{I1}} = K_T \qquad (5-20)$$

式（5 – 20）表明，两侧互感器变比的比值等于变压器的变比时，才能消除不平衡电流。但是由于互感器产品变比的标准化，这个条件很难满足，由此产生不平衡电流。

另外，变压器带负荷调压时，改变分接头其变比也随之改变，将使不平衡电流增大。

2. 变压器接线方式的影响

对于 Y，d11 接线方式的变压器，其两侧电流有 30°相位差。为消除相位差造成的不平衡电流，通常采用相位补偿的方法，即变压器 Y 侧的互感器二次接成 d 形，变压器 d 侧，互感器接成 Y 形，使相位得到校正，如图 5 – 22（a）所示。图 5 – 22（b）所示为电流互感器一次侧电流的相量图，$\dot{I}_{A1}$ 与 $\dot{I}_{ab1}$ 有 30°相位差，图 5 – 22（c）是电流互感器二次电流相量图，通过补偿后 $\dot{I}_{AB2}$ 与 $\dot{I}_{ab2}$ 同相。

相位补偿后，为了使每相两差动臂的电流数值相等，在选择电流互感器的变比时，应考虑电流互感器的接线系数 K_{wc}。电流互感器按三角形接线的 $K_{wc} = \sqrt{3}$，按星形接线的 $K_{wc} = 1$。两侧电流互感器变比可按下式计算。

变压器三角形侧电流互感器的变比

$$K_{TA(d)} = \frac{I_{N.\,T(d)}}{5} \qquad (5-21)$$

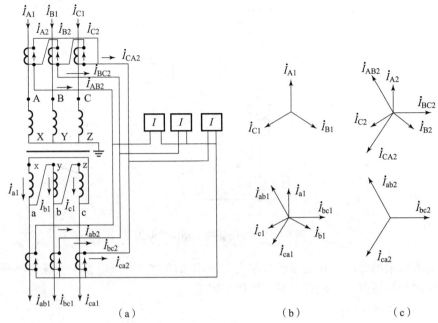

图 5 – 22 Y，d11 变压器差动保护接线和电流互感器一次侧电流相量图

变压器星形侧电流互感器的变比

$$K_{\mathrm{TA(Y)}} = \frac{\sqrt{3}I_{\mathrm{N.T(Y)}}}{5} \tag{5 – 22}$$

式中 $I_{\mathrm{N.T(d)}}$——变压器三角形侧额定线电流；

$I_{\mathrm{N.T(Y)}}$——变压器星形侧额定线电流。

3. 变压器励磁涌流的影响

变压器的励磁电流只在电源侧流过。它反映到变压器差动保护中，就构成不平衡电流。不过正常运行时变压器的励磁电流是额定电流的 3% ~ 5% 。当外部短路时，由于电压降低，则此时的励磁电流也相应减小，其影响就更小。

在变压器空载投入或外部短路故障切除后电压恢复时，都可能产生很大的励磁电流。这是由于变压器突然加上电压或电压突然升高时，铁芯中的磁通不能突变，必然引起非周期分量磁通的出现。与电路中的过渡过程相似，在磁路中引起过渡过程，在最不利的情况下，合成磁通的最大值可达正常磁通的两倍。如果考虑铁芯剩磁的存在，且方向与非周期分量一致，则总合成磁通更大。虽然磁通只为正常时的两倍多，但由于磁路高度饱和，所对应的励磁电流却急剧增加，其值可达变压器额定电流的 6 ~ 10 倍，故称励磁涌流，其波形如图 5 – 23 所示。它有如下几个特点。

（1）励磁涌流中含有很大的非周期分量，波形偏于时间轴的一侧，并且衰减很快。对于中、小型变压器经 0.5 ~ 1 s 后，其值一般不超过额定电流 25% ~ 50% 。

（2）涌流波形中含有高次谐波分量，其中二次谐波可达基波的 40% ~ 60% 。

（3）涌流波形之间出现间断，在一个周期中的间断角为 θ 。

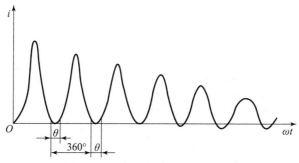

图 5 – 23   变压器励磁涌流的波形

4. 减小不平衡电流的措施

（1）对于电流互感器特性和变比不同而产生的不平衡电流，可在继电器中采取补偿的办法减小，并且可用提高整定值的办法来躲过。

（2）对于励磁涌流可利用它所包含的非周期分量，采用具有速饱和变流器的差动继电器来躲过涌流的影响，或者利用励磁涌流具有间断角和二次谐波等特点制成躲过涌流的差动继电器。

四、变压器的过流保护

为了防止外部短路引起变压器线圈的过电流，并作为差动和瓦斯保护的后备，变压器还必须装设过电流保护。

对于单侧电源的变压器，过电流保护安装在电源侧，保护动作时切断变压器各侧开关。过电流保护的动作电流应按躲过变压器的正常最大工作电流整定（考虑电动机自启动，并联工作的变压器突然断开一台等原因而引起的正常最大工作电流），即

$$I_{\mathrm{op}} = \frac{K_{\mathrm{co}}}{K_{\mathrm{re}}} I_{\mathrm{l.\,max}} \qquad\qquad (5-23)$$

式中 K_{co}——可靠系数，取 1.2 ~ 1.3；

K_{re}——返回系数，一般取 0.85；

$I_{\mathrm{l.\,max}}$——变压器可能出现的正常最大工作电流。

保护装置的灵敏度为

$$K_{\mathrm{s}} = \frac{I_{\mathrm{k.\,min}}^{(2)}}{I_{\mathrm{op}}} \qquad\qquad (5-24)$$

式中 $I_{\mathrm{k.\,min}}^{(2)}$——最小运行方式下，在保护范围末端发生两相短路时的最小短路电流。

当保护到变压器低压侧母线时，要求 $K_{\mathrm{s}} = 1.5 \sim 2$，在远后备保护范围末端短路时，要求 $K_{\mathrm{s}} \geqslant 1.2$。

过电流保护按躲过正常最大工作电流整定，启动值比较大，往往不能满足灵敏度的要求。为此，可以采用低电压闭锁的过电流保护，以提高保护的灵敏度，其原理接线如图 5 – 24 所示。

当采用低电压闭锁的过流保护时，保护中电流元件的动作电流按大于变压器的额定电流来整定，即

$$I_{\mathrm{op}} = \frac{K_{\mathrm{co}}}{K_{\mathrm{re}}} I_{\mathrm{N.\,T}} \qquad\qquad (5-25)$$

225

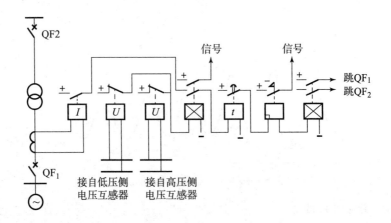

图 5 – 24 低电压闭锁过流保护原理接线

式中 $I_{N.T}$——变压器的额定电流，A；

K_{co}——可靠系数，取 1.2；

K_{re}——返回系数，取 0.85。

低电压继电器的动作电压，可按正常运行的最低工作电压整定，即

$$U_{op} = \frac{U_{w.min}}{K_{co}K_{re}} \qquad (5 – 26)$$

式中，最低工作电压取 $U_{w.min} = 0.9 U_N$。

过电流保护的动作时限整定，要求与变压器低压侧所装保护相配合，比它大一个时限阶段，取 $\Delta t = 0.5 \sim 0.7$ s。

五、变压器的过负荷保护

变压器过负荷大都是三相对称的。所以过负荷保护可采用单电流继电器接线方式，经过一定的延时作用于信号，在无人值班的变电所内，也可作用于跳闸或自动切除一部分负荷。变压器过负荷保护的动作时间通常取 10 s，保护装置的动作电流，按躲过变压器额定电流整定，即

$$I_{op.ol} = \frac{K_{co}I_{N.T}}{K_{re}} \qquad (5 – 27)$$

式中 K_{co}——可靠系数，取 1.05；

K_{re}——返回系数，一般为 0.85；

$I_{N.T}$——变压器的额定电流。

学习任务四 低压配电系统的保护

低压配电系统的保护包括过电流保护（短路保护和过负载保护）、断相保护、低电压保护（欠压和失压保护）和接地故障保护。如果按保护装置来分则主要分为熔断器保护和低压断路器保护两种方式。在不同的应用场合，应按规范要求装设不同的保护方式，以达到保护目的。

学习目标

1. 掌握熔断器保护的工作原理及过程；
2. 掌握低压断路器保护的工作原理及过程。

子任务一　熔断器保护

子任务目标

1. 了解熔断器保护的概念；
2. 掌握熔断器的选择方法；
3. 了解熔断器保护灵敏度的校验。

低压熔断器广泛应用于低压 500 V 以下的电路中，通常串联在被保护的设备前端或电源引出线上，作为电力线路、电动机及其他电器的过载及短路保护。

一、熔断器的选用及其与导线的配合

对保护电力线路和电气设备的熔断器，熔体选择条件如下：

（1）熔断器的熔体电流应不小于线路正常运行时的计算负荷电流 I_{30}，即

$$I_{NFU} \geq I_{30} \tag{5-28}$$

（2）熔断器的熔体电流应躲过由于电动机启动而引起的尖峰电流 I_{PK}，即

$$I_{NFU} \geq kI_{PK} \tag{5-29}$$

式中　k——选择熔体时用的计算系数。轻负荷启动时间在 3 s 以下者，$k = 0.25 \sim 0.35$；重负荷启动时间为 $3 \sim 8$ s 者，$k = 0.35 \sim 0.5$；超过 8 s 的重负荷启动或频繁启动、反接制动等，$k = 0.5 \sim 0.6$；

　　I_{PK}——尖峰电流。

（3）熔断器保护还应与被保护的线路相配合，使之不至于发生因过负荷和短路引起绝缘导线或电缆过热起燃而熔断器不熔断的事故，即

$$I_{NFU} \leq k_{OL}I_{al} \tag{5-30}$$

式中　k_{OL}——绝缘导线和电缆的运行短路过负荷系数，电缆或穿管绝缘导线取 $k_{OL} = 2.5$；明敷电缆取 $k_{OL} = 1.5$；已装设其他过负荷保护的绝缘导线、电缆线路需要装设熔断器保护时，取 $k_{OL} = 1.25$；

　　I_{al}——导线或电缆的允许电流。

（4）对于保护变压器的熔断器，其熔体额定电流可按下式选定

$$I_{NFU} = (1.5 \sim 2.0)I_{NT} \tag{5-31}$$

式中　I_{NT}——熔断器装设位置侧的变压器额定电流。

二、熔断器保护灵敏度校验

为了保证熔断器在其保护范围内发生最轻微的短路故障时都能可靠、迅速地熔断，熔断器保护的灵敏度 S_P 必须满足下式

$$S_P = \frac{I_{k.min}}{I_{NFU}} \geq k \tag{5-32}$$

式中 $I_{k.min}$——熔断器保护线路末端在系统最小运行方式下的短路电流。对中性点直接接地

        系统，取单相短路电流；对中性点不接地系统，取两相短路电流；对于保护

        降压变压器的高压熔断器，取低压母线的两相短路电流换算到高压侧之值；

    k——检验熔断器保护灵敏度的最小比值，见表 5 – 1。

表 5 – 1   检验熔断器保护灵敏度的最小比值 k

熔体额定容量/A		4 ~ 10	16 ~ 32	40 ~ 63	80 ~ 200	250 ~ 500
熔断时间/s	5	4.5	5	5	6	7
	0.4	8	9	20	11	—

三、前后熔断器之间的选择性配合

为了保证动作选择性，也就是保证最接近短路点的熔断器熔体先熔断，以避免影响更多的用电设备正常工作，必须考虑上下级熔断器熔体的配合。前后熔断器的选择性配合，宜按它们的保护特性曲线（安秒特性曲线）来校验。

图 5 – 25（a）所示线路中，假设支线 WL_2 的 k 点发生三相短路，则三相短路电流 $I_k^{(3)}$，要同时流过 FU_1 和 FU_2。但按保护选择性要求，应该是 FU_2 的熔体首先熔断，切除故障线路 WL_2，而 FU_1 不再熔断，干线 WL_1 恢复正常。熔体实际熔断时间与其标准保护特性曲线上（又称安秒特性曲线）所查得的熔断时间可能有 ±（30% ~ 50%）的偏差。从最不利的情况考虑，设 k 点短路时，FU_1 的实际熔断时间 t_1' 比标准保护特性曲线查得的时间 t_1 小 50%（负偏差），即 $t_1' = 0.5t_1$，而 FU_2 的实际熔断时间 t_2' 比标准保护特性曲线查得的时间 t_2 大50%（正偏差），即 $t_2' = 1.5t_2$，这时由图 5 – 25（b）可以看出，要保证前、后两级熔断器的动作选择性，必须满足的条件为：$t_1' > t_2'$，即 $0.5t_1 > 1.5t_2$。因此，保证前后熔断器之间选择性动作的条件为

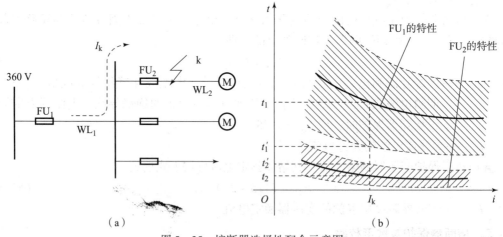

图 5 – 25   熔断器选择性配合示意图

$$t_1' > t_2' \tag{5 – 33}$$

$$t_1 > 3t_2 \tag{5 – 34}$$

子任务二　低压断路器保护

子任务目标

1. 了解低压断路器在低压配电系统中的配置方式；
2. 掌握整定电流计算的方法；
3. 掌握低压断路器与熔断器配合使用的方法。

随着制造技术的不断发展，低压断路器的性能及功能也越来越先进和完善。低压断路器既能带负荷通断电流，又能在短路、过负荷和失压时自动跳闸。目前，在工业上低压配电系统中，已经广泛地应用低压断路器来实现低压配电系统的各种保护功能。

一、低压断路器在低压配电系统中的配置

在图 5－26 中，3、4 号接线适用于低压配电出线；1、2 号接线适用于两台变压器供电的情况；配置刀开关 QK 是为了方便检修；5 号出线适用于电动机频繁启动；6 号出线是低压断路器与熔断器的配合使用方式，适用于开关断流能力不足的情况下用作过负荷保护，靠熔断器进行短路保护，在过负荷和失压时断路器动作断开电路。

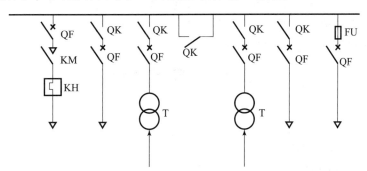

图 5－26　低压断路器在低压配电系统中常用的配置

二、低压断路器的过电流脱扣器

低压断路器的过电流脱扣器有以下三种。

（1）具有反时限特性的长延时电磁脱扣器，动作时间可以不小于 10 s。

（2）动作时限小于 0.1 s 的瞬时脱扣器。

（3）延时时限分别为 0.2 s、0.4 s、0.6 s 的短延时脱扣器。

低压断路器各种脱扣器的电流整定如下。

（1）长延时过电流脱扣器主要用于线路过负荷保护，整定按下式进行

$$I_{\mathrm{OP}(1)} \geq 1.1 I_{30} \tag{5-35}$$

（2）瞬时过电流脱扣器的整定按下式进行

$$I_{\mathrm{OP}} \geq K_{\mathrm{rel}} I_{\mathrm{PK}} \tag{5-36}$$

式中　K_{rel}——可靠系数。对于动作时间大于 0.4 s 的 DW 型断路器，取 $K_{\mathrm{rel}} = 1.35$；对于动作时间小于 0.2 s 的 DZ 型断路器，$K_{\mathrm{rel}} = 1.7$；对于多台设备的干线，取 $K_{\mathrm{rel}} = 1.3$。

（3）低压断路器脱扣器的整定值与线路允许载流量的配合依据下式

$$I_{OP(1)} \leqslant I_{al} \text{ 或 } I_{OP(0)} \leqslant 4.5 I_{al} \tag{5-37}$$

（4）低压断路器脱扣器的灵敏度系数 S_P 为

$$S_P = \frac{I_{k.\min}}{I_{OP(0)}} \geqslant 1.5 \tag{5-38}$$

学习任务五　安全用电与防雷保护

随着生产技术的发展，自动化、电气化水平不断提高，电能在各个领域中得到了越来越广泛的应用，人们接触电气设备的机会也随之增多，如果缺乏安全用电知识，就很容易发生触电事故，影响生产，危及生命安全。因此，研究、分析触电事故的起因及预防方法对于安全用电是十分重要的。此外，由于气候及自然环境特别是雷电气候的影响，电力传输和使用过程也存在很大风险，防御各种外部干扰特别是防雷成为保护供配电系统安全必须实现的环节。

学习目标

1. 掌握供配电系统中的电气危害及安全用电常识；
2. 掌握雷电的形成及危害；
3. 掌握防雷保护装置的原理及构成。

子任务一　安 全 用 电

子任务目标

1. 了解常见的电气危害；
2. 了解电对人体的危害；
3. 了解触电方式及相关急救方法。

为了实现安全用电，保障电气安全，除了要对电网本身的安全进行保护外，更要重视用电的安全问题。因此，学习安全用电基本知识，掌握常规触电防护技术，是保证用电安全最有效的途径。

一、电气危害的种类

电气危害有两个方面：一方面是对系统自身的危害，如短路、过电压、绝缘老化等；另一方面是对用电设备、环境和人员的危害，如触电事故、电气火灾、电压异常升高造成用电设备损坏等，其中尤以触电和电气火灾危害最为严重。触电可直接导致人员伤残、死亡，或引发坠落等二次事故致人伤亡。电气火灾是近 20 年来在我国迅速蔓延的一种电气灾害，我国电气火灾在火灾总数中所占的比例已达 30% 左右。另外，在有些场合，静电产生的危害也不能忽视，它是电气火灾的原因之一，对电子设备的危害也很大。

触电事故种类很多，按照触电事故的构成方式分类，触电事故通常可分为电击与电伤。

电击是指电流通过人体内部，造成人体内部组织、器官损坏，以致死亡的一种现象。电击伤害是在人体内部，人体表皮往往不留痕迹。

电伤是指由电流的热效应、化学效应等对人体造成的伤害。对人体外部组织造成的局部伤害，而且往往在肌体上留下伤疤。

二、电对人体的危害因素

电危及人体生命安全的直接因素是电流，而不是电压，而且电流对人体的电击伤害程度与通过人体的电流大小、频率、持续时间、流经途径和人体的健康情况有关。现就其主要因素分述如下。

1. 电流的大小

通过人体的电流越大，人体的生理反应也越大。人体对电流的反应虽然因人而异，但相差不大，可视作大体相同。根据人体反应，可将电流划为三级。

1）感知电流

引起人感觉的最小电流，称感知阈。感觉轻微颤抖刺痛，可以自己摆脱电流，此时大致为工频交流电 1 mA。感知阈与电流的持续时间长短无关。

2）摆脱电流

通过人体的电流逐渐增大，人体反应增大，感到强烈刺痛、肌肉收缩。但是由于人的理智还是可以摆脱带电体的，此时电流称为摆脱电流。当通过人体的电流大于摆脱阈时，受电击者自救的可能性就小。摆脱阈主要取决于接触面积、电极形状和尺寸及个人的生理特点，因此不同的人摆脱电流也不同。摆脱阈一般取 10 mA。

3）致命电流

当通过人体的电流能引起心室颤动或呼吸窒息而死亡，称为致命电流。人体心脏在正常情况下，是有节奏地收缩与扩张的。这样，可以将新鲜血液送到全身。当通过人体的电流达到一定数量时，心脏的正常工作受到破坏。每分钟数十次变为每分钟数百次以上的细微颤动，称为心室颤动。心脏在细微颤动时，不能再压送血液，血液循环终止。若在短时间内不摆脱电源，不设法恢复心脏的正常工作，触电者将会死亡。

引起心室颤动与人体通过的电流大小有关，还与电流持续时间有关。一般认为 30 mA以下是安全电流。

2. 人体电阻抗和安全电压

人体的电阻抗主要由皮肤阻抗和人体内阻抗组成，且电阻抗的大小与触电电流通过的途径有关。皮肤阻抗可视为由半绝缘层和许多小的导电体（毛孔）构成，为容性阻抗，当接触电压小于 50 V 时，其阻值相对较大；当接触电压超过 50 V 时，皮肤阻抗值将大大降低，以至于完全被击穿后阻抗可忽略不计。人体内阻抗则由人体脂肪、骨骼、神经、肌肉等组织及器官所构成，大部分为阻性的，不同的电流通路有不同的内阻抗。据测量，人体表皮 $0.05 \sim 0.2$ mm 厚的角质层电阻抗最大，为 $1\,000 \sim 10\,000\ \Omega$，其次是脂肪、骨骼、神经、肌肉等。但是，若皮肤潮湿、出汗、有损伤或带有导电性粉尘，人体电阻会下降到 $800 \sim 1\,000\ \Omega$。所以在考虑电气安全问题时，人体的电阻只能按 $800 \sim 1\,000\ \Omega$ 计算。

安全电压是指人体不戴任何防护设备时，触及带电体不受电击或电伤的电压。人体触电的本质是电流通过人体产生了有害效应，然而触电的形式通常都是人体的两部分同时触及了带电体，而且这两个带电体之间存在着电位差。因此在电击防护措施中，要将流过人体的电流限制在无危险范围内，即在形式上将人体能触及的电压限制在安全的范围内。国家标准制定了安全电压系列，称为安全电压等级或额定值，这些额定值指的是交流有效值，分别为：42 V、36 V、24 V、12 V、6 V 等。

要注意安全电压指的是一定环境下的相对安全，并非是确保无电击的危险。对于安全电压的选用，一般可参考下列数值：隧道、人防工程手持灯具和局部照明应采用 36 V 安全电压；潮湿和易触及带电体场所的照明，电源电压应不大于 24 V；特别潮湿的场所、导电良好的地面、锅炉或金属容器内使用的照明灯具应采用 12 V。

3. 触电时间

人的心脏在每一收缩扩张周期中间，有 0.1 ~ 0.2 s 称为易损伤期。当电流在这一瞬间通过时，引起心室颤动的可能性最大，危险性也最大。

人体触电，当通过电流的时间越长，能量积累增加，引起心室颤动所需的电流也就越小；触电时间越长，越易造成心室颤动，生命危险性就越大。据统计，触电 1 min 后开始急救，90% 有良好的效果。

4. 电流途径

电流途径从人体的左手到右手、左手到脚、右手到脚等，其中电流经左手到脚的流通是最不利的一种情况，因为这一通道的电流最易损伤心脏；电流通过心脏，会引起心室颤动，通过神经中枢会引起中枢神经失调，这些都会直接导致死亡。若电流通过脊髓，则会导致半身瘫痪。

5. 电流频率

电流频率不同，对人体伤害也不同。据测试，15 ~ 100 Hz 的交流电流对人体的伤害最严重。由于人体皮肤的阻抗是容性的，所以与频率成反比，随着频率增加，交流电的感知、摆脱阈值都会增大。虽然频率增大，对人体伤害程度有所减轻，但高频高压还是有致命危险的。

6. 人体状况

人体不同，对电流的敏感程度也不一样，一般来说，儿童较成年人敏感，女性较男性敏感。患有心脏病者，触电后的死亡可能性就更大。

三、触电方式

按照人体触及带电体的方式和电流通过人体的途径，触电可分为以下三种情况。

1. 单相触电

单相触电是指人体在地面或其他接地导体上，人体某一部分触及一相带电体的触电事故。大部分触电事故都是单相触电事故。单相触电的危险程度与电网运行方式有关。图 5 - 27 所示为电源中性点接地系统的单相触电方式。图 5 - 28 所示为电源中性点不接地系统的单向触电方式。一般情况下，接地电网里的单相触电比不接地电网里的危险性大。

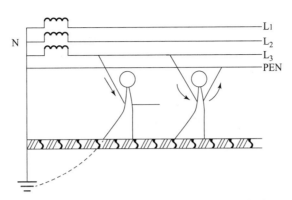

图 5 – 27　电源中性点接地系统的单相触电方式

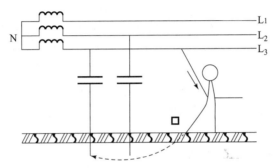

图 5 – 28　电源中性点不接地系统的单相触电方式

2. 两相触电

两相触电是指人体两处同时触及两相带电体的触电事故。其危险性一般是比较大的。

3. 跨步电压触电

当带电体接地有电流流入地下时，电流在接地点周围土壤中产生电压降。人在接地点周围，两脚之间出现的电压即跨步电压，由此引起的触电事故称为跨步电压触电，如图 5 – 29 所示。高压故障接地处，或有大电流流过的接地装置附近都可能出现较高的跨步电压。离接地点越近、两脚距离越大，跨步电压值就越大。一般 10 m 以外就没有危险。

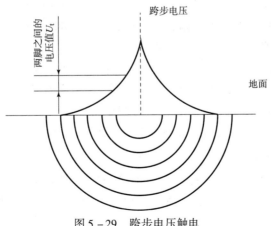

图 5 – 29　跨步电压触电

四、触电急救

现场急救对抢救触电者是非常重要的，因为人触电后不一定立即死亡，而往往是"假死"状态，如现场抢救及时，方法得当，呈"假死"状态的人就可以获救。据国外资料记载，触电后 1 min 开始救治者，90% 有良好效果；触电后 6 min 救治者，10% 有良好效果；触电后 12 min 开始救治者，救活的可能性就很小。这个统计资料虽不完全准确，但说明抢救的时间是个重要因素。因此，触电急救应争分夺秒不能等待医务人员。为了做到及时急救，平时就要了解触电急救常识，对与电气设备有关的人员还应进行必要的触电急救训练。

1. 解脱电源

发现有人触电时，首先是尽快使触电者脱离电源，这是实施其他急救措施的前提。解脱电源的方法有以下几种。

（1）如果电源的闸刀开关就在附近，应迅速拉开开关。一般的电灯开关、拉线开关只控制单线，而且不一定控制的是相线（俗称火线），所以拉开这种开关并不保险，还应该拉开闸刀开关。

（2）如闸刀开关距离触电地点很远，则应迅速用绝缘良好的电工钳或有干燥木把的利器（如刀、斧、锹等）将电线砍断（砍断后，有电的一头应妥善处理，防止又有人触电），或用干燥的木棒、竹竿、木条等物迅速将电线拨离触电者。拨线时应特别注意安全，能拨的不要挑，以防电线甩到别人身上。

（3）若现场附近无任何合适的绝缘物可利用，而触电者的衣服又是干的，则救护人员可用包有干燥毛巾或衣服的一只手去拉触电者的衣服，使其脱离电源。若救护人员未穿鞋或穿湿鞋，则不宜采用这样的办法抢救。

以上抢救办法不适用于高压触电情况，遇有高压触电应及时通知有关部门拉掉高压电源开关。

2. 对症救治

当触电者脱离了电源以后，应迅速根据具体情况做对症救治，同时向医务部门呼救。

（1）如果触电者的伤害情况并不严重，神志还清醒，只是有些心慌、四肢发麻、全身无力或虽曾一度昏迷，但未失去知觉，只要使之就地安静休息 1~2 h，不要走动，并作仔细观察。

（2）如果触电者的伤害情况较严重，无知觉、无呼吸，但心脏有跳动（头部触电的人易出现这种症状），应采用口对口人工呼吸法抢救。如有呼吸，但心脏停止跳动，则应采用人工胸外心脏挤压法抢救。

（3）如果触电者的伤害情况很严重，心跳和呼吸都已停止，则须同时进行口对口人工呼吸和人工胸外心脏按压。如现场仅有一人抢救时，可交替使用这两种办法，先进行口对口吹气两次，再做心脏按压 15 次，如此循环连续操作。

3. 人工呼吸法和人工胸外心脏挤压法

1）口对口人工呼吸法

（1）迅速解开触电者的衣领，松开上身的紧身衣、围巾等，使胸部能自由扩张，以免妨碍呼吸。置触电者为向上仰卧位置，将颈部放直，把头侧向一边掰开嘴巴，清除其口腔中的血块和呕吐物等。如舌根下陷，应把它拉出来，使呼吸道畅通。如触电者牙关紧闭，可用小木片、金属片等从嘴角伸入牙缝慢慢撬开，然后使其头部尽量后仰，鼻孔朝天，这样，舌根部就不会阻塞气流。

（2）救护人站在触电者头部的一侧，用一只手捏紧其鼻孔（不要漏气），另一只手将其下颈拉向前方（或托住其后颈），使嘴巴张开（嘴上可盖一块纱布或薄布），准备接受吹气。

（3）救护人做深吸气后，紧贴触电者的嘴巴向他大量吹气，同时观察其胸部是否膨胀。以决定吹气是否有效和适度。

（4）救护人吹气完毕换气时，应立即离开触电者的嘴巴，并放松捏紧的鼻子，让他自动呼气。

按照以上步骤连续不断地进行操作，每 5 s 一次。

2）人工胸外心脏挤压法

（1）使触电者仰卧，松开衣服，清除口内杂物。触电者后背着地处应是硬地或木板。

（2）救护人位于触电者的一边，最好是跨骑在其胯骨（腰部下面腹部两侧的骨）部，两手相叠，将掌根放在触电者胸骨下 1/3 的部位，即将中指尖放在其颈部凹陷的下边缘，即"当胸一手掌、中指对凹膛"，手掌的根部就是正确的压点。

（3）找到正确的压点后，自上而下均衡地用力向脊柱方向挤压，压出心脏里的血液。对成年人的胸骨可压下 3~4 cm。

（4）挤压后，掌根要突然放松（但手掌不要离开胸壁），使触电人胸部自动恢复原状，心脏扩张后血液又回到心脏里来。

按以上步骤连续不断地进行操作，每秒一次。挤压时定位必须准确，压力要适当，不可用力过大、过猛，以免挤压出胃中的食物堵塞气管，影响呼吸，或造成肋骨折断、气血胸和内脏损伤等。但也不能用力过小，而达不到挤压的作用。

触电急救应尽可能就地进行，只有在条件不允许时，才可将触电者抬到可靠的地方进行急救。在运送医院途中，抢救工作也不要停止，直到医生宣布可以停止时为止。

抢救过程中不要轻易注射强心针（肾上腺素），只有当确定心脏已停止跳动时才可使用。

子任务二　防雷保护

子任务目标

1. 了解过电压与防雷的有关概念。

2. 了解雷电的概念与危害。

3. 了解防雷保护装置的组成及工作原理。

一切对电气设备绝缘有危害的电压升高，统称过电压。在供电系统中，过电压按其产生的原因不同，通常分为两类：内部过电压与大气过电压。下面主要讨论过电压的一般规律及其危害，并介绍相关的防护措施。

一、大气过电压

大气过电压指供电系统内的电气设备和建筑物受直接雷击或雷电感应而产生的过电压。

由于引起这种过电压的能量来源于外界，故又称外部过电压。大气过电压在供电系统中所形成的雷电冲击电流，其幅值可高达几十万安，而产生的雷电冲击电压幅值经常为几十万伏，甚至最高可达百万伏，故破坏性极大。

（一）雷电现象

大气过电压是由雷云放电产生的，最常见的雷云有热雷云和锋面雷云两种。垂直上升的湿热气流升至 2~5 km 高空时，湿热气流中的水分逐渐凝结成浮悬的小水滴，小水滴越聚越多形成大面积的乌黑色积云。若此类积云由于某种原因而带电荷则称为热雷云。此外，水平移动的气流因温度不同，当冷、热气团相遇时，冷气团的比例较大，推举热气团上升。在它们广泛的交界面上，热气团中的水分突然受冷凝结成小水滴及冰晶而形成翻腾的积云，此类积云如带电荷称为锋面雷云。一般情况下，锋面雷云波及的范围比热雷云大得多，可能有几千米甚至十几千米宽的大范围地区，流动的速度可高达 100~200 km/h。因此，它所形成的雷电危害性也较大。

雷云放电的过程叫雷电现象。当雷云中的电荷逐渐聚集增加使其电场强度达到一定程度时，周围空气的绝缘性能就被破坏，于是正雷云对负雷云之间或者雷云对地之间，就会发生强烈的放电现象。其中尤以雷云对地放电（直接雷击）对地表的供电网络和建筑物的破坏性最大。

雷云对地之间的电位是很高的，它对大地有静电感应。此时雷云下面的大地感应出异号的电荷，二者间构成了一个巨大的空间电容器。雷云中或在雷云对地之间，电场强度各处不一样。当雷云中任一电荷聚集中心处的电场强度达到 25~30 kV/cm 时，空气开始游离，成为导电性的通道，叫作雷电先导。雷电先导进展到离地面在 100~300 m 高度时，地面受感应而聚集的异号电荷更加集中，特别是易于聚集在较突起或较高的地面突出物上，于是形成了迎雷先导，向空中的雷电先导快速接近。当二者接触时，这时地面的异号电荷经过迎雷先导通道与雷电先导通道中的电荷发生强烈的中和，出现极大的电流并发出光和声，这就是雷电的主放电阶段。主放电阶段存在的时间极短，一般为 50~100 μs，电流可达数十万安。主放电阶段结束后，雷云中的残余电荷继续经放电通道入地，称为余辉阶段。余辉电流为 100~1 000 A，持续时间一般为 0.03~0.15 s。雷云放电波形如图 5-30 所示。

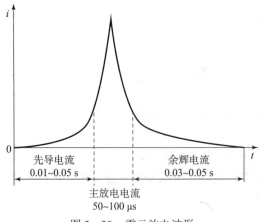

图 5-30　雷云放电波形

由于雷云中可能同时存在着几个电荷聚集中心，所以第一个电荷聚集中心完成对地的放电后，紧接着第二个、第三个电荷聚集中心也可能沿第一次放电通道再次中和放电。因此雷云放电经常出现多重性，常见的为 2~3 次，每次的放电间隔时间从几百微秒到几百毫秒不等，放电电流都比第一次小得多，且逐次减小。

雷电对电力系统而言，是一种极大的威胁。据我国原电力工业部的雷击事故统计数字，雷电事故平均占电力系统所有事故的 15.7% （不包括配电网路）。

（二）雷电参数

雷电参数是多次观测所得到的统计数据，常用的几种雷电参数有以下四种。

1. 通道的波阻抗

主放电时的雷电通道，是充满离子的导体，可看成和普通导线一样，对雷电流呈现一定的阻抗，此时雷电压波与电流波幅值之比（U_m/I_m）称为雷电流通道的波阻抗 Z_0。在防雷设计时，通常取 Z_0 等于 300 Ω。

2. 雷电流幅值

在相同条件下，被击物的接地电阻不同，电流值也各异。为了便于互相比较，将接地电阻小于 30 Ω 的物体，遭到直接雷击时产生的电流最大值，叫雷电流幅值。根据实测，我国东北、华东、中南、西南的年平均雷电日大于 20 的一般地区，其雷电流幅值概率 P 可按下式计算

$$P = 10^{\frac{I_m}{108}} \tag{5-39}$$

即雷电流幅值为 108 kA 的概率为 10%，其概率曲线如图 5-31 所示。

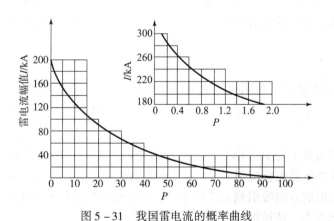

图 5-31 我国雷电流的概率曲线

对雷电活动较弱的西北部分地区，雷电流幅值概率可减半计算，即

$$P' = 10^{\frac{I_m}{54}} \tag{5-40}$$

此时 $P' = P^2$。

3. 雷电流的波形与陡度

雷电流是一种冲击波，其幅值和陡度随各次放电条件而异，一般幅值大的陡度也大。幅值和最大陡度都出现在波头部分，故防雷设计只考虑波头部分。实测得到的雷电波头近似半余弦曲线，如图 5-32 所示。

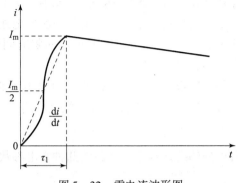

图 5 - 32　雷电流波形图

4. 雷电日（或小时）

雷电日（或小时）是指一年中有雷电活动的天（或小时）数，用它表示雷电活动的强度。

我国地域辽阔，雷电日（或小时）的多少和纬度有关。北回归线（北纬 23.5°）以南一般为 80 ~ 133 个；北纬 23.5°到长江流域一带为 40 ~ 80 个；长江以北大部分地区和东北地区多为 20 ~ 40 个；西北地区最弱，大多为 10 个左右甚至更少。我国规定平均雷电日不超过 15 个的地区叫少雷区，超过 40 个的地区叫多雷区。在防雷设计上，要根据雷电日数的多少来选取相关参数。

二、防雷保护装置

防雷保护装置包括避雷针、避雷线、避雷器等，它们的合理设置与组合，可使电力线路、变电所电气设备与建筑免遭大气过电压的伤害。本节介绍各种防雷保护装置的原理及保护范围的计算。

（一）避雷针

避雷针的作用是保护电气设备、线路及建构筑物等免遭直击雷的危害。一般独立避雷针的构造如图 5 - 33 （a）所示，主要有接闪器（针尖）1、杆塔 2、接地引下线 3 和接地极 4 组成。

避雷针的功能实质上是引雷作用。它能对雷电场产生一个附加电场（这个附加电场是由于雷云对避雷针产生静电感应引起的），使雷电场畸变，从而将雷云放电的通路由原来可能向被保护物体发展的方向吸引到避雷针本身，然后经与避雷针相连的引下线和接地装置将雷电流泄放到大地中去，使被保护物体免受直接雷击。

避雷针的保护范围，以它能防护直击雷的空间来表示，如图 5 - 33 （b）所示。这个保护范围是通过模拟实验和运行经验确定的。

（二）避雷线

避雷线一般用截面不小于 25 mm² 的镀锌钢绞线，架设在架空线路的上边，以保护架空线路或其他物体免遭直接雷击。由于避雷线既要架空，又要接地，因此它又称架空地线。避雷线的功能和原理与避雷针基本相同。

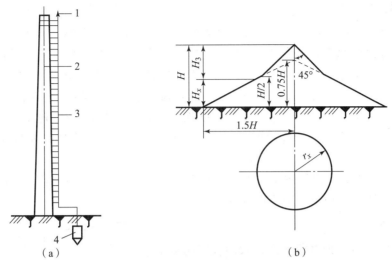

图 5 – 33　独立避雷针及其保护范围

（a）独立避雷针的构造；（b）避雷针的保护范围

1—接闪器（针尖）；2—杆塔；3—接地引下线；4—接地极

1. 单根避雷线

单根避雷线的保护范围如图 5 – 34 所示。从单根避雷线的顶点向下作与其垂线成 25°的斜线，构成保护空间的上部，从距离避雷线底部两侧各 H 处向避雷线 0.7H 高度处作连线，与上述 25°斜线相交，交点以下的斜线内部构成保护范围的下部。

2. 两根避雷线

1）两根等高避雷线

两根等高避雷线的保护范围如图 5 – 35 所示。两根避雷线外侧的保护范围，按单根避雷线的计算方法确定，内侧保护范围的横断面，由通过两根避雷线 1、2 点及保护范围上部边缘最低点 O 的圆弧确定，O 点的高度 H_0 按下式确定

$$H = H - \frac{D}{4Kh} \qquad (5-41)$$

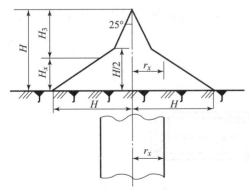

图 5 – 34　单根避雷线的保护范围

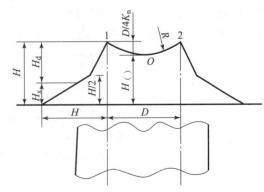

图 5 – 35　两根等高避雷线的保护范围

239

（三）避雷器

避雷器是防护雷电入侵波对电气设备产生危害的保护装置。在架空导线上发生感应雷击后，雷电波沿导线向两个方向传播，如果雷电冲击波的对地电压超过了电气设备绝缘的耐压值，其绝缘必将被击穿而导致电气设备立即烧毁。显然，同连于一条线路上的电气设备，必然是耐压水平最低的设备首先被雷电波击穿。避雷器就是专设的放电电压低于所有被保护设备正常耐压值的保护设备。由于它具有良好的接地，故雷电波到来时，避雷器首先被击穿并对地放电，从而使其他电气设备受到保护。当过电压消失后，避雷器又能自动恢复到起始状态。

根据放电后在恢复原态过程中熄弧方法的不同，避雷器分为管型避雷器和阀型避雷器两类，而火花间隙则是一种最原始的避雷器。

1. 火花间隙

图 5-36 中的被保护对象 2 由并联的火花间隙 1 进行保护。在无雷电波的情况下，火花间隙能承受电网正常工作电压，不被击穿。当有危险雷电波入侵时，它首先被击穿从而使被保护的电气设备免受雷电波的冲击。火花间隙的工频耐压值都大于连接线路的正常工作电压值，而小于被保护电气设备的允许工频耐压值。

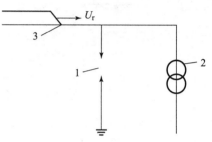

图 5-36　火花间隙与被保护设备的接线
1—火花间隙；2—被保护对象

火花间隙虽然能将雷电波导入大地，但存在一个缺点，即熄灭工频续流的能力很差。工频续流可能持续较长时间，当它未被切断之前等于是线路对地短路，这是不允许的。

2. 管型避雷器

管型避雷器是在火花间隙的基础上发展改进而成的，它具有较高的熄弧能力，它的结构如图 5-37 所示。管型避雷器由外部火花间隙 S_2 和内部火花间隙 S_1 串联组成。内部火花间隙设在产气管（由纤维、塑料等产气材料制成）1 内，由棒形电极 3 和环形电极 4 组成。避雷器上还装有一个塞子式动作反应指示器 5。外部间隙是保证正常时使避雷器与线路导线隔绝的，用以避免产气管受潮易引起的泄漏电流通过，致使产气管加速老化。外部间隙的大小，是随着网路额定工作电压的不同而制成可调的。

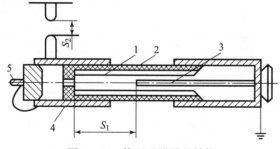

图 5-37　管型避雷器的结构
S_1—内间隙；S_2—外间隙；1—产气管；2—外壳；
3—棒形电极；4—环形电极；5—塞子式动作反应指示器

当由网路侵入的雷电波电压幅值超过管型避雷器的击穿电压时，外间隙和内间隙同时开始放电，强大的雷电流通过接地装置入地。但是，随之通过的是工频续流，其值也很大，雷电流和工频续流在管子内间隙产生的强大放电电弧使产气管内温度迅速升高，致使管内壁产气材料分解出大量气体，其压力猛增，并从环形电极的喷口迅速喷出，形成强烈的纵吹作用，使工频续流在第一次过零时熄灭。

管型避雷器采用的是自吹灭弧原理，其熄弧能力由切断电流的大小决定。续流太小时产气量不够，避雷器将不能灭弧；续流太大时，产气过多又会引起产气管破裂或爆炸。因此，通过管型避雷器的工频续流必须在产品规定的上、下限电流的范围内，避雷器才能可靠工作。

管型避雷器的突出优点是残压小，且简单经济；但动作时有气体吹出，放电伏秒特性较陡，因此只用于室外线路。变配电所内一般采用阀型避雷器。

3. 阀型避雷器

1）阀型避雷器的主要参数

（1）额定电压 U_N。额定电压是避雷器适用的电网电压等级，选择时应注意系统中性点的接地方式。

（2）冲击放电电压 U_{cf}。冲击放电电压是指在预放电时间为 $1.5 \sim 20\ \mu s$ 的冲击电压作用下，避雷器的最小放电电压值。

（3）工频放电电压 U_{wd}。由于阀型避雷器的通流能力有限，一般是不允许在内部过电压情况下动作的。因为有些内部过电压的能量较大，普通阀型避雷器在内部过电压下动作时可能造成避雷器损坏，引起爆炸。从防止避雷器在内部过电压下动作的观点出发而规定此值。

（4）灭弧电压 U_{da}。灭弧电压是指在保证灭弧（切断工频续流）的条件下，允许加在避雷器上的最高工频电压。

（5）残压 U_{re}。残压是 $10/20\ \mu s$ 波形的冲击电流幅（一般低压取 3 kA，高压取 5 kA），流过阀片时在其上产生的电压降。故残压的大小与阀片的阻值或片数有关。

2）阀型避雷器的结构及工作原理

阀型避雷器由火花间隙 1 和非线性电阻 2 两种基本元件串联组成，全部组成元件均密封在瓷套管 3 内，瓷套管上端有引进线 4，通过它和网路导线连接，下端引出线为接地线 5，其结构如图 5-38（a）所示。阀型避雷器火花间隙的单个间隙元件如图 5-38（b）所示，由两个黄铜电极 1 中间夹一个云母垫圈 2 组成。云母垫圈的厚度约 1 mm，由于电极间的距离很小，所以电极间的电场比较均匀。在避雷器内的火花间隙，根据额定电压不同，由几个或数十个上述单元串联组成。阀型避雷器的非线性电阻是由碳化硅 SiC 和黏合剂在一定温度下烧结而成的，能像自动阀门一样对电流进行控制，故称阀片。其基本特性为：电阻与通过的电流成非线性反比关系。这样，当很大的雷电流通过阀片时，其呈现很大的电导率，电阻很小，使避雷器上出现的残压限制在一定的范围之内，保证没有反击被保护电气设备的危险；当雷电流过去以后，阀片对工频续流便呈现很大的电阻，使工频续流降到火花间隙能熄灭电弧的水平，保证工频短路电弧能被可靠地熄灭，恢复线路的正常绝缘。

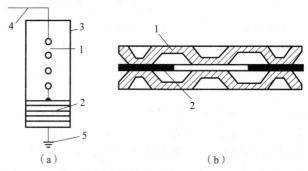

（a）　　　　　　　　　　　　（b）

图 5 – 38　阀型避雷器的结构及其火花间隙的单个间隙元件

（a）结构；

1—火花间隙；2—非线性电阻；3—瓷套管；4—引进线；5—接地线

（b）火花间隙的单个间隙元件

1—黄铜电极；2—云母垫圈

目前我国生产的非线性电阻（阀片）有两种。一种是普通阀型避雷器用的低温阀片，这种阀片是在 300 ~ 350 ℃ 的温度下熔烧而成的，其非线性系数小，约为 0.2，这种阀片通流能力低且易受潮。普通阀型避雷器有配电所型（FS）和变电站型（FZ）两种。另一种是磁吹阀型避雷器用的高温阀片，这种高温阀片是在 1 350 ~ 1 390 ℃ 的氢气炉内熔烧而成的，其通流能力大，也不易受潮，但非线性系数稍大，约 0.24。磁吹避雷器是利用电磁力来吹动火花间隙中的电弧，提高了间隙灭弧能力。所以减少了串联间隙的数目，使冲击放电电压有所降低。又由于采用了通流能力大的高温烧结阀片，使阀片阻值（或片数）相应减少，从而使避雷器的残压下降，因而保护特性比普通阀型避雷器有所改善。磁吹阀型避雷器有变电站型（FCZ）和旋转电机型（FCD）两种。

3）金属氧化物避雷器

金属氧化物避雷器又称压敏电阻型避雷器。它是一种没有火花间隙只有压敏电阻片的新型避雷器。压敏电阻片是由氧化锌或氧化铋等金属氧化物烧结而成的多晶半导体陶瓷元件，具有极好的伏安特性，非线性系数很小，为 0.05，已接近于理想阀体（非线性系数为 0），在工频电压下它呈现极大的电阻，能将工频续流抑制到很小值，因此无需火花间隙来熄灭工频续流引起的电弧；而在过电压下，其电阻又变得很小，能很好地泄放雷电流。此外，压敏电阻的通流能力较强，故阀片面积可以减少，所以这种避雷器的体积不大。目前压敏电阻型避雷器已广泛用作低压设备的防雷保护。随着其制造成本的降低，它在高压系统中也开始获得推广应用。各种阀型避雷器的结构特点和主要用途见表 5 – 2。

表 5 – 2　各种阀型避雷器的结构特点和主要用途

系列名称及型号		结构特点	主要用途
普通阀型	配电所型 FS	仅有间隙和阀片（碳化硅）	用作配电变压器电缆头、柱上开关等设备的防雷
	变电站型 FZ	仅有间隙和阀片（碳化硅），但间隙带有均压电阻以改善灭弧能力	用作变电所电气设备的防雷

续表

系列名称及型号		结构特点	主要用途
磁吹阀型	变电站型 FCZ	仅有间隙和阀片（碳化硅），但间隙加磁吹灭弧元件使灭弧能力大增	用作 300 kV 以上变电所电气设备的防雷或低绝缘设备的防雷
	旋转电机型 FCD	仅有间隙和阀片（碳化硅），但部分间隙还并联电容器以改善伏秒特性	用作旋转电机的防雷
压敏电阻型 MY		采用非线性特性极好的氧化锌阀片，无间隙	用作 380 V 及以下设备的防雷，如配电变压器低压测、低压电机、电度表等

三、变电所与线路的防雷

变电所内有各种高、低压变配电设备，这些设备直接与供电系统的线路相连，而线路上发生雷电过电压的机会较多，因此入侵波常常是变电所的主要雷害，从而除了要对直击雷进行有效的防护外，还必须对入侵波有足够的防护措施。

（一）对直击雷的防护

变电所对直击雷的防护方法是装设避雷针（线），将变电所的进线杆塔和室外电气设备全部置于避雷针（线）的保护范围之内。为了防止在避雷针上落雷时对被保护物产生"反击"过电压，避雷针与被保护物之间应保持一定的距离。所谓"反击"就是在雷击时，避雷针向被保护物体放电。

避雷针是否向被保护物体产生放电"反击"取决于避雷针与被保护物最近点 A 的空气距离 L_A，以及 A 点的最高电位 U_A，如图 5 – 39 所示。当 U_A 小于气隙距离 L_A 的击穿电压时，"反击"便不会发生。

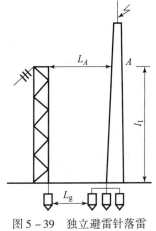

图 5 – 39　独立避雷针落雷时出现的高电位

（二）对雷电入侵波的防护

变电所中防护入侵波的主要装置是阀型避雷器，为了保证避雷器的工作条件，必须采取措施对入侵波的陡度和幅值加以限制。

1. 变电所进线段的防护

在以前的讨论中都将线路作为无损导线考虑。实际上冲击波沿导线流动时都会边行进边损耗的。因此，可以在变电所的进线段杆塔上装设一段（1～2 km）避雷线，使感应过电压产生在 1～2 km 以外，侵入的冲击波沿导线走过这一段路程后，波幅值和波陡度均将下降，使雷电流能限制在 5 kV，这对变电所的防雷保护有极大的好处。

对 35～110 kV 线路进线段的防雷接线如图 5 – 40 所示。在变电所进线段设 1～2 km 长的避雷线。GB_1 的作用是防止雷电流超过 5 kA 而设置的。当入侵波幅值过大时，GB_1 动作，将其泄入地中。GB_2 的作用是防止断路器或隔离开关在断路时，雷电波产生反射过电压设置的，用以保护断路器或隔离开关。GB_2 外间隙值的整定，应使其在隔离开关或断路器开路时能可靠保护，而在闭路时不应动作，而是由母线阀型避雷器保护。

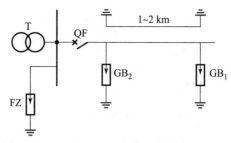

图 5 - 40 35 ~ 110 kV 线路进线段的防雷结线

对于 35 ~ 60 kV 的变电所，变压器容量在 3 150 ~ 5 000 kVA 时，可根据供电的重要性和雷电活动情况采用图 5 - 41（a）简化接线。容量在 3 150 kVA 以下时，可采用图 5 - 41（b）接线；容量在 100 kVA 以下时，可采用图 5 - 41（c）接线，此时避雷器尽可能安装在靠近变压器处。

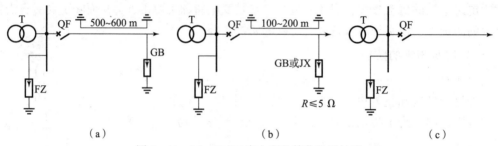

（a）　　　　　　　　　　　（b）　　　　　　　　　　　（c）

图 5 - 41 35 ~ 60 kV 变电所的简化防雷结线

变电所 3 ~ 10 kV 的配电装置（包括电力变压器）防止入侵波的保护，是在每路进线和每组母线上安装阀型避雷器，其防雷接线如图 5 - 42 所示。6 ~ 10 kV 与变压器与阀型避雷器之间的最大电气距离见表 5 - 3。

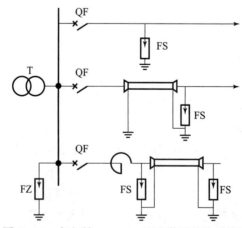

图 5 - 42 变电所 3 ~ 10 kV 配电装置的防雷接线

表 5 - 3 6 ~ 10 kV 变压器与阀型避雷器之间的最大电气距离

雷季运行的线路	1	2	3	4 以上
最大电气距离/m	15	23	27	30

对于电缆作为出线的架空线，避雷器应装在电缆头附近，其接地应和电缆的外皮相连。当避雷器动作时，电缆对地绝缘受到的电压为避雷器残压与雷电流在接地电阻上的压降之和。当接地和电缆的外皮相连时，仅为避雷器残压，其值较低。当出线接有电抗器时，应在电抗器与电缆之间装设一组阀型避雷器，用以防止电抗器处的反射过电压对电缆绝缘的危害。

2. 变电所内电气设备的防护

变电所内最重要的设备是主变压器，它的价格高，绝缘水平又较低，为了减少变压器所受过的电压幅值，阀型避雷器应尽量安装在电气靠近主变压器的地方。从保证保护的可靠性来说，最理想的接线方式是将避雷器和变压器直接并联在一起，但是考虑变电所的电气设备在具体布置时，由于在变压器和母线之间还有开关设备，按照设备相互间应留有一定的安全间距的要求，所以安装在母线上的避雷器和主变压器之间必然会出现一段距离 l。当入侵波的波陡度 α 和连线距离 l 较大时，变压器承受的过电压也大。如果这个过电压值超过变压器绝缘的冲击耐压值时，则绝缘被击穿而使变压器破坏。为了避免发生这种事故，避雷器与变压器等有一允许最大距离。阀型避雷器与被保护设备之间的最大安装距离见表 5-4。

表 5-4　阀型避雷器与被保护设备之间的最大安装距离

电压等级/kV	装设避雷线的范围	到变压器或电压互感器的距离/m				至其他电器的距离/m
		进线回路数				
		一回	二回	三回	四回及以上	
35	进线段	25	35	40	45	按至变压器距离增加35%计算
	全段	55	80	85	105	
60	进线段	40	65	75	85	
	全所	80	110	130	145	
110	全线	90	135	155	175	

3. 直配电机的防护

旋转电机的绝缘较弱，过高的避雷器残压会使电机的绝缘受到损坏。直接与架空电力线路相连的旋转电机，应根据电机容量，雷电活动强弱和对运行可靠性的要求，采取防雷措施。电机的主绝缘保护是在电机出口处装设一组磁吹避雷器，并在避雷器上并联一组 0.25 ~ 0.5 μF 的电容器，以降低入侵波的陡度。对进线采取措施，限制雷电流不超过 3 kA。在未直接接地电机中性点装设阀型避雷器，其额定电压不应低于电机的最高运行相电压。

（三）对输电线路的防护

输电线路暴露于野外，距离长，落雷概率大，故电网中的雷害事故线路占绝大部分。因此对输电线路应采取妥善的防雷措施，方能保证供电的安全。输电线路的防雷措施对于 110 kV 线路在年平均雷电日不超过 15 或运行经验证明雷电活动轻微的地区，可不架设避雷线，但应装设自动重合闸装置。60 kV 的重要线路，经过地区雷电日在 30 以上时，宜全线设避雷线；35 kV 及以下线路，一般不全线设避雷线，只在进出变电所的一段线路上装设避雷线。进线保护段上的避雷线保护角不宜超过20°，最大不应超过30°。

（四）防雷装置的接地

防雷保护的基本理论是利用低电阻通道，引导强大的雷电流迅速向大地泄漏，不致引起建构筑物、电气设备被破坏、烧毁或人员伤亡事故。因此，为了使雷电流能畅通地泄漏入地，所有防雷设备都必须有良好的接地，才能起到应有的效果。接地电阻的大小是衡量接地装置质量的参数。

各种防雷保护对接地电阻值有不同的要求。一、二类建筑物防直击雷的接地电阻，不大于10 Ω；三类建筑及烟囱，不大于30 Ω；3 kV及以上的架空线路，接地电阻为10~30 Ω。

雷电流通过接地体所呈现的电阻叫冲击接地电阻。由于雷电流幅值大，电流密度大，电场强度高，将接地体附近土壤击穿，产生火花放电，相当于接地体尺寸的加大，使接地电阻减少。另外，雷电流频率很高，在接地体上产生很大的感抗，特别是对伸长接地体；因感抗的影响，限制雷电流流向远端，而使散流面积比工频电流有所降低，从而使冲击接地电阻比工频接地电阻有所增加。因此在防雷接地装置中，一般由几根垂直接地体与水平连线组成，或由几根水平放射线组成，而不采用伸长接地体的形式。

四、内部过电压

内部过电压指供电系统内能量的转化或传递所产生的电网电压升高。内部过电压的能量来源于电网本身，其大小与系统容量、结构、参数、中性点接地方式、断路器性能、操作方式等因素有关。内部过电压按其产生的原因不同，可分为由于操作开关引起的操作过电压，由于间歇性接地电弧产生的电弧接地过电压以及系统中的电路参数（L、C）在一定条件下发生谐振而引起的谐振过电压等。

（一）操作过电压

在电力系统中，由于断路器的正常操作，使电网运行状态突然变化，导致系统内部电感和电容之间电磁能量的相互转换，造成振荡，因而在某些设备或局部电网上出现过电压，这种过电压称为操作过电压。

（二）弧光接地过电压

在中性点不直接接地的系统中，当发生一相接地故障时，如果6~10 kV电网的接地电流大于30 A或20~60 kV电网的接地电流大于10 A，则电弧就难以自动熄灭。这种接地电容电流又不足以形成稳定电弧，因而可能出现电弧时燃时灭的不稳定状态，称为间歇性电弧。间歇性电弧的存在，使电网中的电感、电容回路产生电磁振荡，从而产生遍及整个电网的弧光接地过电压。这种过电压持续时间长，不采取措施可能危害设备绝缘，易于在绝缘薄弱的设备上发展成相间短路。

弧光接地过电压的大小与发弧时工频电压的相位角有关，也与电弧燃烧时间的长短有关。如果电弧是在经过几个高频振荡周期后熄灭，由于线路有损耗，使振荡衰减，从而降低了过电压倍数。线间电容大小对过电压也有影响，现场经验和理论研究已经证明，在某些条件下，如高原地区、潮湿区、盐雾地区等，不接地电网中弧光接地过电压最大值高达正常电压值的6倍。

当系统线路较短、接地电流很小（如几安至十几安）时，单相接地电弧会迅速地自动熄灭，因而几乎不产生过电压。所以，减少线路长度，多采用架空线路，采用多台变压器单独供电以减少对地电容，从而减少接地电流，是消除弧光接地过电压的措施之一。

（三）铁磁谐振过电压

铁磁谐振是电路中电感元件的铁芯出现磁饱和现象，使电感量变化，构成电路的谐振条件。这种谐振由于电感的非线性，振荡回路无固有频率。

工矿企业电网包含许多铁芯电感元件，如发电机、变压器、电压互感器、消弧线圈和电抗器等。这些设备或器件大都为非线性元件，它们和电网中的电容器件组成许多复杂的振荡回路，如果满足一定的条件，就有可能引起持续时间较长的铁磁谐振过电压。

在中性点不接地系统中，比较常见的铁磁谐振过电压有变压器接有电磁式电压互感器的空载母线或短线过电压；配电变压器高压绕组对地短路过电压；输电线路一相断相后一端接地过电压；开关电器非同步操作过电压；等等。

预防这种过电压的发生应保证三相开关同期动作，调整电路参数破坏其谐振条件等。

五、变电所的保护接地

电力系统和设备的接地，按其功能分为工作接地和保护接地两大类。为保证电力系统和设备达到正常工作要求而进行的接地，称为工作接地，如电源中性点的直接接地或经消弧线圈的接地以及防雷设备的接地等；为保障人身安全，防止触电等而将设备的外露可导电部分进行接地，称为保护接地。

（一）保护接地的基本原理

图 5-43 所示为保护接地原理。从图可以看出，无保护接地时，当电气设备某相的绝缘损坏时金属外壳就带电。人若触及带电的金属外壳，因设备底座与大地的接触电阻较大，绝大部分电流从人体流过，人就遭到了触电的危险。装设了保护接地装置时，接地电流将同时沿着接地体（通过电流为 I_E）和人体（通过电流为 I_{ma}）两条并联通道流过。流过每一条通道的电流值将与其电阻的大小成反比，接地体的接地电阻越小，流经人体的电流也就越小。通常人体电阻比接地体的接地电阻大数百倍，所以流经人体的电流也就比流经接地体的电流小数百倍。当接地电阻极小时，流经人体的电流几乎等于零，人体就能避免触电的危险。

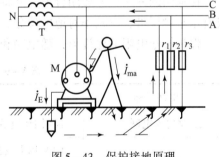

图 5-43 保护接地原理

（二）保护接地的基本概念

1. 接地电流和对地电压

当电气设备发生接地故障时，电流就通过接地体向大地作半球形散开，这一电流称为接地电流，用 I_E 表示。由于此半球形的球面，在距接地体越远的地方球面越大，所以距接地体越远的地方散流电阻越小。试验证明，在距单根接地体 20 m 左右的地方，实际上散流电阻已趋近于零，也就是这里的电位已趋近于零。电位为零的地方，称为电气上的"地"或"大地"。

电气设备的接地部分，如接地的外壳和接地体等，与零电位的"大地"之间的电位差，称为接地部分的对地电压。

2. 接触电压

人站在发生接地故障的电气设备旁边，手触及设备的外露可导电部分，则人所接触的两点（如手与脚）之间所呈现的电位差，称为接触电压 U_{co}。

为保证人身安全，对接触电压 U_{co} 及跨步电压 U_{ss} 均有限值要求。

(三) 变电所的接地网

为了满足接触电压和跨步电压的要求，同时也为了便于将电气设备和构架连接到接地体上，变电所一般设置统一的接地网，它是指接地装置、接地干线和引线的总称，如图 5-44 所示。接地装置由接地体和连接线组成，接地体又分为自然接地体和人工接地体两种。

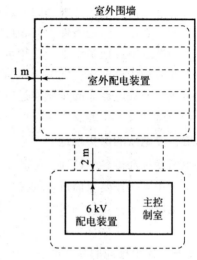

图 5-44　变电所保护接地网

为了节约金属材料和费用，应尽量利用允许利用的自然接地体，如埋在地下的水管、钢管、电缆金属外皮、导电良好的厂房金属结构、钢筋混凝土电杆的钢筋等。也可由自然接地体与人工接地体组成混合接地装置。人工接地体一般由水平埋设的接地体为主，其埋深为 0.6~0.8 m（应在地区冻土层以下），敷设面积一般就是变电所的占地范围。有时为了某种目的（如避雷器或避雷针的集中接地）也采用垂直埋设的接地体以及复合接地体等。

接地网的外缘应连成闭合形，并将边角处做成圆弧形，以减弱该处的电场。接地网内还设有水平均压带，以减小对地电位分布曲线的陡度，并减小接触电压和跨步电压。

保护接地电阻的允许值，随电网和接地装置的不同，应符合表 5-5 的要求。

表 5-5　保护接地电阻的允许值

电网名称	接地装置特点	接地电阻/Ω
大接地电流电网	仅用于该电网接地	$R_E \leqslant 0.5$
小接地电流电网	1 kV 以上设备接地	$R_E \leqslant (250/I_E) \leqslant 10$
	与 1 kV 以下设备共用时的接地	$R_E \leqslant (120/I_E) \leqslant 10$
1 kV 以下中性点接地与不接地电网	并列运行变压器总容量在 100 kVA 以上的接地	$R_E \leqslant 4$
	重复接地装置	$R_E \leqslant 10$
煤矿井下电网	接地网	$R_E \leqslant 2$

学习任务六 技能实训

触电现场急救实训

一、实训目的

（1）了解安全用电技术的内涵，电流对人体的伤害及后果。

（2）掌握口对口人工呼吸的要领，能迅速、正确地对触电者进行急救。

（3）掌握胸外心脏按压的要领，能迅速、正确地对触电者进行急救。

二、实训所需设备、材料

（1）设备：智能模拟人一套。

（2）材料：棉纱、医用酒精。

三、实训任务与要求

（1）现场诊断，判断意识。拍打触电者双肩，并大声呼唤触电者姓名，掐人中、合谷穴。诊断时间不少于 10 s。

（2）判断触电者有无呼吸。救护者贴近触电者口鼻处判断是否有呼吸，并用眼睛看触电者的胸部是否有起伏，如没有起伏说明触电者停止呼吸。判断时间不少于 5 s。

（3）判断触电者有无心跳。用手指轻轻触摸触电者颈动脉喉结旁 2~3 cm 有无脉搏，触摸时间不少于 10 s。

（4）报告伤情。

（5）对触电者实施口对口人工呼吸。通畅气道采用仰头抬颌法，切勿用枕头等物品垫在触电者头下，如果口腔有异物，将身体及头部同时偏转，取出口腔异物。人工呼吸时，让触电者头部尽量后仰，鼻孔朝天，救护者一只手捏紧触电者的鼻孔，另一只手拖住触电者下颌骨，使嘴张开，吹气时先连续大口吹气两次，每次 1~1.5 s。两次吹气后颈动脉仍无脉搏，可判断心跳停止，立即进行胸外按压。

（6）对触电者实施胸外心脏按压。胸外按压时按压位置要正确。救护者右手的食指和中指沿触电者的右侧肋弓下缘向上，找到肋骨和胸骨接合处的中点。两手指并齐，中指放在切迹中点，食指放在胸骨下部。另一只手的掌根紧挨食指上缘置于胸骨上，即为正确按压位置。胸外按压时救护者跪在触电者的一侧肩旁，上身前倾，两肩位于伤者胸骨正上方，两臂伸直，肘关节固定不弯曲，两手掌重叠，手指翘起，利用身体质量垂直按压，按压力度为 3~5 cm，按压完放松时手掌上抬但不要离开伤者身体。胸外按压频率为 80~100 次/min，按压和放松时间均等，按压有效时可以触及颈动脉脉搏。人工呼吸和胸外按压同时进行时，如果是单人救护，操作的节奏为：每按压 15 次后吹气 2 次（15:2），反复进行；双人救护时，每按压 5 次后由另一个人吹气 1 次（5:1），反复进行。

（7）判断抢救情况。可以触及触电者颈动脉脉搏，则抢救成功。

四、实训考核

（1）针对完成情况记录成绩。

（2）分组完成实训后制作 PPT 并进行演示。

（3）写出实训报告。

思考练习

1. 继电保护装置有何作用？对保护装置的要求有哪些？为什么有这些要求？

2. 继电保护的选择性是什么？什么叫灵敏性、灵敏系数？

3. 试解释动作电流、返回电流、返回系数、接线系数的含义。

4. 保护装置的接线方式有哪几种？各种接线方式有何特点？各适用于什么场合？

5. 试比较定时限过电流保护与反时限过电流保护的优缺点。

6. 电流速断保护与带时限的速断保护的根本区别是什么？带时限电流速断保护与过电流保护有什么不同？

7. 变压器有哪几种保护？说明各保护的保护范围和工作原理。

8. 低压断路器过电流脱扣器的电流如何整定？

9. 过电压有哪几种？它们各自是怎样形成的？

10. 避雷针的主要功能是什么？

11. 在触电事故发生时应如何急救？

12. 触电急救的要求是什么？

参 考 文 献

[1] 张学成. 工矿企业供电 [M]. 北京：煤炭工业出版社，2005.

[2] 王崇林. 供电技术 [M]. 北京：煤炭工业出版社，1997.

[3] 刘介才，工厂供电 [M]. 北京：机械工业出版社，2012.

[4] 强高培. 企业供电系统与安全用电技术 [M]. 北京：电子工业出版社，2008.

[5] 张莹. 工厂供配电技术 [M]. 北京：电子工业出版社，2012.

[6] 杨洋. 工矿企业供电 [M]. 徐州：中国矿业大学出版社，2006.

[7] 王丽英. 工厂供配电技术 [M]. 北京：中国劳动社会保障出版社，2007.

[8] 廖自强. 电气运行 [M]. 北京：中国电力出版社，2007.

[9] 王兆晶. 工厂配电装置的安装与维修 [M]. 北京：中国劳动社会保障出版社，2006.

[10] 田淑珍. 工厂供配电技术及技能训练 [M]. 北京：机械工业出版社，2009.

[11] 刘增良. 电气设备及运行维护 [M]. 北京：中国电力出版社，2008.

[12] 周文彬. 工厂供配电技术 [M]. 天津：天津大学出版社，2008.

[13] 崔景岳. 煤矿供电 [M]. 北京：煤炭工业出版社，1992.

[14] 顾永辉. 工矿企业 10 kV 供电 [M]. 北京：煤炭工业出版社，1996.

[15] 戴绍基. 工厂供电 [M]. 北京：机械工业出版社，2002.

[16] 江文. 供配电技术 [M]. 北京：机械工业出版社，2005.

[17] 李友文. 工厂供电 [M]. 北京：化学工业出版社，2001.

[18] 万长慈. 煤矿机电安全技术 [M]. 北京：煤炭工业出版社，1990.

[19] 余建明. 供电技术 [M]. 北京：机械工业出版社，2001.